高等学校
工程管理专业应用型本科规划教材

Computer Aided Architecture Design

建筑工程CAD

主　编　冯小平　郭全花
副主编　邹　昀　谭海洋
主　审　马　华

人民交通出版社
China Communications Press

内容提要

本书为高等学校土建学科工程管理专业应用型本科规划教材。

本书主要从建筑设计领域出发，考虑到初学者的实际情况，在介绍 AutoCAD 2006 基本绘图功能的基础上，以绘制一套完整的建筑工程施工图实例为主线，较详细地介绍了小区建筑总平面图、平面图、立面图、剖面图、建筑详图和建筑结构详图的绘制方法和步骤，并突出了 AutoCAD 绘图的技巧。

本书注重介绍 AutoCAD 2006 在建筑设计领域中的应用方法和技巧，同时注重对读者设计理念的培养训练，使读者能够运用基本的绘图知识来表达具有个性化的设计效果，以体现建筑设计之精髓。为巩固所学的知识，每章有一定量的理论试题和上机练习题，供读者练习。

本书按照工程管理专业《工程制图》课程计算机绘图部分的教学大纲编写，可以作为大中专院校土木建筑类专业和相关专业“计算机辅助建筑设计”、“建筑工程 CAD”、“土木工程制图与计算机绘图”课程的教材，还可作为建筑工程技术人员和广大建筑设计制图爱好者的自学参考用书。

高等学校工程管理专业应用型本科规划教材出版说明

工程管理专业自1998年设置以来，伴随着国民经济及工程建设的迅猛发展，已逐步成熟完善，目前已有近300所院校开设该专业。在这些院校里面，有相当一部分以“应用型”定位为主，各院校结合自身的专业特点，形成了各具特色的教学培养模式。为满足广大“应用型”本科院校的需要，加强特色方向教材的出版，人民交通出版社深入调研，周密组织，在高等学校工程管理专业指导委员会的热情鼓励和悉心指导下，蒙清华大学朱宏亮教授尽心主持，得到了国内近七十余所高校的积极响应，邀请一大批各院校骨干教师参与，由国内一流专家审稿，组织、编写、出版了本套高等学校土建学科工程管理专业应用型本科规划教材。

本套教材以《全国高等学校土建类专业本科教育培养目标和培养方案及主干课程教学基本要求——工程管理专业》为纲，结合专业建设、课程建设和教学改革以及本学科的最新研究成果，设置了技术平台课程、管理平台课程、经济平台课程、法律平台课程，以及工程项目管理方向课程、房地产经营与管理方向课程、投资与造价管理方向课程、公路工程项目管理方向课程，进行了相应的教材开发，供各院校选用。

本套教材以“应用型”定位为出发点，结合教学实际，全面规划成系列开发近50个品种。教材编委会、审稿委员会、编写与审稿人员全力以赴，为打造精品教材做出了不懈努力，希望能够以此推动工程管理专业的教材建设。

本套教材适用于高等学校工程管理专业，各高校独立学院、成人教育学院及网络教育中的工程管理、房地产经营与管理、工程造价等相关专业亦可选用。

人民交通出版社

2006年12月

前　言

计算机技术的快速发展，使计算机辅助设计(CAD)技术得到了前所未有的发展。CAD技术的广泛应用彻底改变了传统的设计绘图方式，极大地提高了设计效率、提高了技术水平和设计质量，深受广大工程技术人员的欢迎。

AutoCAD是最大众化的CAD软件，目前已广泛运用于机械、建筑、电子、航天、产品造型、广告、纺织等设计领域。从1982年诞生到现在，AutoCAD经历了多次的升级，其功能也在不断地完善和增强。

AutoCAD 2006是最新推出的AutoCAD版本，与以前版本相比，其功能有很大的增强，界面更加友好，使用更加方便，体系也更加开放，用户非常容易定制和创建自己的专用系统，可以帮助用户更快捷地创建和共享设计数据。

本书主要讲述AutoCAD 2006绘制建筑图形的基本思路和具体方法。全书由浅入深、循序渐进，思路清晰，重点突出。通过一系列实例讲解利用AutoCAD绘制建筑图形必需的基本知识。本书包含一套完整的建筑小区总平面图、建筑施工平面图、立面图、剖面图、建筑详图、建筑结构详图的绘制实例介绍。

全书共11章，第1章和第2章主要介绍CAD技术的发展、建筑工程CAD的特点、AutoCAD 2006基本操作，包括建筑绘图环境设置、图层的创建、绘图辅助工具、二维绘图命令、二维图形编辑、创建图块和图案填充、文字与表格、工程标注等内容；第3章讲述了建筑样板文件的制作方法；第4章至第11章结合实例详细讲述了建筑小区总平面图、建筑平面图、建筑立面图、建筑剖面图、建筑详图和结构详图的绘制方法与打印操作等知识。

为帮助初学者克服学习过程中可能遇到的问题，书中给出了不少的“注意事项”和“技巧”等内容，使读者可以快速地学习到使用AutoCAD绘图的一些方法和技巧，以便快速入门和掌握AutoCAD 2006的绘图技能，提高绘图的效率。每章后有适量的习题和上机练习题，帮助读者巩固学习的内容，检验自己的学习效果。

本书在介绍AutoCAD 2006基本绘图功能的基本上，通过有代表性的实例来介绍AutoCAD 2006在建筑设计绘图中的应用方法以及绘图技巧。力争突出专业性、实用性和可操作性，适合于AutoCAD的初、中级读者阅读。

本书由江南大学、河北建筑工程学院和长沙理工大学等院校共同编写，参加编写工作的人员有：冯小平（第 4 章、第 5 章、第 6 章、第 7 章、第 11 章）、郭全花（第 1 章、第 2 章）、邹昀（第 3 章、第 8 章、第 9 章）、谭海洋（第 10 章）。此外，在本书编写的过程中得到邹旻、忻一平、邹林、王俭、李世国等同志的大力帮助，在此表示诚挚的感谢！本书少量专业图取自网易行业门户网站 http://co.163.com，感谢原图作者的无私奉献。

本书由北京工业大学马华老师主审，她为本书提出了许多建设性的意见，在此表示感谢。

由于作者水平有限，且编写时间仓促，书中难免有疏漏和错误，恳请广大读者提出宝贵意见。

编者

2006 年 11 月

学习导言

目前，计算机辅助设计(CAD)技术的应用已越来越广泛，尤其在工程设计领域的应用更为广泛。我国土木建筑业CAD应用与发展十分迅速，几乎所有设计、施工与管理部门都大量使用计算机进行计算、绘图与管理。设计单位已经实现了甩掉图板，计算机出图率已达100%。CAD技术的广泛应用彻底改变了传统的设计绘图方式，极大地提高了设计效率、提高了设计水平和设计质量，深受广大工程技术人员的欢迎。

图形是工程师的语言。无论是工程设计人员，还是施工管理人员，必须通过"工程的语言"即"设计图形"来表达、交流各自的设计思想。因此，计算机辅助设计(CAD)技术是工程师及其他相关的工程技术人员必须具备的基本技能。作为高等院校培养的未来从事工程设计、施工与管理的大学生，掌握CAD应用方面的知识就尤为重要。

在全世界各种各样的CAD软件中，Autodesk公司推出的AutoCAD软件包以其低廉的价格、强大的功能以及友好的交互手段一直独占鳌头，是目前全球用户最多的CAD软件。AutoCAD 2006是Autodesk公司推出的面向21世纪的最新的AutoCAD版本，与以前的版本相比，它的界面更加友好，使用更加方便，体系也更加开放，在功能、操作性和稳定性诸方面都有了质的飞跃，非常容易定制和创建用户自己的专用系统。

本书特点

与一般的AutoCAD书籍不同，本书是针对如何利用AutoCAD 2006绘制建筑图形而编写的。它不是仅仅关于AutoCAD命令的说明，而是从绘制建筑图形的角度出发，考虑到初学者的实际情况，先以简单的图形向读者解释AutoCAD中的基本命令，以绘制一套建筑工程施工图实例为主线，由浅入深、系统、完整地说明绘制建筑施建筑小区总平面图、建筑施工平面图、立面图、剖面图、建筑详图、建筑结构详图的思路、方法、步骤和技巧。

同时，该书引导读者注重融会贯通和绘图技巧，以充分发挥计算机绘图的优越性。本书由易到难，循序渐进，思路清晰，重点突出，特别适合于土木建筑领域从事工程设计的工程师，对高等院校土木工程和工程管理类专业的大学生进行课程设计、毕业设计，很有帮助。对于这些用户，本书详尽了他们可能遇到的一切绘图问题。

本书作者长期从事AutoCAD应用方面的教学工作，对于初学者可能遇到的一些问题十分了解，所以在书中给出了不少的“注意事项”，旨在引导读者多掌握一些技巧、少走一些弯路，以便能够在短期内快速入门和掌握 AutoCAD 2006 的绘图技能，力争使读者学习完本书之后就可以学以致用，应用到工程设计的实践中。

学习本课程前必须具备的知识

学习本课程前应《计算机应用基础》、《画法几何》和《土木工程制图》方面的知识。

学习本课程的方法

1. 理解和掌握 AutoCAD 的基本命令的功能。在绘制一套建筑工程施工图之前，首先必须学习掌握 AutoCAD 命令的操作方法。AutoCAD 采用人机对话的绘图方式，每个命令执行后，在命令行出现相应的提示信息，初学者必须在上机操作时认真体会提示信息中每个选项的含义和操作后的结果，这对正确理解和掌握每个命令的功能大有帮助。

2. 注重上机练习。AutoCAD 系统命令和系统变量众多，知识包罗万象，学生在学习书本上的知识的同时，必须结合上机操作才能加深对内容的理解和掌握。上机过程碰到问题时应及时向辅导老师提问，也可以与其他同学进行交流。通过大量的上机实践才能不断总结经验和技巧，做到融会贯通，熟能生巧。

3. 定制用户图形环境，创建样板文件。用户图形环境是用户根据自己的工作特点而制作的样板文件。用户图形环境设置主要包括绘图环境（图形单位、界限）、图层、图块、文字样式、尺寸样式的设置、常用线型的加载、常用的专业符号图块和标题栏图块的制作等。用户图形环境设置完成后，应保存为后缀为 DWT 的图形样板文件，AutoCAD 将其自动保存在 TEMPLATE 文件夹中。如果用户创建一张新图开始绘制图形，在样板文件列表中选择其样板文件，与样板图形相关的设置会被自动载入。采用样板图能够减少重复劳动，提高绘图效率，并能保证图形的一致性。

4. 掌握 AutoCAD 绘制建筑工程施工图方法和步骤。AutoCAD 是通用绘制软件，可以绘制各类工程图形，但各类工程图形的绘制方法和技巧有很大差异。本书以一套较为完整的建筑工程施工图为例，介绍了应用 AutoCAD 2006 绘制建筑图形的基本思路、具体方法和步骤。读者在学习过程中，可以结合实例进行上机练习，掌握其绘图的思路、方法和技巧，以达到举一反三，事半功倍的效果。

全书导读

本书共分 3 大部分。

第一部分（第 1 章到第 3 章）——关于 AutoCAD 2006 的基本知识

1. 介绍 AutoCAD 2006 的界面组成，图形文件的创建与保存方法。

2. 以实例与说明相结合的方式，介绍 AutoCAD 2006 所有的二维绘图操作（包括：绘制线性对象、绘制曲线对象、绘制临时对象和填充图案等）以及二维图形的编辑操作，例如：选择对象、删除、复制、镜像、偏移和阵列，移动和旋转、缩放、拉伸、拉长、修剪与延伸，打断和分解对象，倒角和倒圆角，编辑多段线。同时，通过实例介绍二维绘图的基本思路与技巧。

3. 详细介绍尺寸标注，包括：各种文字的输入、尺寸样式的设置与标注等，并分别进行了举例说明。

4. 介绍如何利用图层管理图形，以及图块的生成、插入以及写入文件的方法。

5. 通过实例介绍样板图的创建方法。

第二部分（第 4 章到第 10 章）**——绘图实例篇**

以绘制一套建筑工程施工图为例，全面系统地介绍应用 AutoCAD 2006 绘制建筑图形的基本思路、具体方法和步骤。全书包含一套完整的建筑小区总平面图、建筑施工平面图、立面图、剖面图、建筑详图、建筑结构详图的绘制实例介绍。

第三部分（第 13 章）**——关于“布局与打印”**

介绍模型空间与图纸空间的知识，布局的创建和设置方法。并就如何打印出图等问题作详细介绍。

编者

2006 年 11 月

目 录

第1章 绪 论

本章简要介绍CAD技术发展，建筑工程CAD的应用特点，AutoCAD的发展和基本功能，AutoCAD 2006简体中文版的启动、界面组成、退出及常用功能键等内容。

1.1 CAD技术简介

计算机辅助设计(Computer Aided Design，CAD)是一种把计算机技术应用于工程领域及产品设计中的新兴交叉技术。其定义为：CAD是计算机系统在工程和产品设计的整个过程中，为设计人员提供各种有效工具和手段，加快设计过程，优化设计结果，从而达到最佳设计效果的一种技术。

CAD包含的内容很多，例如概念设计、工程绘图、三维设计、优化设计、有限元分析、数控加工、计算机仿真及产品数据管理等。在工程设计中，许多繁重的工作，如复杂的数学与力学计算、多种方案的综合分析与比较、工程图的绘制及生产信息的整理等，均可借助计算机来完成。设计人员则可对处理的中间结果作出判断和修改，以便更有效地完成设计工作。一个好的CAD系统既要有利用计算机进行高速分析计算的能力，又要能充分发挥人的创造性作用，还要能找到人与计算机互动的最佳结合点。

1.1.1 CAD技术发展历程

CAD技术起始于20世纪50年代后期。进入60年代，CAD技术发展迅猛。早期的CAD技术主要体现为二维计算机辅助绘图，人们借助此项技术来摆脱繁琐、费时的手工绘图。这种情况一直持续到70年代末，此后计算机辅助绘图作为CAD技术的一个分支而相对独立、平稳地发展着。进入80年代以来，32位微机工作站和微机的发展和普及，再加上功能强大的计算机外围设备(如大型图形显示器、绘图仪及激光打印机)的问世，极大地推动了CAD技术的发展。与此同时，CAD技术理论也经历了几次重大的创新，形成了曲面造型、实体造型、参数化设计及变量化设计等系统。CAD软件已经做到设计与制造过程的集成，不仅可进行产品的设计计算和绘图，而且还能实现自由曲面设计、工程造型、有限元分析、机构仿真及模具设计制造等各种工程应用。现在，CAD技术已全面进入实用化阶段，广泛服务于机械、建筑、电子、宇航及纺织等领域的产品总体设计、造型设计、结构设计及工艺过程设计等各环节。

1.1.2 CAD系统组成

CAD系统由硬件和软件组成，要充分发挥CAD的作用，需要有高性能的硬件和功能强大的软件。

硬件是CAD系统的基础，由计算机及其外围设备组成。计算机分为大型机、工作站及高档微机等，目前应用较多的是工作站及微机。外围设备包括鼠标、键盘、数字化仪及扫描仪等输入设备和显示器、打印机及绘图仪等输出设备。

软件是CAD系统的核心，分为系统软件和应用软件。系统软件包括操作系统、计算机语言、网络通信软件及数据库管理软件等。应用软件包括CAD支撑软件和用户开发的CAD专用软件，如常用数学方法库、常规设计计算方法库、优化设计方法库、产品设计软件包及机械零件设计计算库等。

1.1.3 典型CAD软件

目前，CAD软件主要运行在工作站及微机平台上。工作站虽然性能优越，图形处理速度快，但价格却十分昂贵，这在一定程度上限制了CAD技术的推广。随着Pentium芯片和Windows系统的发展，以前只能运行在工作站上的著名CAD软件（如UG、Pro/E等）现在也可以运行在微机上了。

20世纪80年代以来，国际上推出了一大批通用CAD集成软件，如Unigraphics(UG)、Pro/ENGINEER、SolidWorks和AutoCAD等。

1.2 建筑工程CAD概述

建筑业是我国的国民经济的重要支柱之一，面临的任务非常艰巨，但以前由于设计方法和设计手段的落后，以及其他原因，使不少有才华、经验丰富的建筑师不得不将大量的时间和精力，用于非创造性工作。建筑工程CAD的应用对提高设计质量、缩短设计周期、促进设计管理等方面的改革产生深远的影响，同时也有助于建筑师从繁重的、重复性的手工劳动中解放出来，把更多的精力投入到设计构思、方案优化等更具创造性的工作中去。

建筑工程CAD是一门新兴的交叉学科，它把计算机技术与建筑科学有机地结合起来，使建筑师从传统的设计方式走向现代化。目前，建筑工程CAD的应用，不论在技术上，还是在经济上都已切实可行。

1.2.1 建筑工程CAD的优越性

与传统手工绘图设计方式相比，它所产生的效益是十分明显的。

(1) 提高了设计水平

应用CAD技术，不仅可以对二维建筑工程图纸进行反复的修改完善，获得满意的设计，还可以形成三维建筑模型，通过上色、渲染、配景，真实地反映建筑物建成后的效果和周围环境，预先检验设计中的不足之处，从而设计出最佳方案。结构、给排水、电气等工种也都可以利用CAD技术方便、快捷地进行设计优化工作，大大提高了建筑工程的设计水平。

(2) 提高了设计质量

应用CAD技术，在建筑工程设计中不同的人、不同的工种可以采用统一的制图要求、图例、符号、字体字型、线型线宽等，并可以对设计中的错、漏、碰、缺进行检查，减少了设计中的常见病、多发病，提高了设计质量。

(3) 加快了设计进度

建筑工程的设计过程是一个不断深化、修改、完善的过程，其中绘图的工作量很大，时间也比较长，重复劳动也比较多。利用CAD技术，在方案设计、初步设计、施工图设计等各阶段设计中，相同部分的图形只需要绘制一次就行了，同时各工种相同部分的图纸，只要一个工种绘制完成后，其他工种就可以直接调用，提高了设计工作效率，加快了设计进度。

(4) 改善了工作条件

传统的设计工作用的设计工具有图板、丁字尺、三角板、墨线笔、模板以及各种资料、图集等，零零碎碎，而且设计人员整天趴在图板上。采用CAD技术后，设计人员的工具只是计算机，工作强度大为减轻，有利于更好地完成设计工作。

1.2.2 建筑工程CAD的特点

(1) 各工种CAD技术应用共同发展

建筑工程设计是由建筑、结构、电气、给排水、暖通等不同工种相互配合共同设计完成的，各工种之间存在着相互联系、相互制约的关系。虽然早期CAD技术仅用于结构计算，但是建筑工程设计要普及CAD技术，就必须所有工种的CAD共同发展，尤其是龙头工种CAD如果上不去，其他工种的CAD也不容易上去。因此不论是软件开发单位还是设计单位都很重视这个问题，不少软件开发单位开发了各工种使用的系列软件，设计单位在软硬件购置、人员培训上都考虑各工种之间的平衡，保证各工种CAD技术应用共同发展。实践也证明，只有各工种CAD应用共同发展，才能充分发挥CAD技术的优势。

（2）建筑工程CAD软件种类繁多

建筑工程中建筑、结构、电气、给排水、暖通等工种的理论基础、设计内容、技术标准、规范规程是完全不同的，软件开发单位均根据各工种的要求开发相应的软件，不同工种的CAD软件在编制方法、工作流程、命令等方面都是不一样的。此外，每个软件都有一定的适用范围和使用条件，往往针对不同类型的工程同一工种需要用不同的软件进行设计，如多层建筑的结构与高层建筑的结构要用不同的软件进行设计，两种软件的差别很大。因此，造成了目前建筑工程领域各种CAD软件种类繁多。目前建筑工程CAD软件主要有建筑CAD、建筑结构CAD、给排水CAD、采暖CAD、建筑电气CAD、通风CAD、空调CAD等。

（3）自动化水平的提高有一定的限制

目前，不少软件开发单位开发了许多实用的建筑工程CAD软件，这些软件在一般情况下自动化水平较高，如对于规则的墙、门、窗，只要输入一些信息，专业软件就能自动地完成这部分绘图工作。但是，每一项建筑工程都是为有专门用途并在特定条件下设计的，不可避免地会出现专业软件无法处理的情况，如特别的平面、立面、造型以及特殊的结构体系，遇到这种情况，只有用通用的CAD软件进行处理。通用软件的自动化程度要低于专业软件，从而使建筑工程CAD技术自动水平的提高有了一定的限制。

1.3 AutoCAD 2006 简介

目前，在国内外工程上应用较为广泛的绘图软件是AutoCAD，它是美国Autodesk公司开发的一个交互式图形软件系统。该系统自1982年问世以来，版本几经更新，功能不断增强，已成为目前最流行的图形软件之一，在机械、建筑、电子、石油、化工、冶金、地质、航空、纺织、商业等领域中得到了广泛的应用。本教材主要介绍该公司于2005年最新推出的AutoCAD 2006的使用。

AutoCAD 2006扩展了AutoCAD以前版本的优势和特点，并且在用户界面、性能、操作、用户定制、协同设计、图形管理、产品数据管理等方面得到进一步加强，而且AutoCAD 2006简体中文版为中国的使用者提供了更高效、更直观的设计环境，并定制了与我国国标相符的样板图、字体、标注样式等，使得设计人员能更加得心应手地应用此软件。

1.3.1 AutoCAD 2006 的启动

启动 AutoCAD 2006 主要可使用以下两种方法：一是通过双击桌面快捷图标来启动；二是通过 Windows 的【开始】/【程序】/【Autodesk】/【AutoCAD 2006-Simplified Chinese】/【AutoCAD 2006】来启动。

1.3.2 AutoCAD 2006 的工作界面

启动 AutoCAD 2006 后将进入到如图 1-1 所示的工作界面。AutoCAD 2006 的工作界面主要由标题栏、菜单栏、工具栏、绘图区、命令提示行、状态栏等部分组成。

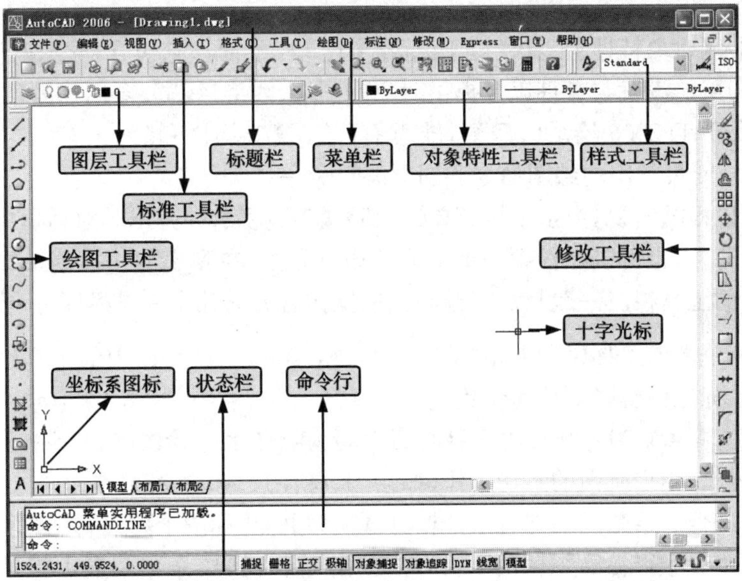

图 1-1 AutoCAD 2006 工作界面

标题栏 AutoCAD 2006 工作界面的顶部是标题栏，它显示应用程序的名称及当前图形的文件名称。

菜单栏 标题栏下面是下拉菜单栏，AutoCAD 默认有 12 个菜单项。下拉菜单用于发出命令或打开对话框。下拉菜单可以通过鼠标点取或通过 Alt＋热键字母打开。

另外，用户还可以通过菜单栏中的【工具】/【自定义】/【界面】，对菜单进行自定义，增加或删除菜单以及菜单项。

工具栏 工具栏实际上是以按钮的形式列出的各种操作命令的集合。对于大部分的命令，用户除了可以通过菜单执行以外，还可以通过工具栏执行。与执行菜单中的命令相比，工具栏具有更直接、更快捷的优点。有些按钮图标的右下角有一个黑色小三角，表示该按钮下面含有隐藏按钮。

当用户要执行某一按钮命令时，只需单击该按钮即可；对于含有隐藏按钮的按钮，则需要在相应的按钮上按住鼠标不放，这时会自动弹出隐藏的按钮，拖动鼠标到所需的按钮上再释放即可执行该按钮命令。

熟练使用工具按钮可以极大地提高用户的工作效率。AutoCAD 2006 提供了很多工具栏，默认显示的工具栏一般有【标准】、【图层】、【对象特性】、【绘图】、【修改】等常用工具栏。

【标准】工具栏位于下拉菜单栏下面，它包含了 AutoCAD 2006 的一些标准功能，其中一些是 Windows 用户非常熟悉的如【新建】、【打开】、【保存】、【打印】、【剪切】、【复制】、【粘贴】等，其余的如【平移】、【缩放】、【对象特性】、【设计中心】等则是 AutoCAD 命令。

【图层】及【对象特性】工具栏位于【标准】工具栏下面。它包含命令按钮和下拉式列表，用于图层的设置与管理以及提供对象的图层、线型、线宽、颜色等信息。

在 AutoCAD 2006 绘图区两侧，缺省有【绘图】工具栏和【修改】工具栏，包含了 AutoCAD 2006 最常用的绘图命令和图形编辑命令。

用户可以根据需要，单击下拉菜单【视图】/【工具栏】，在弹出的对话框中调出其他工具栏至屏幕上；也可以在任意一个工具按钮上右击，在弹出的快捷菜单中选择打开或关闭指定的工具栏。一般只需打开与当前操作有关的几个工具栏即可，要关闭某一工具栏，只需单击该工具栏右上角的。另外，AutoCAD 界面中的工具栏均大小可变，并可用鼠标拖动至屏幕任何位置。

绘图区　AutoCAD 2006 用户界面的中间为绘图区。绘图区内有一个十字光标及坐标系图标。用户所做的一切工作(如绘图、标注尺寸、输入文本和插入图像等)均在绘图区内进行。绘图区底部有三个标签:【模型】标签和两个【布局】标签。

命令行　命令行在绘图区的下方，它是用户输入操作命令及显示提示信息的窗口。在命令行输入命令与点取工具按钮或选择下拉菜单命令具有同样的结果。在输入操作命令后，命令行将显示 AutoCAD 的信息和一些提示，以利于用户正确操作。因此在命令输入和执行期间，用户应密切留意命令行的内容。这是用户与 AutoCAD 相互交流的地方。

命令行的所有操作命令及提示信息由 AutoCAD 文本窗口提供，可以单击下拉菜单【视图】/【显示】/【文本窗口】或按下 F2 快捷键来打开文本窗口。

状态栏　状态栏位于 AutoCAD 2006 用户界面的最下面。它显示当前光标的坐标值以及捕捉、栅格、正交、极轴、对象捕捉、对象追踪、DYN(动态输入)、线宽、作图空间等信息。单击相应的按钮，可以控制这些开关的打开与关闭。

在 AutoCAD 2006 中，用户可以方便地控制状态栏中显示的工具。在状态栏的空白处右击，在弹出的快捷菜单中可以选择在状态栏中显示或隐藏的工具。

1.3.3 AutoCAD 2006 的退出

可以通过以下三种方式退出 AutoCAD 2006 系统：

☆ 菜单栏：单击下拉菜单【文件】/【退出】；

☆ 图标按钮：单击屏幕窗口右上角的按钮；

☆ 命令行：**QUIT↙**或**EXIT↙**。

命令执行之后，如果所创建或打开的图形文件在退出 AutoCAD 之前已经进行过一次文件的保存操作，并且又没有改动过图形，此时将直接退出 AutoCAD；如果所创建或打开的图形文件在退出 AutoCAD 之前没有进行过文件的保存操作，或者虽然进行过文件的保存操作，但后来又改动过图形，此时系统会提示是否对所绘图形或改动过的图形进行保存，然后退出。

1.3.4 AutoCAD 2006 常用功能键

AutoCAD 2006 提供了以下功能键来方便地调用一些常用功能：

F1——帮助；

F2——文本输入窗口开关；

F3——对象捕捉开关；

F4——数字化仪开关；

F5——在设置等轴测捕捉时，在等轴测平面上切换；

F6——坐标开关；

F7——栅格显示开关；

F8——正交开关；

F9——栅格捕捉开关；

F10——极轴捕捉开关；

F11——对象捕捉追踪开关；

F12——动态输入开关。

1.3.5 常用术语和操作约定

☆ 单击(或拾取)：指快速按下并释放鼠标左键；

☆ 双击：指连续两次快速按下并释放鼠标左键；

☆ 右击：指快速按下并释放鼠标右键；

☆ ＋：指同时按住加号左、右两侧的两个键，如 Alt＋F4 表示同时按下 Alt 键和 F4 键；

☆ 【】：其中内容表示菜单命令或对话框中的选项等；

☆ |：表示执行菜单命令的层次。如【绘图】|【直线】表示先单击【绘图】菜单，然后在弹出的菜单中单击【直线】命令；

☆ ↙：表示按下回车(Enter)键；

☆ 命令行中键盘输入内容加下画线，其后括号内容为解释说明文字。

小　　结

通过本章的学习，学生可以了解 CAD 技术的内涵、发展过程和系统组成及其在建筑设计中的应用等，并对 AutoCAD 2006 简体中文版的启动、界面组成、退出及常用功能键有初步的认识。

第 2 章 AutoCAD 2006 二维绘图

2.1 AutoCAD 2006 基本操作

AutoCAD 2006 是一款具有开放界面布局和面向用户自由创作的辅助设计软件。在进行设计时，用户可以对文件进行各种操作。同时，AutoCAD 提供了多种工具，这使得绘图和设计工作更加容易。

2.1.1 图形文件的基本操作

AutoCAD 2006 图形文件的基本操作主要包括启动环境设置、创建新图形文件、打开已有图形文件、保存图形文件、输出图形文件等内容。实际上，新建、打开和保存操作是学习所有软件的起点，下面分别加以介绍。

1. 显示【启动】对话框

在 AutoCAD 2006 中，用户可以使用【启动】对话框选择打开文件、创建图形文件等操作。

为使 AutoCAD 2006 启动时显示【启动】对话框。用户需要通过单击下拉菜单【工具】|【选项】弹出【选项】对话框，选择【系统】选项卡设置启动环境，如图 2-1 所示。在此选项卡中选择【启动】列表框中的【显示“启动”对话框】选项，单击 确定 按钮保存修改。

2. 新建图形文件(NEW)

绘制一幅新图形时，首先要创建新的图形文件并做好绘图前的准备工作。

(1) 在【启动】对话框中创建新图形文件。

如果在 AutoCAD 2006【选项】对话框中选择了【显示“启动”对话框】，则启动 AutoCAD 2006后会自动显示【启动】对话框，如图 2-2 所示。在【启动】对话框中，第一项为打开一张旧图，其余三项为建立新图。用户可以采用三种方式创建新图形文件：

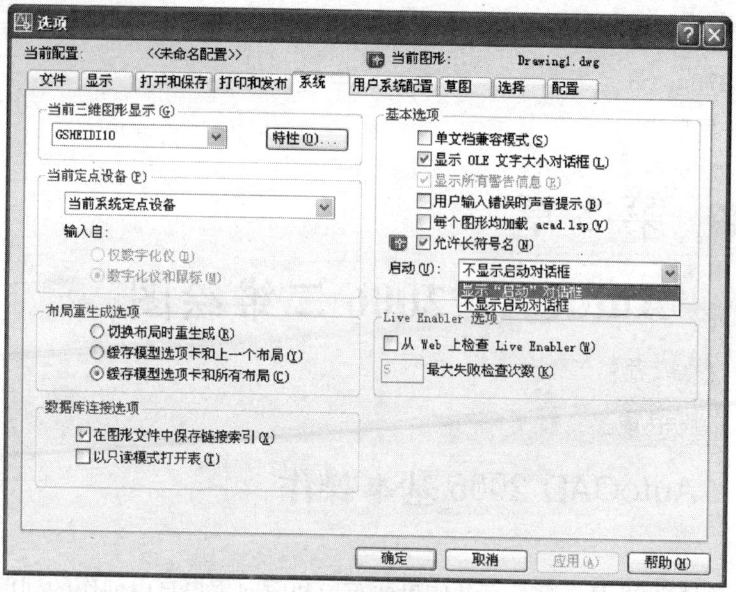

图 2-1　在【选项】对话框设置启动环境

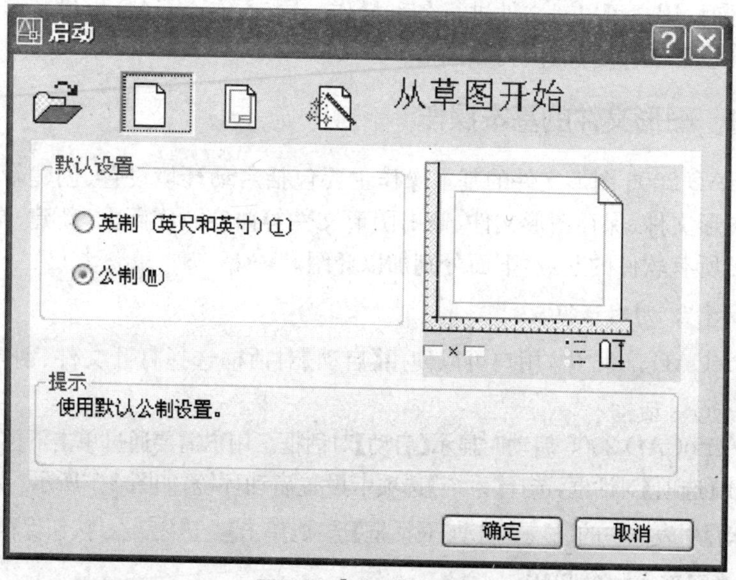

图 2-2　【启动】对话框

从草图开始创建图形文件、使用样板创建图形文件和使用向导创建图形文件。

【启动】对话框默认从草图开始创建图形文件，用户可以选择绘图单位的制式（英制或公制）。

英制：基于英制测量系统创建新图形。图形使用内部默认值，默认图形边界（称为图形界限）为 12in×9in。

公制:基于公制测量系统创建新图形。图形使用内部默认值,默认图形界限为420mm×297mm。

设置好后单击 确定 按钮,则系统将采用默认设置新建一个空白的图形文件。第一个新建的图形文件默认名称为 drawing1. dwg。以后再创建新图形文件,其默认名称为 drawing2. dwg,依此类推。

在【启动】对话框中单击按钮,弹出使用样板创建图形文件的设置界面,如图 2-3所示。图形样板文件的扩展名为 DWT。用户从【选择样板】列表提供的样板文件中选择一种,或者单击 浏览... 按钮创建自定义的样板文件。

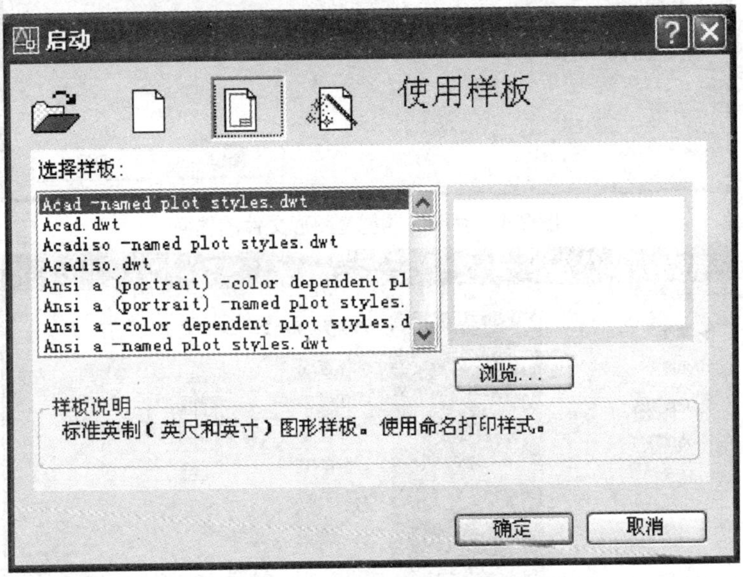

图 2-3 使用样板创建图形文件的界面

在【启动】对话框中单击按钮,弹出使用向导创建图形文件的设置界面,如图 2-4 所示。用户可以从【选择向导】列表框中选择【高级设置】和【快速设置】中的一种向导来创建图形。

例如选择了【高级设置】向导,单击 确定 按钮,进入【高级设置】向导对话框的第一步,如图 2-5 所示。在该对话框中选择测量单位及精度,然后依次单击 下一步(N) > 按钮,在接下来的对话框中选择角度测量单位及其精度、角度测量的起始方向、计算角度的方向(顺时针或逆时针)、绘图区域的尺寸等,最后单击 完成 按钮,即生成了一个新的图形文件。

(2) 在【创建新图形】对话框中创建新图形文件。

如果在启动了 AutoCAD 2006 后创建新图形,则单击下拉菜单【文件】|【新建】或

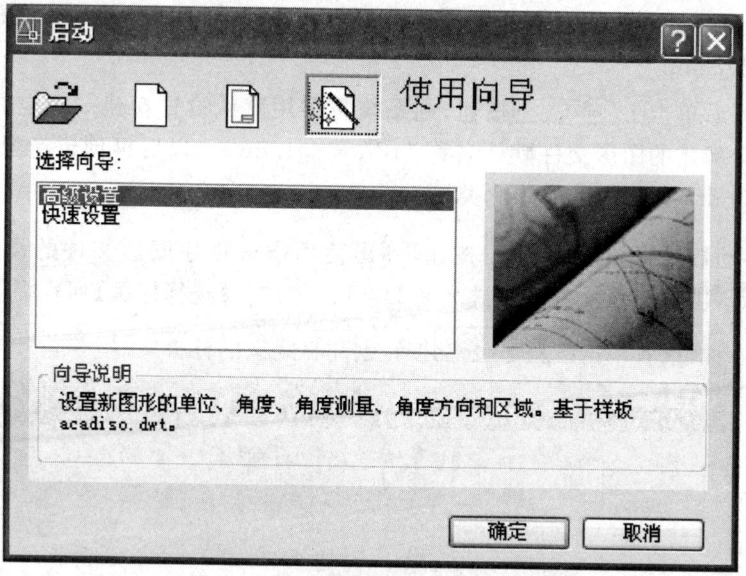

图 2-4 使用向导创建图形文件的界面

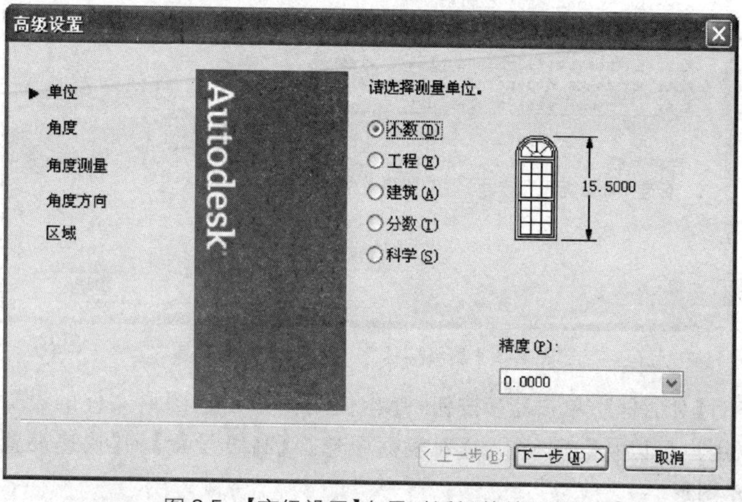

图 2-5 【高级设置】向导对话框的第一步

者单击【标准】工具栏中的按钮或者在命令行输入“NEW↙”,弹出【创建新图形】对话框,如图 2-6 所示。该对话框与【启动】对话框相同,可以用三种方式创建新图形文件,此处不再赘述。

如果用户在【选项】对话框中选择了【不显示启动对话框】,则启动 AutoCAD 2006 后会自动新建一个图形文件。用户还可以随时创建新图形文件,单击下拉菜单【文件】|【新建】或者单击【标准】工具栏中的按钮或者在命令行输入“NEW↙”,弹出【选择样板】对话框,如图 2-7 所示。在其中可以选择基于何种样板来创建新图形,常用的

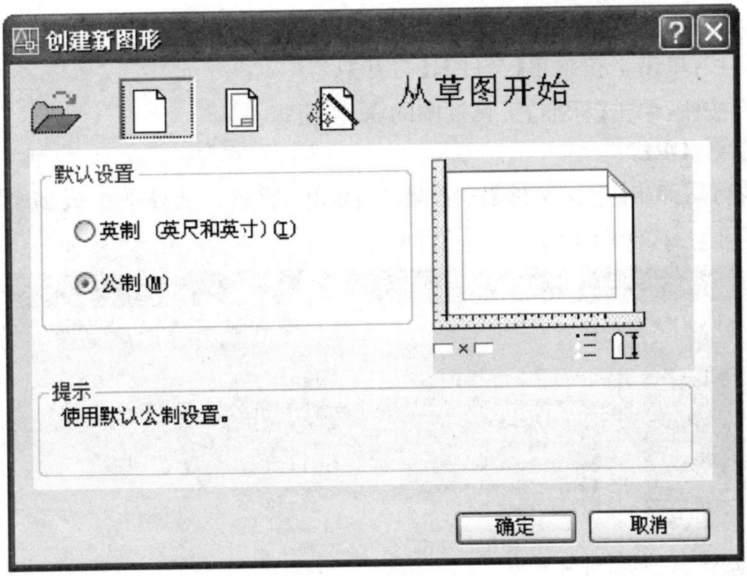

图 2-6 【创建新图形】对话框

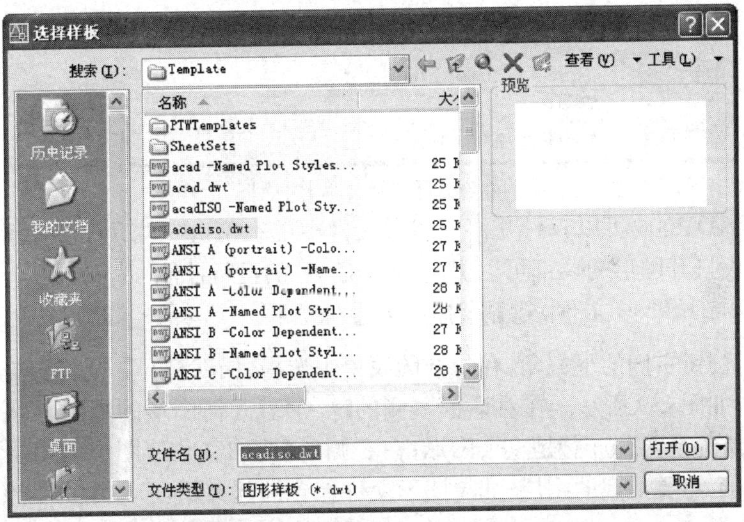

图 2-7 【选择样板】对话框

有 acad 样板和 acadISO 样板。选择好样板后,单击 打开(O) 按钮,系统将打开一个基于样板的新文件。如果用户不希望基于任何样板创建新图形而准备从空白开始,可以单击 打开(O) ▼ 按钮右侧的下三角打开其下拉菜单,然后选择英制或公制无样板打开。

3. 打开已有图形文件(OPEN)

如果用户要对已经存在的图形文件进行操作,必须先打开该图形文件。可以通过以下三种方式调用打开命令：

☆ 菜单栏：单击下拉菜单【文件】|【打开】；

☆ 图标按钮：单击【标准】工具栏中的按钮；

☆ 命令行：**OPEN**↙。

命令执行后弹出【选择文件】对话框，如图 2-8 所示。选择一个或多个图形文件，然后单击打开(O)按钮即可打开所选文件。

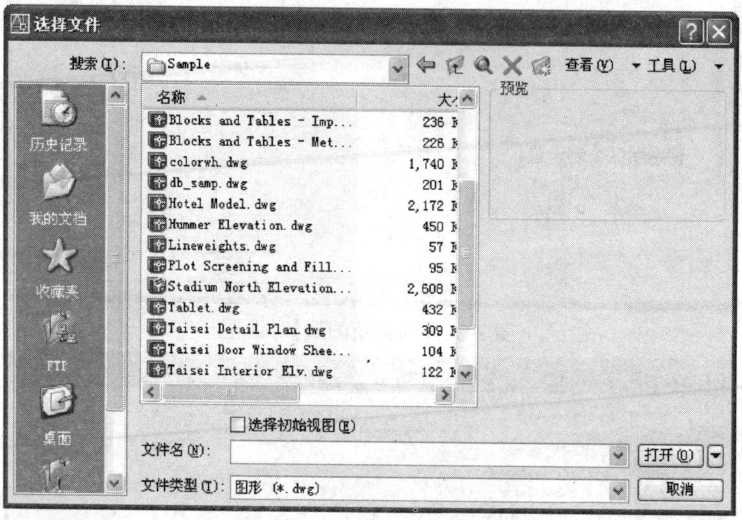

图 2-8 【选择文件】对话框

AutoCAD 2006 可以只打开一个图形文件中的一部分。当用户要处理的图形文件很大时，仅打开图形的局部可以提高 AutoCAD 的运行性能。

要局部打开图形文件，在【选择文件】对话框中选择所需图形文件后，单击打开(O)按钮右侧的下三角，在打开的菜单中选择【局部打开】，则将会打开【局部打开】对话框，如图 2-9 所示。在对话框左侧的【要加载几何图形的视图】列表中选择一个视图，默认的视图【范围】是整个图形；在右侧的【要加载几何图形的图层】列表中选择一个或多个需要加载的图层；如果图形文件包含外部参照，但是用户不想加载它们，可以选中【打开时卸载所有外部参照】复选框；单击打开(O)按钮，即可局部打开图形。

局部打开图形后，可以将其他信息加载到当前图形中。单击下拉菜单【文件】|【局部加载】，弹出【局部加载】对话框，如图 2-10 所示。在【局部加载】对话框中选择一个视图，或者单击按钮定义一个新视图，在右侧选择一个或多个图层，然后单击确定按钮即可加载到当前图形。

4. 保存图形文件(SAVE)

在绘图过程中要注意经常保存图形文件，以免由于程序异常中断或者断电等突发

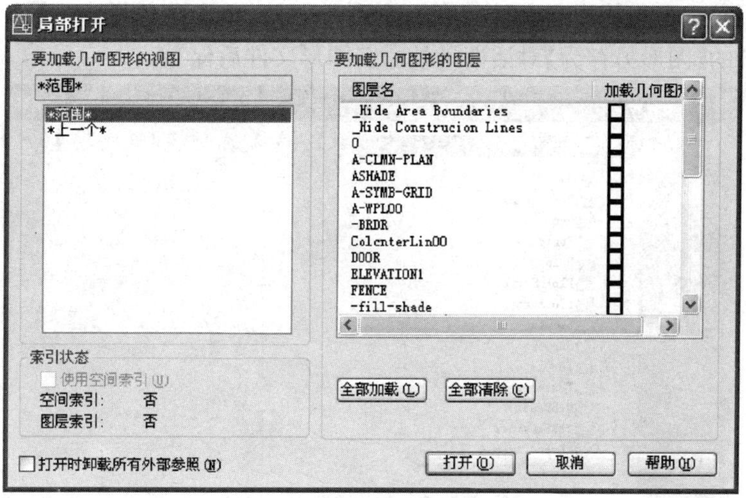

图 2-9 【局部打开】对话框

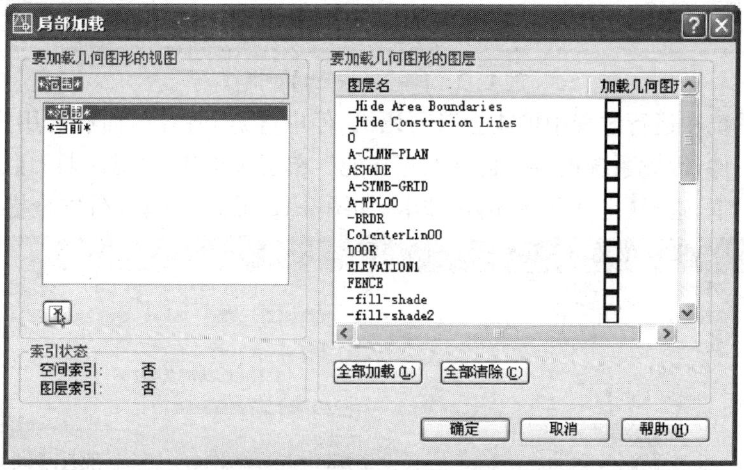

图 2-10 【局部加载】对话框

性事件而使大量工作成果丢失。

可以通过以下三种方式调用保存命令：

☆ 菜单栏：单击下拉菜单【文件】|【保存】；

☆ 图标按钮：单击【标准】工具栏中的  按钮；

☆ 命令行：**SAVE**↙。

命令执行后，如果以前保存并命名了该图形，则 AutoCAD 自动按照以前定义好的路径和文件名保存所作的修改；如果是第一次保存图形，则弹出【图形另存为】对话框，如图 2-11 所示。在【保存于】下拉列表中为图形文件选择保存路径，在【文件名】文本框中为图形文件命名，单击 保存(S) 按钮，完成图形文件的保存。

如果用户想为当前图形文件保存一个副本，可以单击菜单栏中的【文件】|【另存为】，在打开的【图形另存为】对话框另外命名图形文件后保存。

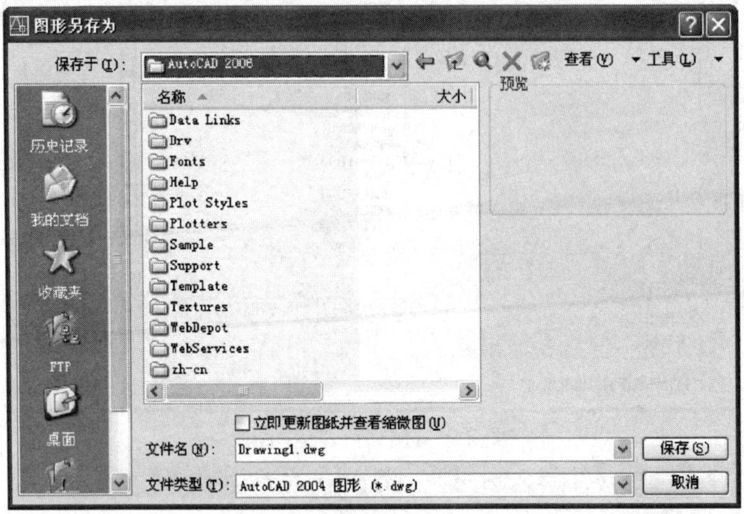

图 2-11 【图形另存为】对话框

由于系统在运行过程中可能会遇到死机、停电等意外情况，而有的用户又不习惯经常保存文件，因此系统提供了自动保存功能。单击菜单栏中的【工具】|【选项】，弹出【选项】对话框，选择【打开和保存】选项卡，如图 2-12 所示。在【文件安全措施】区勾选

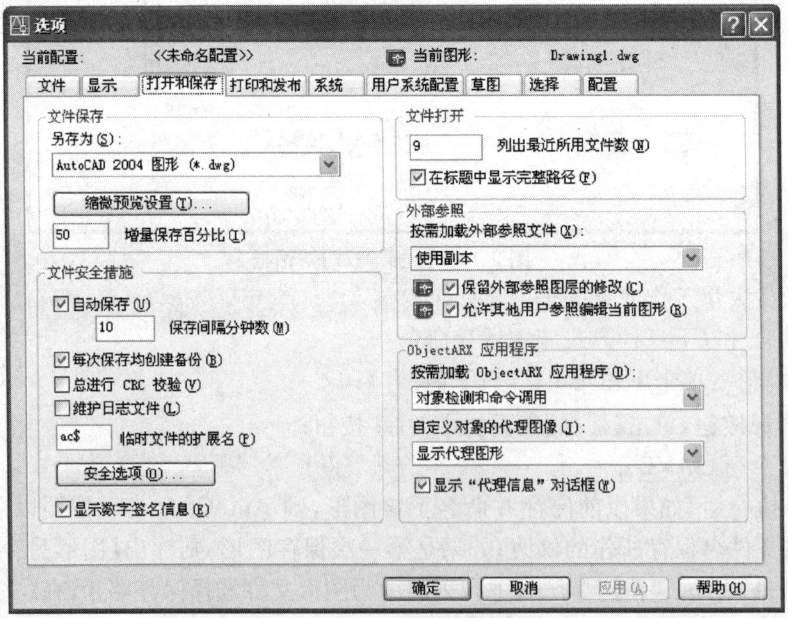

图 2-12 在【选项】对话框中设置图形的自动保存

【自动保存】复选框，在【保存间隔分钟数】文本框内输入适当的数值，以后 AutoCAD 将以此数值为间隔时间自动对文件进行保存。单击 确定 按钮完成设置。

5. 输出图形文件

图形的输出是绘图工作的重要组成部分。在 AutoCAD 2006 的图形文件中，数据的通用性大大增强，它不但可以和其他 Windows 程序之间进行数据交换，而且还能进行文件格式的转换，以方便相应的 Windows 应用程序使用。

用户可以参照以下方法将 AutoCAD 图形输出成各种格式的数据文件。

首先在绘图区选择要输出的图形，然后单击菜单栏中的【文件】|【输出】，弹出【输出数据】对话框，如图 2-13 所示。在【文件名】文本框中为输出后的文件命名，并在【文件类型】下拉列表框中选择要输出成的文件格式类型，单击 保存(S) 按钮完成图形的输出。

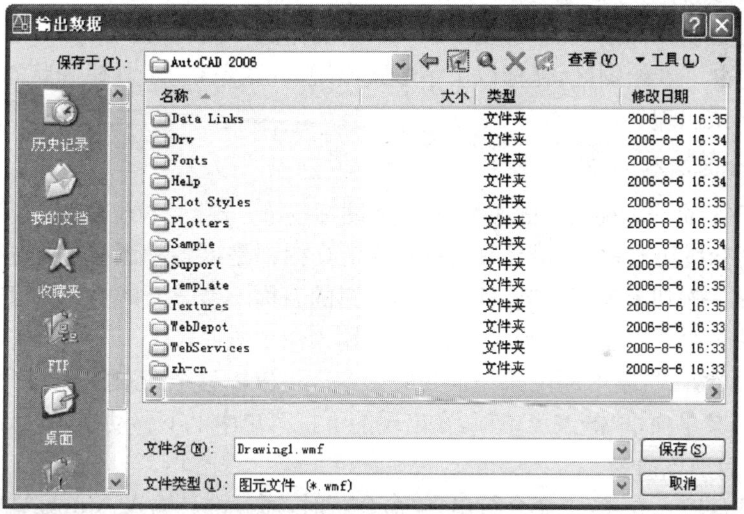

图 2-13 【输出数据】对话框

在 AutoCAD 2006 中，利用【输出数据】对话框可以将 AutoCAD 图形文件输出成下列格式的数据文件：

☆ 图元文件(*.wmf)；

☆ ACIS(*.sat)；

☆ 平版印刷(*.sal)；

☆ 封装 ps(*.eps)；

☆ DXX 提取(*.dxx)；

☆ 位图(*.bmp)；

☆ 3D Studio(*.3ds)；

☆ 块(＊.dwg)。

2.1.2 命令输入方法

AutoCAD 2006 中常用的命令输入方法是鼠标和键盘输入，一般在绘图时是结合两者进行的，用键盘输入命令和参数，用鼠标绘图和执行工具栏中的命令。

1. 鼠标的使用

在 AutoCAD 中，鼠标按键的定义为：左键为拾取键，用于选择菜单项、图标按钮和图形对象等；右键为弹出键，可以在光标处弹出菜单。AutoCAD 2006 中鼠标右键的功能非常强，把鼠标置于不同的位置或当 AutoCAD 处于不同的状态时，右击鼠标都会出现不同的选项，从而大大方便了用户的使用。可以这样说，当你不知道下一步该做什么的时候，请右击。而 Shift＋右键，则弹出对象捕捉菜单，可定义临时捕捉点，用于迅速、准确地捕捉到某些特殊点(如圆心、切点、端点等)，便于迅速、准确地绘出图形。

鼠标是控制光标位置的，针对 AutoCAD 工作的不同状态，对应的鼠标指针会显示不同的形状。在绘图区，光标以十字形式出现；在菜单栏、工具栏和状态栏等处，光标以指针形式出现。

2. 命令的输入

AutoCAD 命令的输入方式主要有三种：图标按钮方式、菜单方式和键盘输入方式。

(1) 图标按钮方式：AutoCAD 2006 的工具栏都是以各种图标按钮组成的，把鼠标移动到某一按钮上停留片刻，即提示该按钮的名称。单击工具栏上的相应按钮就能执行所代表的命令。这是一种常用、简便的输入命令的方式。

(2) 菜单方式：菜单栏包括一系列的命令。将鼠标移至菜单栏，左右移动光标选择所需要的菜单项，单击该菜单项，在出现的下拉菜单中上下移动鼠标，单击选中所需的条目，以启动该命令。

(3) 键盘输入方式：当命令行出现“命令：”时，通过键盘输入 AutoCAD 命令，然后按下回车键，即可运行该命令。

3. 命令的重复、中止

(1) 命令的重复：无论以上述哪种方式输入了最后一条命令，都可以在下一行“命令：”提示下，键入回车键或空格键重复该命令。

(2) 命令的中止：在执行命令的过程中，按下 ESC 键，可中止该命令的执行。

(3) 命令的撤销：在图形编辑过程中，可以利用 UNDO(U)命令或单击图标  撤销一个或若干个命令。

4. 透明命令

透明命令是指在执行某一个命令的过程中去执行另一个命令。这种透明执行命令的方法主要用于修改图形设置或打开绘图辅助工具，如正交模式、对象捕捉等。

一般来说，透明执行的命令提示前用两个尖括号“>>”表示与普通命令的区别，透明命令执行完成后，将继续执行原来的命令。

例如在绘制直线的过程中需要缩放视图，则可以透明执行命令，缩放视图之后回来接着绘制直线。操作如下：

命令：**LINE**↙	（发出画直线命令）
指定第一点：	（单击指定第一点）
指定下一点或［放弃(U)］：'_zoom	
>>指定窗口的角点，输入比例因子 (nX 或 nXP)，或者	
［全部(A)/中心(C)/动态(D)/范围(E)/上一个(P)/比例(S)/窗口(W)/对象(O)］<实时>：_w	
	（单击标准工具栏上 按钮执行窗口缩放命令）
>>指定第一个角点：>>指定对角点：	（拖动鼠标指定缩放窗口）
正在恢复执行 LINE 命令。	
指定下一点或［放弃(U)］：	（回到画直线命令，单击指定下一点）
指定下一点或［放弃(U)］：↙	（结束画直线命令）

5. 命令和变量

在 AutoCAD 中，命令与变量是不相同的。命令用来指示 AutoCAD 执行什么样的操作，主要用来进行图形的绘制和编辑工作；变量用来控制 AutoCAD 的某些功能和工作环境、命令的工作方式。利用系统变量可以打开或关闭诸如“捕捉”、“栅格”或“正交”等绘图模式，设置默认的填充图案，或存储有关当前图形和 AutoCAD 配置的信息。

例如 GRIDMODE 系统变量用于打开/关闭栅格的显示，其值为 0 或 1。在这种情况下，GRIDMODE 系统变量在功能上等价于 GRID 命令。DATE 是存储当前日期的只读系统变量，可以显示但不能修改该值。

要修改系统变量的值，有以下两种方法：

(1) 在命令行输入其名称并按回车键，然后键入其值。

(2) 利用对话框中的复选框修改系统变量。

可以透明查看或修改系统变量，在系统变量名称前添加一个单引号“'”，即可透明地使用系统变量。如果修改了系统变量的值，新的值只有在该命令运行完毕才生效。

例如在绘制直线的过程中需要改变线型比例因子，操作如下：

命令：**LINE**↙	（发出绘制直线命令）
指定第一点：	（单击指定第一点）
指定下一点或［放弃(U)］：'**LTSCALE**↙	（输入设置全局线形比例因子变量名，注意变量名前加“'”）

>>输入新线型比例因子 <1.0000>：**10**↙　　　　（输入新数值 10，"< >"中为默认值）
正在恢复执行 LINE 命令。
指定下一点或［放弃(U)］：　　　　（回到画直线命令，单击指定下一点）
指定下一点或［放弃(U)］：↙　　　　（结束画直线命令）

一般情况下，不要随便进行不常用系统变量的设置，这样有可能导致系统不按照预期的方式工作。

2.1.3 使用坐标系

在绘图过程中，AutoCAD 经常会要求用户输入点来确定所绘对象的位置、大小和方向。在要求输入点时，一种方法是通过单击鼠标拾取光标中心作为一个点的数据输入，另外一种方法是输入坐标值。使用坐标系输入点是最直接的精确定位点的方法。

1. 世界坐标系(WCS)和用户坐标系(UCS)

AutoCAD 有两个坐标系统：一个是固定坐标系，称为世界坐标系，简称 WCS；另一个是可移动坐标系，称为用户坐标系，简称 UCS。

在 WCS 中，X 轴的正方向水平向右，Y 轴的正方向垂直向上，Z 轴的正方向为垂直于 XY 平面向外，原点是图形左下角 X 轴和 Y 轴的交点(0,0)。

在 AutoCAD 中，用户可以使用 UCS 命令来创建用户坐标系。UCS 对于输入坐标、定义绘图平面和设置视图非常有用。创建三维对象时，可以重定位 UCS 来简化工作。

实际上所有的坐标输入都使用当前 UCS。

2. 使用坐标输入点

要使用 AutoCAD 坐标来定位点，则在命令提示输入点时，在命令行中输入坐标值，如果启用了状态栏中的【DYN】工具，则在光标附近的工具栏提示中输入坐标值。可以按照笛卡尔坐标或极坐标方式输入坐标值。

(1) 笛卡尔坐标(x,y,z)

笛卡尔坐标系有三个轴，即 X、Y 和 Z 轴。输入坐标值时，需要指示沿 X、Y 和 Z 轴相对于坐标系原点(0,0,0)的距离及其方向（正或负）。在二维绘图中，Z 坐标默认为 0 或采用当前默认高度设置，因此用户仅输入 X、Y 坐标值即可，即(x,y)，实际输入时不加小括号。

(2) 极坐标(距离<角度)

极坐标使用距离和角度来定位点。输入时，需要指示该点与坐标系原点直线的距离以及直线与 X 轴的夹角。

UNITS命令控制了单位的格式及角度的方向,系统默认的正角度方向是逆时针方向。

(3) 绝对坐标和相对坐标

使用笛卡尔坐标和极坐标,均可以基于原点(0,0)输入绝对坐标,或基于上一指定点输入相对坐标。

绝对坐标从 UCS 原点(0,0)开始测量。在【DYN】打开状态下的工具栏提示中输入绝对坐标时,需在坐标前面添加一个"#"前缀,笛卡尔坐标为(#x,y),极坐标为(#距离<角度)。但如果在命令提示行中输入绝对坐标时,则可以不使用"#"前缀。

相对坐标是基于上一输入点的坐标而言,要指定相对坐标,需在坐标前面添加一个"@"符号,即(@dx,dy)或(@与上一点距离<角度)。

【例 2-1】 用绝对笛卡尔坐标从(4,3)到点(10,8)绘制一直线,如图 2-14 所示。

命令:**LINE**↙	(发出绘制直线命令)
指定第一点:**4,3**↙	(命令行输入绝对笛卡尔坐标)
指定下一点或[放弃(U)]:**10,8**↙	(命令行输入绝对笛卡尔坐标)
指定下一点或[放弃(U)]:↙	(结束命令)

【例 2-2】 使用相对笛卡尔坐标绘制【例 2-1】的直线(图 2-14)。

命令:**LINE**↙	
指定第一点:**4,3**↙	(命令行输入绝对笛卡尔坐标)
指定下一点或[放弃(U)]:**@6,5**↙	(命令行输入相对笛卡尔坐标)
指定下一点或[放弃(U)]:↙	

【例 2-3】 使用绝对极坐标和相对极坐标绘制如图 2-15 所示的直线。

命令:**LINE**↙	
指定第一点:**5<37**↙	(输入绝对极坐标指定点 A)
指定下一点或[放弃(U)]:**@7.8<40**↙	(输入相对极坐标指定点 B,画出直线 AB)
指定下一点或[放弃(U)]:↙	(结束画线命令)

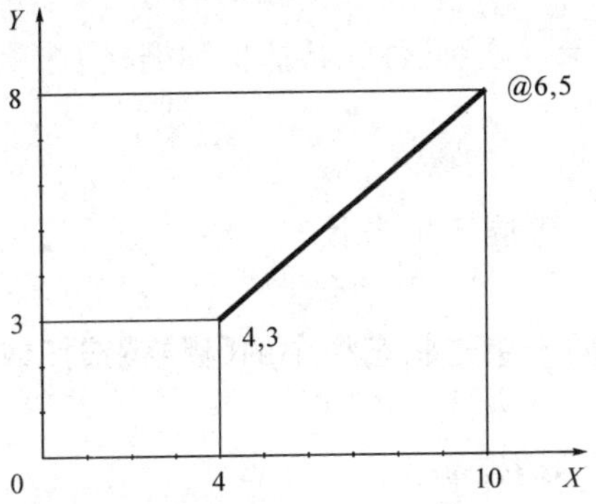

图 2-14 笛卡尔坐标输入点

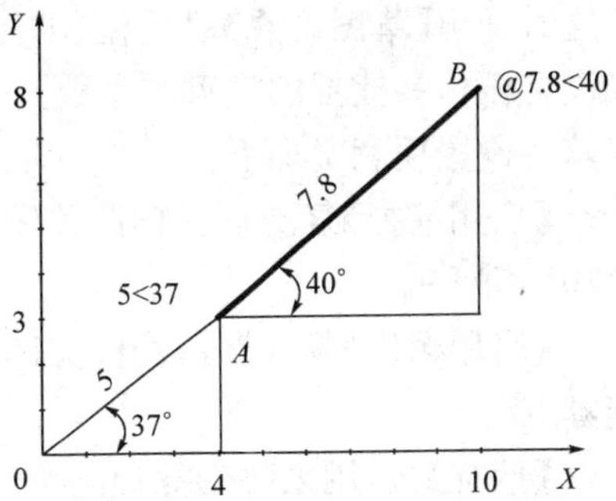

图 2-15 极坐标输入点

输入相对坐标的另一种方法是：通过移动光标指定方向，然后直接输入距离。此方法称为直接距离输入法。在【例 2-3】中，绘制 AB 直线时，先由 A 点移动光标使直线方向为 40°，然后在命令行输入“7.8↙”，得到同样结果。

3. 控制坐标显示

从键盘输入坐标值或使用定点设备指定点时，AutoCAD 2006 窗口状态栏的坐标显示区域显示当前光标位置的坐标值。有三种类型的坐标显示：静态显示、动态显示以及距离和角度显示。按下 F6 功能键、Ctrl＋D 键或单击坐标显示区域，可以在这三种方式间切换。

2.1.4 辅助绘图工具的使用

在绘图过程中的某些情况下，使用坐标定位不是很方便，需要使用一些辅助绘图工具，系统提供了栅格、捕捉和正交等辅助绘图工具，恰当地运用这些工具，能够大大提高绘图效率。

1. 栅格与捕捉

栅格(GRID)是按照设置的间距显示在图形区域中的点，能提供直观的距离和位置的参照，类似于坐标纸中的方格的作用。例如，如果将栅格的间距设置为“10”，在图形中就很容易找到坐标为(50，70)的位置。另外，栅格还显示出了当前图形界限的范围，因为栅格只在图形界限以内显示。

捕捉(SNAP)是使光标按照设置的间距移动。一般来说，栅格与捕捉的间距和角度都设置为相同的数值，打开捕捉功能之后，光标只能在栅格间距上精确移动，从而准确定位点。

可以通过以下三种方式对栅格与捕捉进行设置：

☆ 菜单栏：单击下拉菜单【工具】|【草图设置】。

☆ 右击状态栏上的【栅格】或【捕捉】按钮，在弹出的快捷菜单中选择【设置】。

☆ 命令行：DSETTINGS↙。

这时弹出【草图设置】对话框，如图 2-16 所示。该对话框的【捕捉和栅格】选项卡用来设置栅格和捕捉的类型与参数。

其各设置项意义如下：

☆【启用捕捉】复选框：打开/关闭捕捉方式，等同于单击状态栏中的【捕捉】按钮或按功能键 F9。

☆【启用栅格】复选框：打开/关闭栅格，等同于单击状态栏中的【栅格】按钮或按功能键 F7。

☆【捕捉】区：用来改变捕捉间距、捕捉角度和捕捉基点。

☆【栅格】区：用来改变栅格间距。

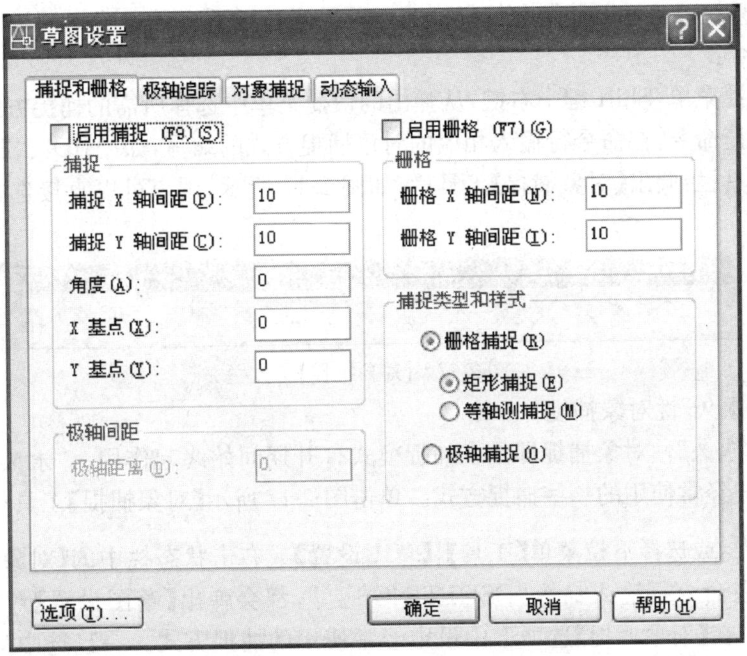

图 2-16 【草图设置】对话框

☆【捕捉类型和样式】区:用来设置捕捉的模式,系统提供了两种捕捉模式供用户选择:【栅格捕捉】和【极轴捕捉】。栅格模式中又包含了【矩形捕捉】和【等轴测捕捉】两种方式。在二维绘图中常用的是矩形捕捉,等轴测捕捉只在绘制等轴测图时才会使用。如果选择极轴捕捉模式,则需要设置【极轴间距】,指定极轴捕捉的距离。极轴捕捉是一种相对捕捉,即相对于上一点的捕捉。如果当前未执行绘图命令,光标能够在图形中自由移动,不受任何限制。当执行某一种绘图命令时,光标就只能在特定的极轴角度上,并且定位在距离为间距的倍数的点上。

在实际绘图中,一般只需要设置栅格和捕捉的间距,经常将两者的间距设置成相同的数值。间距设置得太大,起不到应有的辅助作用;设置得太小又会影响到绘图效率,具体数值由所绘图形大小来确定。

在某些特殊情况下,可以设置【捕捉】区中的【角度】选项,适应倾斜图形的绘制。

2. 对象捕捉

对象捕捉是 AutoCAD 中进行精确绘图的工具之一,利用对象捕捉功能,可以十分方便地使用鼠标在屏幕上准确拾取所需的一些特征点(如圆心、切点、线段端点等)。对象捕捉有两种情况:

(1)“临时”性对象捕捉

所谓“临时”性对象捕捉即是在需要进行对象捕捉时才打开捕捉模式,当前目标捕捉到之后系统就自动关闭对象捕捉模式。可以通过以下三种方式来调用“临时”性对象捕捉命令：

☆ 快捷菜单：Shift 键＋右键，从弹出的快捷菜单中选择所需的捕捉方式。

☆ 简捷命令：在命令行输入相应的对象捕捉方式的缩写，如“MID”、“END”等。

☆ 工具栏：调出【对象捕捉】工具栏，如图 2-17 所示，用户可以直接选择需要的捕捉方式。

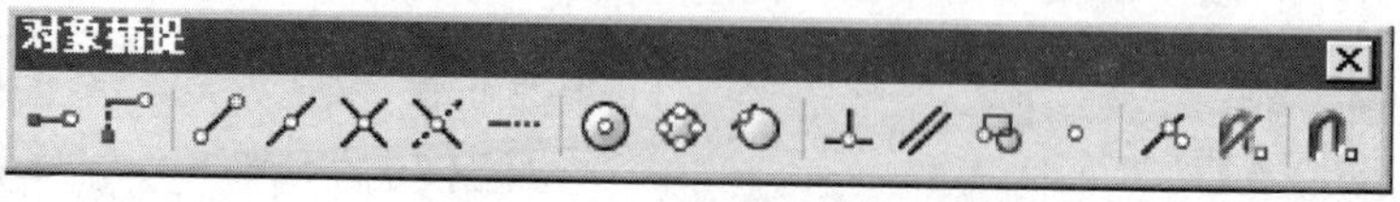

图 2-17 【对象捕捉】工具栏

(2)“永久”性对象捕捉

所谓“永久”性对象捕捉即是在捕捉模式打开期间始终起作用。“永久”性对象捕捉用于用户经常使用的一些捕捉方式。单击图 2-17 所示【对象捕捉】工具栏中的最后一个按钮或选择下拉菜单【工具】|【草图设置】或右击状态栏中的【对象捕捉】选择【设置】或在命令行输入命令“DSETTINGS ↙”，都会弹出【草图设置】对话框，如图 2-18所示。在【对象捕捉】选项卡中设定经常使用的捕捉方式。一旦选中某捕捉方式并运行后，用户在每次需进行对象捕捉时，将光标移动到所需要捕捉的目标点周围，所设定的对象捕捉方式就会被激活，系统可自动选择相应的对象捕捉模式来捕捉目标点。

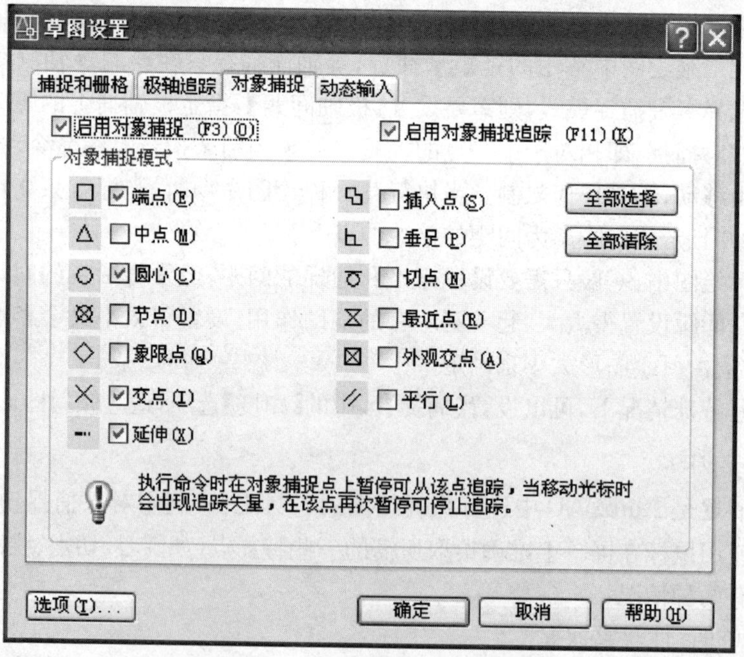

图 2-18 设置“永久”性对象捕捉

当同时使用多种对象捕捉方式时，系统将捕捉离十字光标最近的，同时又满足多种对象捕捉方式的一点。

单击状态栏中的【对象捕捉】按钮或按下 F3 功能键可打开/关闭对象捕捉模式。

3. 自动追踪

自动追踪功能可以用指定的角度绘制对象，或者绘制与其他已有对象有特定关系的对象。打开自动追踪功能后，系统会在需要时显示出相应的辅助线和提示来帮助用户精确定位。

自动追踪有两种方式：**极轴追踪**和**对象捕捉追踪**。其中极轴追踪是系统按照事先设置好的角度增量来追踪所需点，在进行极轴追踪时不能打开正交模式；而对象捕捉追踪则是按照与对象捕捉目标的某种特定关系来追踪所需点，当然，在使用对象捕捉追踪之前必须打开对象捕捉模式。一般常将极轴追踪与对象捕捉追踪同时打开使用。

(1) 极轴追踪

右击状态栏中的【极轴】，在弹出的快捷菜单中选择【设置】，弹出【草图设置】对话框，如图 2-19 所示。选择【极轴追踪】选项卡，即可设置极轴追踪的参数。

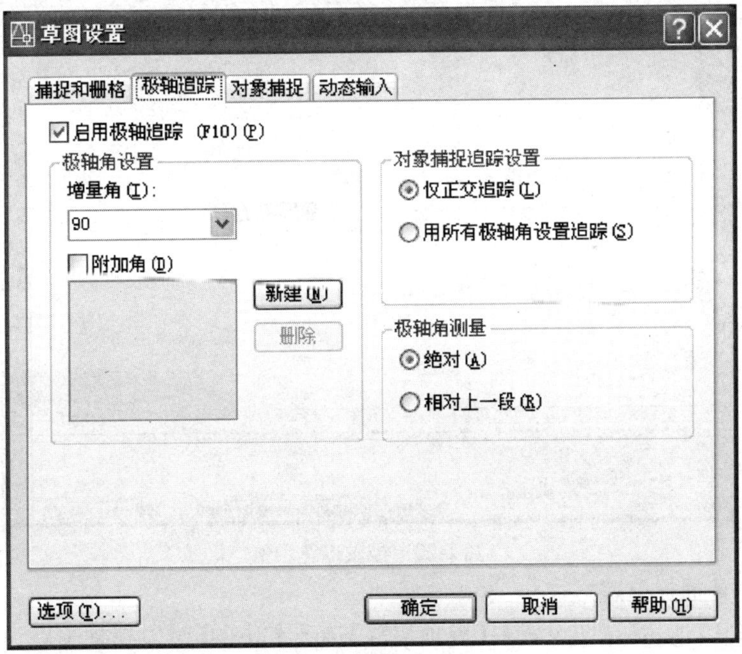

图 2-19 设置极轴追踪

其各设置项意义如下：

☆【启用极轴追踪】复选框：是否打开极轴追踪模式。

☆【极轴角设置】区：设置极轴追踪的角度增量。如果要设置除【增量角】下拉列表内的特殊角度增量以外的其他角度增量，应先勾选【附加角】，然后单击【新建】按钮，再输入所需角度。

☆【极轴角测量】区：选择【绝对】选项，表示以当前坐标系的 X 轴为测量角度的基准线；选择【相对上一段】选项，表示以最后画出的直线或捕捉到的直线为测量角度的基准线。

单击状态栏中【极轴】按钮或按下 F10 功能键可打开/关闭极轴追踪功能。

例如要绘制长度为 500 单位，偏移 X 轴角度为 30°的直线，可进行如下操作：

① 在图 2-19 中设置极轴增量角为"30"，并打开极轴追踪功能。

② 调用 LINE 命令，在屏幕中任一位置指定直线的起点，然后将光标移到所需角度附近，当出现辅助线时，保持 30°角度不变，光标沿辅助线方向移动，直到所需长度 500 时，单击鼠标绘出所需直线，如图 2-20 所示。也可以在指定直线方向后键盘直接输入"500"。

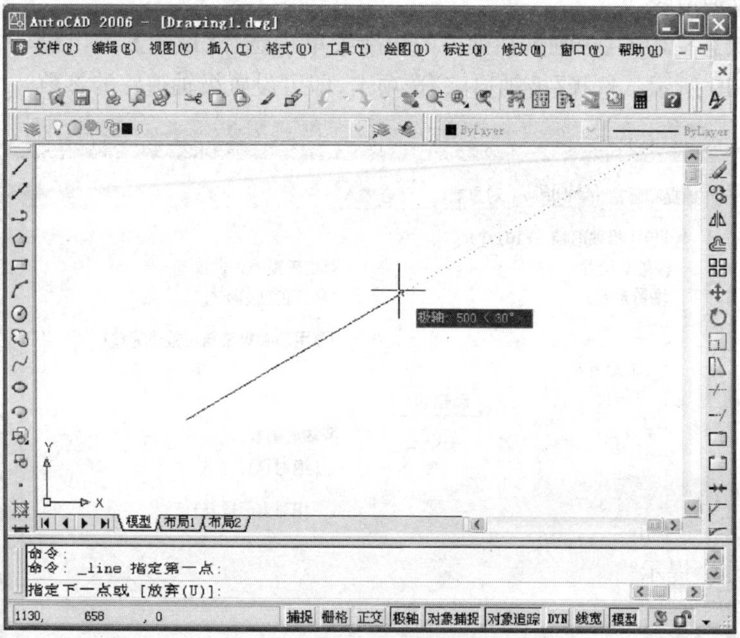

图 2-20 极轴追踪示例

(2) 对象捕捉追踪

在图 2-19 所示【草图设置】|【极轴追踪】选项卡中的【对象捕捉追踪设置】区进行对象捕捉追踪功能的设置，选择【仅正交追踪】或【用所有极轴角设置追踪】按钮。

单击状态栏中的【对象追踪】按钮或按下 F11 功能键可打开/关闭对象捕捉追踪功能。

例如过圆 O_1 的圆心及正五边形的边 CD 的延长线与圆 O_2 的交点绘制一条直线，

可进行如下操作：

① 在图 2-18 中设置对象捕捉模式为圆心、交点和延伸，并打开对象捕捉和对象捕捉追踪功能。

② 调用 LINE 命令，捕捉圆 O_1 的圆心为直线的起点，然后追踪五边形 CD 边延长线到与圆 O_2 的交点，单击鼠标绘出所需直线，如图 2-21 所示。

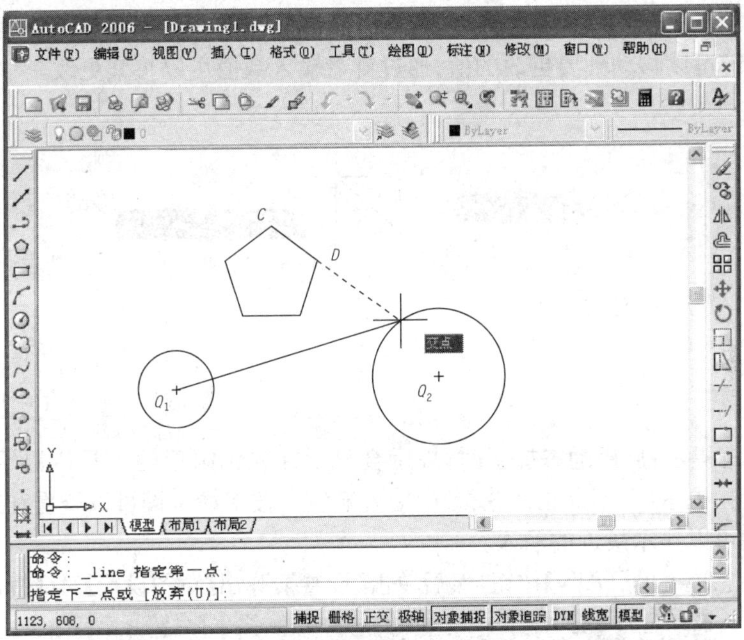

图 2-21 对象捕捉追踪示例

4. 动态输入(DYN)

动态输入是 AutoCAD 2006 新增加的功能。动态输入在光标附近提供了一个命令界面，以使用户专注于绘图区域。

单击状态栏上的【DYN】或按下 F12 功能键可以打开/关闭动态输入。启用动态输入时，工具栏提示将在光标附近显示信息，该信息会随着光标的移动而动态更新。当某条命令为活动时，工具栏提示将为用户提供输入的位置。

动态输入有三个组件：指针输入、标注输入和动态提示。

(1) 指针输入：当启用指针输入且有命令在执行时，十字光标的位置将在光标附近的工具栏提示中显示为坐标，可以在工具栏提示中输入坐标值，而不用在命令行中输入，这样有利于用户的注意力集中在绘图区。以绘制直线命令为例，调用 LINE 命令，如图 2-22 所示，在绘图区，可以看到光标处的坐标值随光标的移动而改变，输入 X 坐标，例如输入“100”，然后按下 Tab 键，如图 2-23 所示，即可锁定输入值并切换到 Y 坐标输入。

图 2-22　指针输入

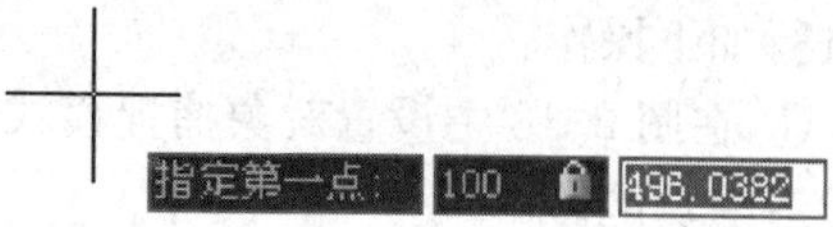

图 2-23　Tab 键锁定输入并切换

(2) 标注输入:绘制直线命令中,当命令提示输入第二点时,启用了标注输入,这时,工具栏提示显示距离和角度值,如图 2-24 所示。这些提示值随着光标的移动而改变,按 Tab 键可以移动到要更改的值,通过键盘输入数值可以将其更改。

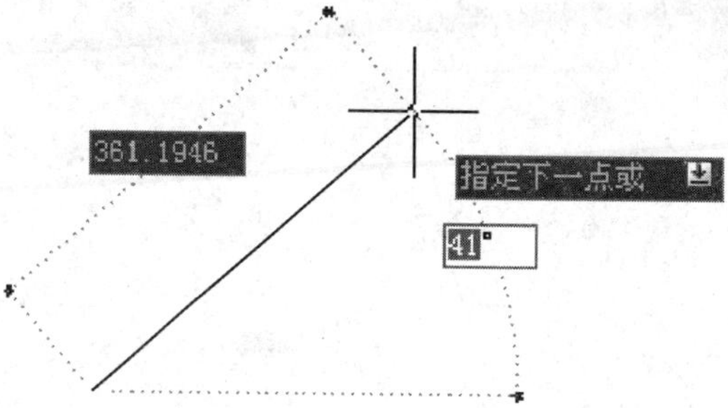

图 2-24　标注输入

(3) 动态提示:启用动态提示时,提示会显示在光标附近的工具栏提示中。用户可以在工具栏提示(而不是在命令行)中输入响应。按下箭头键可以查看和选择选项。按上箭头键可以显示最近的输入。

右击状态栏上的【DYN】按钮,然后单击【设置】,弹出【草图设置】对话框,如图 2-25

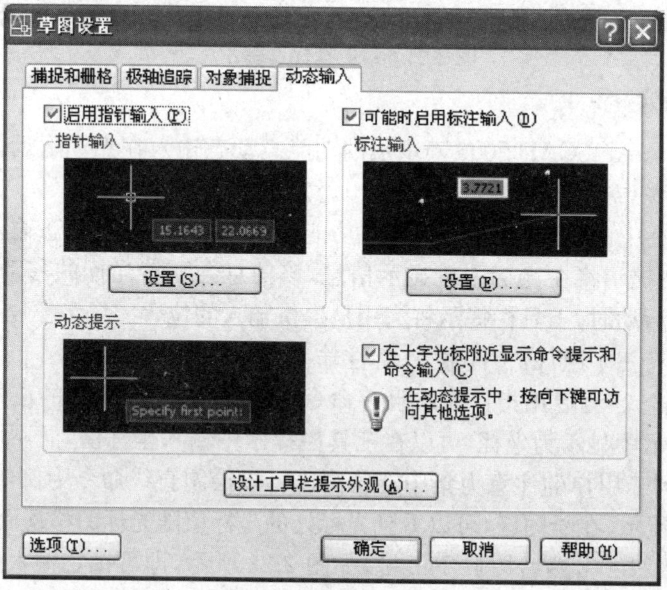

图 2-25　设置动态输入

所示。在【动态输入】选项卡中可以设置启用动态输入时每个组件所显示的内容及格式。

第二个点和后续点的默认设置为相对极坐标（RECTANG 命令，为相对笛卡尔坐标），不需要输入“@”。如果需要使用绝对坐标，应输入“#”前缀。

5. 正交操作（ORTHO）

正交操作是 AutoCAD 中进行精确绘图的工具之一，利用正交操作功能，在二维绘图中可以十分方便地绘制水平线和垂直线。当在绘制轴测图中，还可以绘制平行于 X、Y 或 Z 轴的线条。

单击状态栏中的【正交】按钮或按下 F8 功能键或在命令行输入“ORTHO↙”来打开/关闭正交操作。

2.1.5 图形显示操作

利用 AutoCAD 既可以绘制精细的零件图，也可以绘制大型建筑物的施工图。各种比例的图形是如何在同一大小的绘图区完成的呢？这就需要用到图形的显示操作功能。

AutoCAD 提供了非常方便的显示操作功能，并且这些功能都是透明的，用户可以在执行其他命令的同时使用它们。

1. 图形的缩放（ZOOM）

在绘图过程中，用户经常需要以不同的显示比例来观察和绘制图形，有时需要放大图形以观察或精确绘制图形的某一个局部，有时需要缩小图形以观察整图，ZOOM 命令可方便地将图形放大或缩小显示。ZOOM 命令并不改变图形的实际尺寸，就如照相机的变焦镜头，它可对准图形的某部分，也可纵观全局。

ZOOM 命令可通过以下方式来调用：

☆ 下拉菜单：【视图】|【缩放】中的相应选项。

☆ 图标按钮：单击标准工具栏中的  相应按钮或【缩放】工具栏（如图 2-26所示）中相应按钮。

图 2-26 【缩放】工具栏

☆ 命令行：ZOOM↙或 Z↙。

☆ 直接利用鼠标滚轮进行缩放调整。

☆ 快捷菜单：没有选定对象时，在绘图区右击并选择【缩放】选项进行实时缩放。

ZOOM 命令格式：

命令：ZOOM↙
指定窗口的角点，输入比例因子（nX 或 nXP），或者
[全部(A)/中心(C)/动态(D)/范围(E)/上一个(P)/比例(S)/窗口(W)]/对象(O)]<实时>：

要选择某一选项，则输入相应选项括号内字母，然后回车；“<>”内为默认选项，直接回车响应。

其中各选项意义如下：

☆ 全部(A)：用当前屏幕显示整个图形的内容，包括绘图极限以外的图形。该选项同【缩放】工具栏中的按钮。

☆ 中心(C)：以指定点为屏幕中心缩放，同时输入新的缩放倍数和高度值。该选项同【缩放】工具栏中的按钮。

☆ 动态(D)：通过向上或向下移动定点设备进行动态缩放，可以选择并不全部在当前显示之内的新的显示区域。该选项同【缩放】工具栏中的按钮。

☆ 范围(E)：将当前图形全部尽可能大地显示在屏幕上。该选项同【缩放】工具栏中的按钮。

☆ 上一个(P)：恢复上一次显示过的视图（最多可连续使用 10 次）。当在图形中进行局部特写时，可能经常需要将图形缩小以观察总体布局，使用该选项可以快速回到前一个视图。该选项同标准工具栏中的按钮。

☆ 比例(S)：允许用户输入一个缩放因子。有三种响应方式，若用户输入的是一个纯数据，如“3”，则系统执行绝对缩放功能，即显示原图的 3 倍；若输入的数据后带有 x，如“3x”，则执行相对当前视图缩放功能，即将当前图形缩放系数放大 3 倍；若输入的数据后带有 xp，如“3xp”，则执行相对当前图纸缩放功能，即将模型空间的图形以 3 倍的比例显示在图纸空间中。该选项同【缩放】工具栏中的按钮。

☆ 窗口(W)：窗选缩放图形。提示用户输入矩形窗口的两个对角点确定要观察的区域。此时窗口中心成为新的显示中心，窗口内的图形被放大占满屏幕。一般用于显示图形中较小区域。该选项同【缩放】工具栏中的按钮。

☆ 对象(O)：尽可能大地显示一个或多个选定的对象并使其位于绘图区域的中心。该选项同【缩放】工具栏中的按钮。

☆ 实时：实时缩放，是 ZOOM 命令的缺省项。执行该项，光标变成放大镜图标。用户按住鼠标左键向上移动，图形放大；反之，按住鼠标左键向下移动，图形缩小。该选项同标准工具栏中的按钮。操作的退出可用 ESC 键或回车。若右击，则会弹出一光标菜单，用户可选择进一步的操作。

2. 图形的平移(PAN)

图形的移动是指在绘图过程中,在不改变缩放比例的条件下,通过拖动鼠标上下左右动态移动屏幕窗口,以便观察当前图形的其他区域。该操作不会改变图形的实际形状和位置,也不会改变图形的显示大小。

PAN 命令可通过以下方式来调用:

☆ 下拉菜单:【视图】|【平移】中的相应选项。

☆ 图标按钮:单击标准工具栏中按钮。

☆ 命令行:PAN↙或P↙。

☆ 快捷菜单:没有选定对象时,在绘图区右击并选择【平移】选项进行实时平移。

调用 PAN 命令后,光标变成手形图标,此时按下鼠标左键不放并拖动光标,窗口内的图形随光标在同一方向上移动,释放左键将中断此次平移操作。要结束 PAN 命令,可按 ESC 键或回车键,或者右击在弹出的快捷菜单中选择【退出】或其他操作。

3. 重画(REDRAWALL)与重生成(REGEN)操作

REDRAWALL 命令用于刷新屏幕显示。此命令为透明命令,当 BLIPMODE(系统变量,控制点标记是否可见)打开时,将从所有视口中删除编辑命令留下的点标记。

REGEN 命令用于重生成屏幕上的图形数据。REGEN 命令不仅刷新显示,而且重新计算图形数据库中所有图形对象的屏幕坐标,提供尽可能精确的图形。因此,调用 REGEN 命令更新生成图形的时间要比 REDRAWALL 命令所用的时间长,对于复杂的图形尤为明显。

在 AutoCAD 中,REGENAUTO 命令用于控制图形的自动重生成,除非将 REGENAUTO 设置为"关",有些命令执行完成后将自动重新生成整个图形,并且重新计算所有对象的屏幕坐标。

可以通过以下方式来调用 REDRAWALL 或 REGEN 命令:

☆ 下拉菜单:【视图】|【重画】或【重生成】。

☆ 命令行:REDRAWALL↙或REGEN↙。

2.1.6 构造选择集

在 AutoCAD 中,选择操作是在对图形进行编辑或查询对象特性时所进行的一种常用的、使用频率极高的操作。在进行每一次编辑操作时都需要确定操作对象,系统在需要选择图形对象时会在命令行出现"选择对象:"的提示,这时光标变成小选择框。对象的选择称为构造选择集。为了快速而准确地选中欲编辑的图形元素,AutoCAD 2006 提供了多种构造选择集的方式,下面介绍常用的几种。

1. 直接拾取方式

这是最基本的选择方式。在"选择对象:"提示下,移动光标,让选择框叠在图形对象任一部分上，单击或敲回车键，被选中的对象会以醒目方式（如改变颜色、线型或增亮）来显示，用户很容易看到选择结果。可连续选中的若干图形对象构成选择集。

2. 窗口选择方式

窗口选择方式是通过确定选取图形对象范围的一种选取方法，有**窗选**和**交叉窗选**两种方式。窗选方式的选择条件是只有全部落在选择窗口以内的图形对象才会被选中；交叉窗选方式的选择条件是凡落在选择窗口以内的图形对象或与选择窗口边界相交或接触的图形对象都会被选中，该窗口的边界用虚线表示，而窗选方式的窗口边界用实线表示。其具体操作如下：

当命令行提示选择对象时，输入“W↙”以进行窗选，接着根据提示在屏幕上确定矩形选择窗口的第一角点，再确定矩形选择窗口的第二角点，则完全包含在窗口内的对象被选中。

当命令行提示选择对象时，输入“C↙”以进行交叉窗选，接着根据提示在屏幕上确定矩形选择窗口的第一角点，再确定矩形选择窗口的第二角点，则完全或部分包含在窗口中的对象被选中。

系统默认情况下，直接在屏幕上由左向右拉画窗口为窗选方式，由右向左拉画窗口为交叉窗选方式。

3. 不规则窗口选择方式

要在不规则形状区域内选择对象，就应该将它们包含在一个不规则的多边形选择窗口内。

当命令行提示选择对象时，输入“WP↙”或者“WC↙”以进行多边形窗选或者交叉多边形窗选，多边形选择窗口只选中它完全包含的对象，而交叉多边形选择窗口则选中相交或包含在内的对象。可以通过指定若干点定义不规则多边形的区域来选择对象。

4. 前一选择集方式

在“选择对象：”提示下，键入“P↙”，就进入该方式。它把最后一次用过的选择集作为当前选择集。

5. 全部方式

在“选择对象：”提示下，键入“ALL↙”，就进入该方式。它选中全部（不包括冻结了的或锁定了的图层）图形对象。

6. 栏选方式

栏选方式可以很容易地从复杂的图形中选择相邻的对象。选择栏是一段或多段直线，它穿过的所有对象均被选中。

在“选择对象：”提示下，键入“F↙”，就进入栏选方式。将光标移动到所要选择的对象处，单击绘制直线，使其穿过欲选对象，可以连续画出直线，直至回车完成选择，则所有被穿过的对象均被选中。

7. 快速选择方式

当需要选择大量特性相同的图形对象时，可以使用【快速选择】对话框，如图 2-27 所示，根据对象的特性、类型进行快速选择。

通过下拉菜单【工具】|【快速选择】命令或者在绘图区右击选择【快速选择】选项，都可以打开【快速选择】对话框。在此对话框中，可以设置用户自定义的选择条件，然后快速选择需要的一个或一组对象。

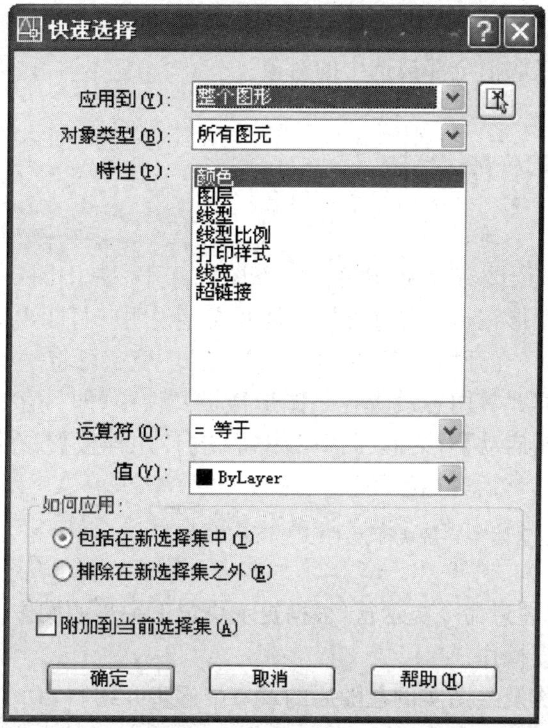

图 2-27 【快速选择】对话框

8. 循环选择对象模式

在一个非常拥挤的图形中，因为对象之间的距离太近，选择对象将十分困难。这时，可以将光标移动到欲选择的对象上，并尽可能地靠近该对象，然后在按住 Ctrl 键的同时单击，AutoCAD 在命令行中提示：

选择对象：＜循环 开＞

在激活循环选择模式后，每单击一次，AutoCAD 将会亮显一个不同的对象。在所需对象亮显时，按空格键将对象添加到选择集中，同时 AutoCAD 关闭循环选择功能。

注意：打开循环选择模式后，光标的实际位置将不再有效，循环选择模式打开时光标的位置决定了哪些内容将被循环选择。

9. 从选择集中添加或清除对象

向选择集中添加对象十分简单：只需在选取一个对象之后保持其被选中的状态，再使用任何一种选择方法选取另外对象，即可将该对象添加到选择集中。

从选择集中清除对象与添加对象的操作相似：只需在多个对象被选中的状态下，按下 Shift 键，然后使用任何一种选择方法选取要清除的对象，即可将该对象从选择集中清除。

按下 Esc 键可以取消全部被选中的对象。

2.2 绘图操作流程

AutoCAD 2006 绘图流程为：建立一张新图或打开一张旧图→为新图设置绘图环境→绘图和修改→图形编辑→尺寸标注→注写文字说明→打印出图。

建立一张新图时，在开始绘图之前应设置绘图环境。可将一些常用的设置，如图层、标注样式、文字样式等内容设置在一图形样板文件中(即另存为 .DWT 文件)，以后创建新图时，可在【启动】对话框(图 2-3)中单击【使用样板】或在【选择样板】对话框(图 2-7)中来打开它，然后开始绘图。

注意：在模型空间始终用实际尺寸(1∶1 比例)绘图，图形完成后，打印输出时，可在图纸空间设置合适的打印比例。

作图时，应随时注意命令提示行，根据提示决定下一步的操作，这样可以有效地提高绘图效率和减少误操作。

具体各步骤操作及绘图实例在随后的章节中逐步介绍。

2.2.1 绘图环境的设置

用户在进行绘图操作时，需要先设置基本的绘图环境，如绘图单位的设置、图形界限的设置、图层的设置与管理等。另外还需要为文字设置文字样式，为尺寸标注设置尺寸标注样式。为精确作图，应设置栅格捕捉和捕捉间距以及常用的对象捕捉和追踪方式。如果有必要，还可以对 AutoCAD 显示性能、对象选择模式以及默认保存文件的路径等工作环境进行设置。好的绘图环境及工作环境将使用户有效地提高工作效率。

1. 设置绘图单位和图形界限

利用 AutoCAD 2006 开始绘制一幅新图时，一般需要先确定所使用尺寸的单位和图幅的大小。在启动 AutoCAD 2006 或新建图形时，可以在【启动】对话框（图 2-4）或【创建新图形】对话框（图 2-6）中使用向导设置新建图形的单位、角度、角度测量、角度方向和绘图区域。对于已经创建了的图形，可以使用 UNITS 命令来设置图形单位，使用 LIMITS 命令来设置图形界限。

(1) 设置绘图单位

在 AutoCAD 中，用户可以使用多种单位进行绘图，但是，对于系统而言，不管用户采用什么单位，它只以图形单位来计算绘图尺寸。

在下拉菜单【格式】中选择【单位】，或在命令行输入“UNITS↙”，弹出【图形单位】对话框，如图 2-28 所示。

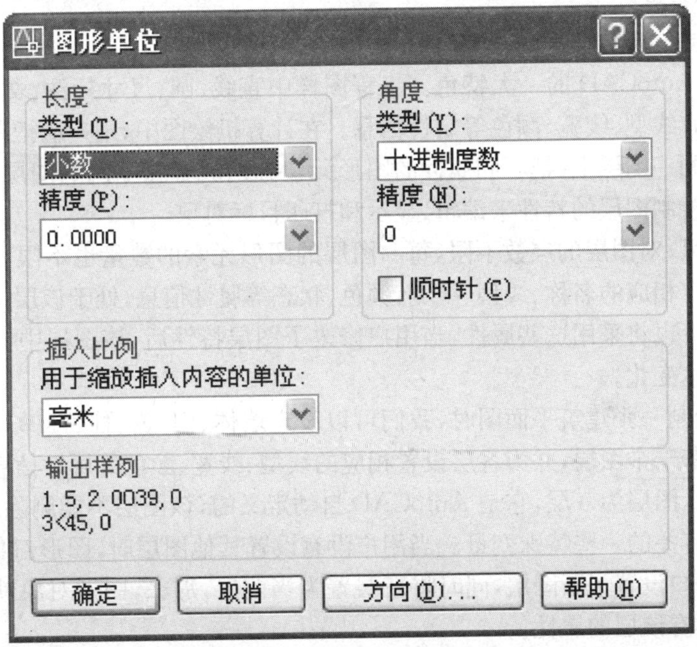

图 2-28 【图形单位】对话框

在【长度】选项组中选择长度单位的类型和精度（指小数保留位数）；在【角度】下拉列表框中选择角度单位的类型、精度及角度方向（AutoCAD 默认逆时针方向为正角度）；在【插入比例】下拉列表框中，选择外部插入块的单位计算；【输出样例】区显示了当前精度下的单位格式的样例；单击 

按钮，弹出【方向控制】对话框，在此对话框中可以设定角度的 0°方向。

(2) 设置图形界限

在绘图过程中，为避免所绘图形超出用户工作区域或图纸边界，需要设置图形界限。

单击下拉菜单【格式】|【图形界限】或在命令行输入“LIMITS↙”，可以设置图形界限，格式如下：

命令：**LIMITS↙**

重新设置模型空间界限：

指定左下角点或[开(ON)/关(OFF)]＜0.00,0.00＞:↙ （输入图形界限的左下角点坐标或者输入ON/OFF来打开/关闭图形界限。若直接回车，表示接受默认坐标(0,0)）

指定右上角点＜420.00,297.00＞: （输入图形界限的右上角点坐标）

如果选择“on”打开图形界限后，用户将无法在图形界限以外的区域绘制图形。

设置好图形界限后，须执行ZOOM命令中的“ALL”选项以全部显示该工作区。

通常用户在绘图时以1∶1比例绘制，因此以略大于图形实际尺寸值作为绘图界限。

2. 设置图层

(1) 图层的基本概念

图层是AutoCAD的一大特色。工程图样中直线、圆、尺寸标注、文字、符号等图形元素均含有线型、线宽、颜色等属性信息。在计算机绘图中，用户应把属性相同的图形元素放在同一图层上，把不同属性的图形元素分别放置在不同的图层上，这样可以方便地通过控制图层的特性来编辑、显示和打印目标对象。

AutoCAD对图层的层数不限，每一图层的图形元素的数量也不限。并且可以对各个图层指定相应的名称、线型、线宽、颜色、状态等属性信息，处于该层中的图形对象在默认状态下也将采用这些属性，当用户修改了图层特性后，该图层中的图形对象的属性也将发生变化。

例如：绘制一张建筑平面图时，我们可以设定墙体、门、窗、柱、楼梯、轴线、尺寸标注和文本等若干个图层，并为各层设置相应的线型、线宽、颜色等属性信息。

系统默认图层为0层，它是AutoCAD自动定义的，该图层不能删除或更名，它含有与图形块有关的一些特殊变量。当用户没有设置其他图层时，图形对象就绘画在0层上；如果用户设置了新图层，同时将新层置为当前层，那么，图形对象就画在当前图层上，并且具有该层的属性。

(2) 设置图层(LAYER)

AutoCAD通过图层特性管理器来控制图层。通过以下方式打开【图层特性管理器】对话框，如图2-29所示：

☆ 下拉菜单：【格式】|【图层】。

☆ 图标按钮：单击【图层】工具栏中的按钮。

☆ 命令行：LAYER↙。

在此对话框中可以创建图层、删除图层、设置当前层以及设置各图层的状态、颜色、线形、线宽等属性。

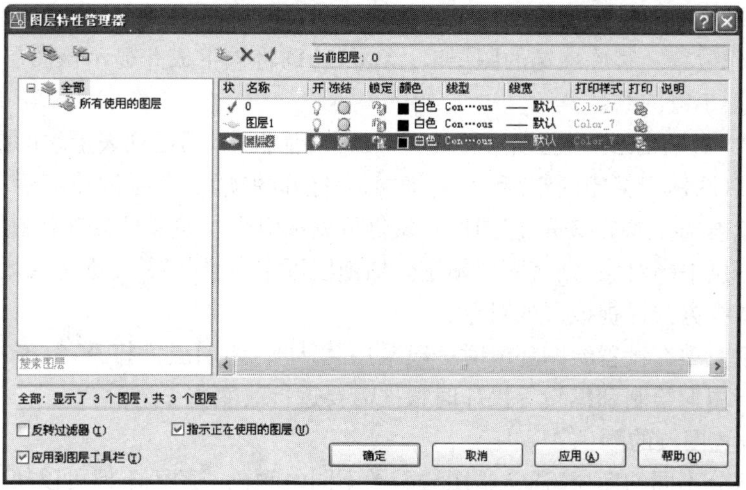

图 2-29 【图层特性管理器】对话框

☆ *新建图层* 在对话框中单击按钮，系统自动在图层列表框中建立一个新层。用户可以定义层名。如果不定义层名，则系统自动对层名命名为“图层 1”、“图层 2”……，如图 2-29 所示。用户可以根据作图需要建立无限多个图层，并且可以对每个图层指定相应的名称、线形、颜色、线宽等。为便于管理图层，建议用户以图层的实际用途为依据对图层进行命名。

☆ *删除图层* 如果要删除某个图层，可以在对话框中的图层列表中选择要删除的图层后单击 ✕ 按钮，然后再单击 应用(A) 按钮。

注意：图层 0、当前图层、有图元的图层和依赖外部参照的图层都不能删除。

☆ *置为当前图层* 如果要将某个图层设置为当前图层，可以在对话框中的图层列表中选择该图层，使其亮显后单击 ✓ 按钮即可。当前图层只能设置一层，它是用户当前进行工作的图层。

(3) 设置图层的状态

在绘图过程中，可以通过设置图层的状态参数将需要操作的图层显示出来，关闭无关的图层，从而降低图形视觉上的复杂程度并提高显示性能。也可以锁定图层，防止意外修改该图层上的对象。图层主要有以下几种状态：

☆ *打开/关闭图层* 在【图层特性管理器】对话框中，图层列表上端的【开】控制图层的开/关，设定图层上对象的可见性。单击可打开/关闭图层。在编辑时关闭一些与当前工作无关的图层，会给工作带来很大的方便。在绘图输出时，也可以关闭一些不希望此时输出的图形对象。

☆ *冻结/解冻图层* 在【图层特性管理器】对话框中，图层列表上端的【冻结】控制图层的冻结/解冻，冻结的图标为，解冻的图标为。冻结图层的目的是将用户不想引用的图层冻结，使该层图形对象不显示、不打印、不重生成，免除对该层的刷新运算，提高工作效率。解冻冻结的图层时，AutoCAD 将重生成并显示该图层上的对象。注意：当前层不能冻结。

☆ 加锁/解锁图层　在【图层特性管理器】对话框中，图层列表上端的【锁定】设定图层的加锁(图标为关闭的锁)和解锁(图标为打开的锁)。图层被锁定后该图层的图形对象不能被选择或被编辑，但图形对象仍可见和引用。如果只想查看图层信息而不需要编辑图层中的对象，则将图层锁定。加锁层可作为当前层，可在上面增加新对象，可用目标捕捉方式捕捉该层的对象。

上述后三项在设置绘图环境时一般采用默认项，即图层为**打开**、**解冻**、**解锁**状态。通常在进行图形绘制和编辑等操作时根据需要进行改变。

(4) 设置图层的颜色

为了区分不同的图层，通常给图层赋予不同的颜色。颜色不但可以使用户在绘图过程中比较直观地了解各部分的性质，更主要的是可以在以后输出图形时，通过不同颜色的控制来指定线的粗细。

在【图层特性管理器】对话框中，图层列表上端的【颜色】控制图层的颜色。在图层名称后的颜色初始名称上单击鼠标，即弹出【选择颜色】对话框，如图 2-30 所示。可供用户选择颜色。

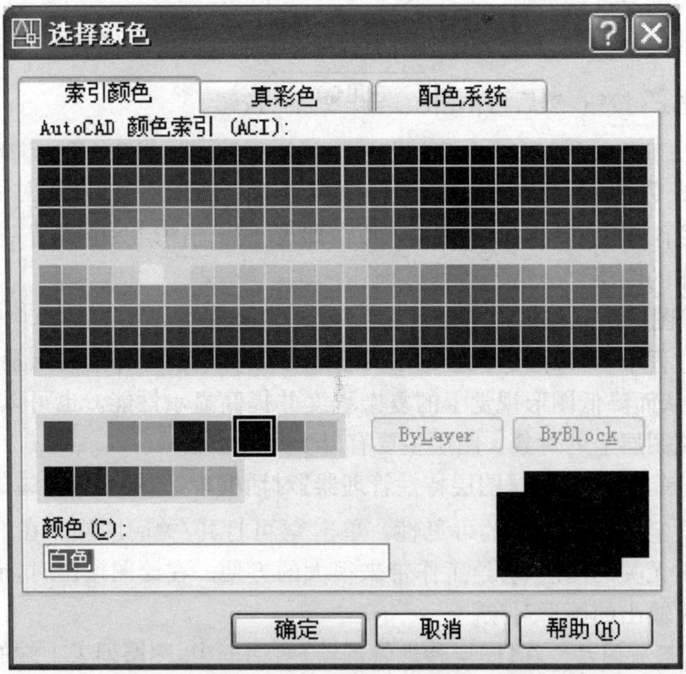

图 2-30 【选择颜色】对话框

每一图层可以设置一种颜色。图层的颜色一般应采用《CAD工程制图规则》(GB/T 18229—2000)提供的颜色：粗实线用白色；细实线、波浪线、双折线用绿色；虚线用黄色；细点画线用红色；粗点画线用棕色；双点画线用粉红色。

(5) 设置图层的线形

绘图过程中，用户常常要使用不同的线形，AutoCAD 允许用户为每个图层分配一种线形。默认情况下，线形为 Continuous(实线)，用户可以根据需要重新设置图层的线形。

在【图层特性管理器】对话框中，图层列表上端的【线型】控制图层的线型。在图层名称后的线型初始名称上单击鼠标，即弹出【选择线型】对话框，如图 2-31 所示，可供用户选择线型。

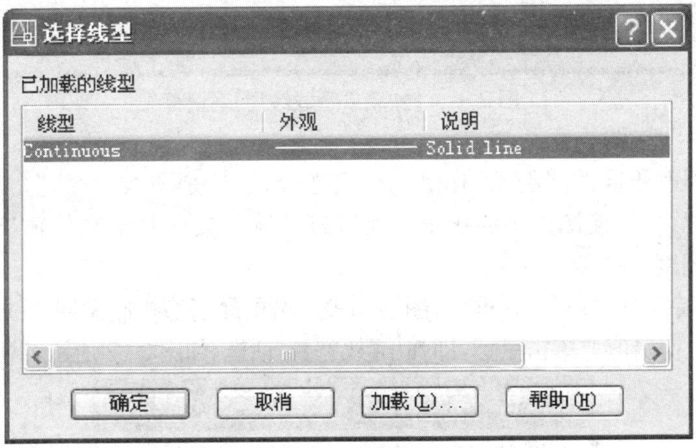

图 2-31 【选择线型】对话框

如果在【选择线型】对话框中没有用户所需的线型，可以单击该框中的 加载(L)... 按钮，弹出【加载或重载线型】对话框，如图 2-32 所示。用户可以在【可用线型】列表中选择要加载的线型，按下 Ctrl 键或 Shift 键可以一次加载多个线型，单击 确定 按钮后会将加载了的线型在【选择线型】对话框内列出。

为使虚线、点画线等非连续线型以合适的外观显示，需要调整线型比例因子。在 AutoCAD 2006 中，线型比例因子由系统变量 LTSCALE 和 CELTSCALE 控制。系统变量 LTSCALE 用于控制全局比例因子，修改该变量值后，将影响图形中全部对象的非连续线型的外观；而系统变量 CELTSCALE 则用于控制特定对象的比例因子，若修改该变量值，将会影响图形中新绘制对象的非连续线型的外观。

线型比例因子的默认值为 1。要修改线型比例因子，在命令行输入"LTSCALE↙"或"CELTSCALE↙"，根据提示输入新的值。

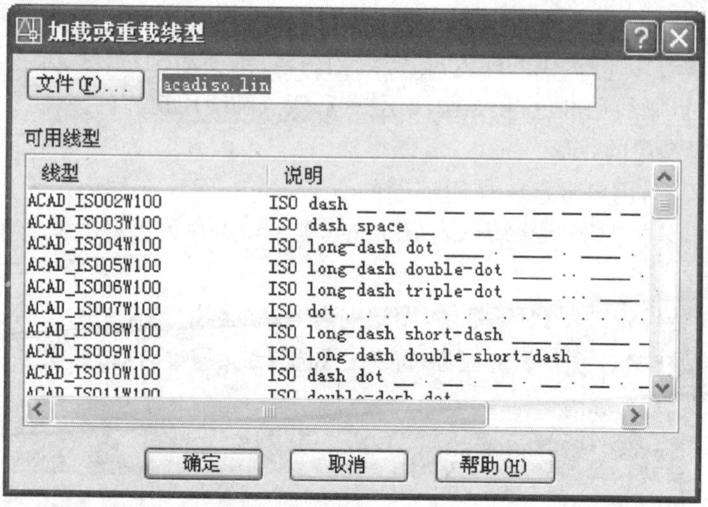

图 2-32 【加载或重载线型】对话框

(6) 设置图层的线宽

图线不但有不同的线型,还有粗、中、细之分,这就是图线的线宽。为每个图层的线条设置线宽,从而使图形中的线条在经过打印输出或向其他软件输出后,仍然各自保持固有的宽度。

在【图层特性管理器】对话框中,图层列表上端的【线宽】控制图层的线宽值。在图层名称后的线宽初始值上单击鼠标,即弹出【线宽】对话框,如图 2-33 所示,供用户选择线宽。

图 2-33 【线宽】对话框

由于线宽属性属于打印设置，因此，默认情况下系统并不显示线宽的实际设置效果。如果需要在绘图区显示线宽，可以单击状态栏中的【线宽】按钮，或者单击菜单栏中的【格式】|【线宽】，在打开的【线宽设置】对话框中选中【显示线宽】复选框，如图2-34所示。同时，在此对话框中可以修改线宽的默认值。另外，在状态栏中的【线宽】按钮上右击选择【设置】选项，同样可以打开【线宽设置】对话框。

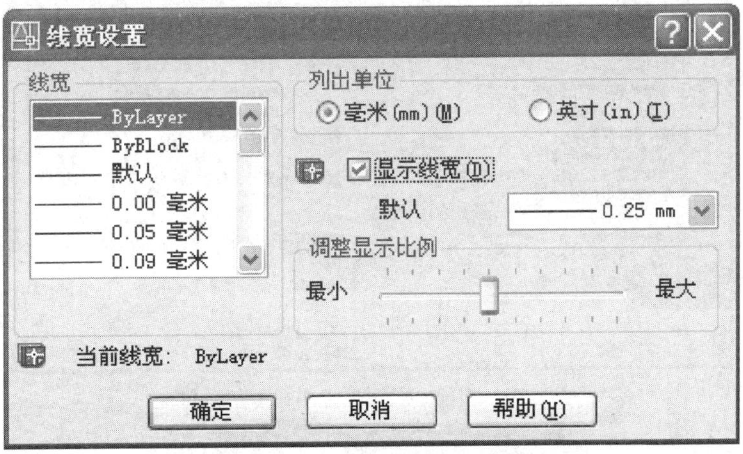

图 2-34 【线宽设置】对话框

设置好图层后，在【图层】工具栏的下拉列表中增加了新创建的图层，单击某一图层则可将其置为当前层，在此层所绘制的图形对象就具有该层的属性，除非用户在绘图时另外设置颜色、线型、线宽，而不是“ByLayer”。

对于已命名图层，可以在【对象特性】工具栏中分别单独设置其颜色、线型、线宽；也可以通过下拉菜单【格式】中的【颜色】、【线型】、【线宽】分别调出相应的对话框来进行设置；或在命令行键入“COLOR ↙”、“LINETYPE ↙”、“LINEWEIGHT ↙”命令来实现图层的属性设置。

2.2.2 设置显示性能

单击菜单栏中的【工具】|【选项】，在弹出的【选项】对话框中选择【显示】选项卡，在其中设置 AutoCAD 2006 的显示性能，如图 2-35 所示。

1. 窗口元素

在【窗口元素】选项组中设置 AutoCAD 2006 绘图窗口的参数。例如可以设置是否在图形窗口的底部和右侧显示滚动条、是否显示屏幕菜单等。

单击 颜色(C)... 按钮，弹出【颜色选项】对话框，如图 2-36 所示。在【窗口元素】下拉列表中选择一种窗口元素，然后在【颜色】下拉列表中指定一种颜色，单击 应用并关闭 按钮，应用设置的颜色并关闭【颜色选项】对话框，回到【显示】选项卡。

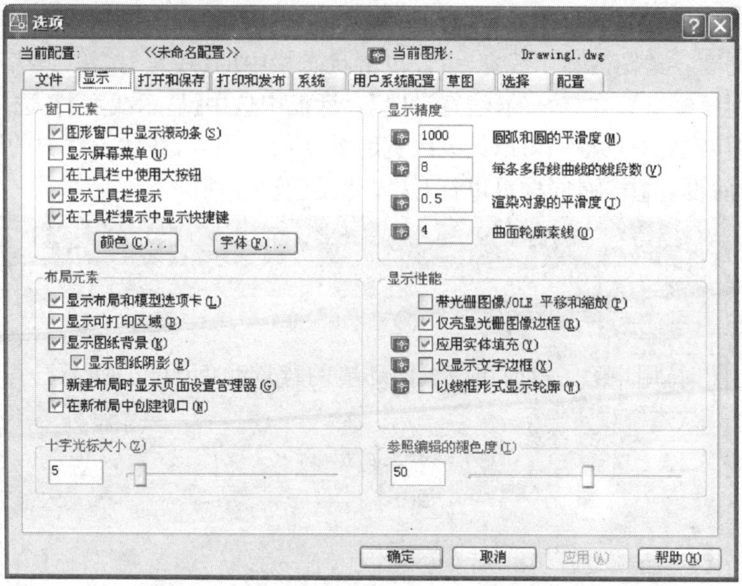

图 2-35 在【选项】对话框中设置显示性能

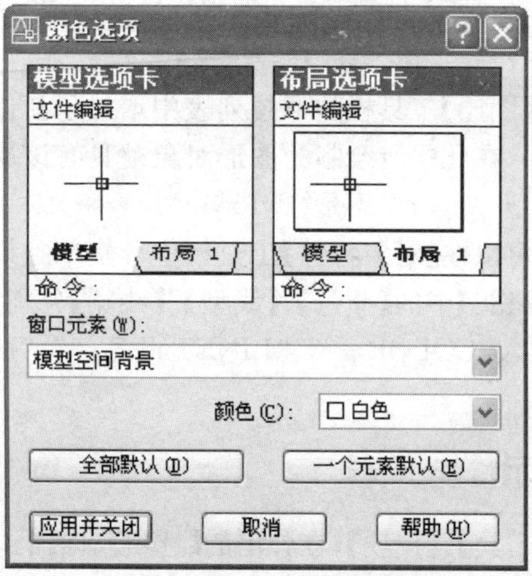

图 2-36 【颜色选项】对话框

单击 字体(F)... 按钮，弹出【命令行窗口字体】对话框。在对话框中可以更改命令行窗口文字的显示状态。

2. 显示精度

在【显示精度】选项组中设置与显示精度有关的数值。

注意：如果设置较高的值提高显示质量，则性能将受到显著影响。

3. 布局元素

在【布局元素】选项组中设置与布局相关的复选框的开关。

4. 显示性能

在【显示性能】选项组中设置与显示性能相关的复选框的开关。

5. 十字光标大小

在文本框中输入数值或者在标尺上移动滑块选择数值来改变十字光标的大小。

6. 参照编辑的褪色度

在文本框中输入数值或者在标尺上移动滑块选择数值来改变褪色度。

实际绘图时，用户除了有时更改绘图环境的背景颜色（黑色或白色）以外，其他显示性能通常默认系统设置。

2.2.3 其他工作环境的设置

在【选项】对话框中，还可以进行其他基本绘图环境的设置。例如：在【文件】选项卡可以设置文件搜索路径、打印机支持文件路径、自动保存文件路径、临时文件路径等；【打开和保存】选项卡可以设置文件自动保存间隔时间、在【文件】菜单列表中显示的文件数等；在【打印和发布】选项卡中设置默认输出设备、打印到文件的默认路径等；在【系统】选项卡可以设置启动选项等；在【用户系统配置】选项卡可以设置在绘图区域中是否使用快捷菜单、自定义右键单击等；在【草图】选项卡中可以设置自动捕捉标记的显示颜色和大小、靶框的大小等；在【选择】选项卡中可以设置拾取框的大小、选择模式、夹点大小等。实际绘图时，除非特别需要，一般很少更改这些设置，均采用系统默认设置。AutoCAD 2006 绘图环境的设置还包括文字样式的设置以及尺寸标注样式的设置，这些内容参见后续章节。

2.3 常用绘图命令

AutoCAD 2006 提供了丰富的绘图命令，本节主要介绍有关二维绘图的一系列命令（如 POINT、LINE、CIRCLE、ARC、PLINE、MLINE、POLYGON 等）。这些命令的调用可以选择下拉菜单栏【绘图】中相应项，或单击【绘图】工具栏中相应图标按钮（如图 2-37 所示），或在命令行直接输入相应命令。

图 2-37 【绘图】工具栏

2.3.1 绘制点命令(POINT)

1. 设置点样式(DDPTYPE)

绘制点命令可以在图中绘制一些控制点和参考点。点的类型有 20 种,其大小和形状可以通过下拉菜单栏【格式】|【点样式】或键入命令“DDPTYPE↙”调出【点样式】对话框进行设置,如图 2-38 所示。

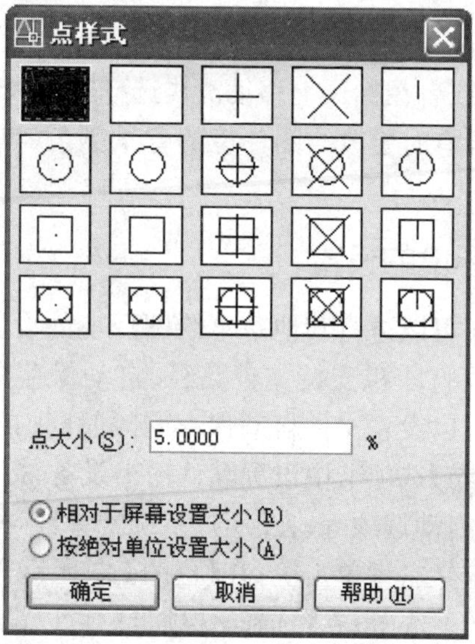

图 2-38 【点样式】对话框

2. 绘制点命令(POINT)

绘制点命令可以通过以下方式来调用:

☆ 下拉菜单:选择【绘图】|【点】命令中的单点、多点、定数等分、定距等分选项。

☆ 图标按钮:单击【绘图】工具栏(图 2-37)中的 ▪ 按钮。

☆ 命令行:POINT↙。

☆ 输入点可用鼠标拾取或键盘输入。

注意:绘制线段等分点时,点样式若选择小点样式和空白样式,该等分点将显示不出来,必须改选另外的点样式,才可显示线段上的等分点。

2.3.2 绘制直线命令(LINE)

用绘制直线命令可以绘制一系列首尾相接的直线段,该命令既可以通过拖动鼠标来任意绘制线段,也可以通过键盘输入线段的端点坐标来精确绘制线段。

绘制直线命令可以通过以下方式来调用:

☆ 下拉菜单:【绘图】|【直线】。

☆ 图标按钮:单击【绘图】工具栏(图 2-37)中的 按钮。

☆ 命令行:LINE↙或L↙。

【例 2-4】 画矩形,如图 2-39 所示。

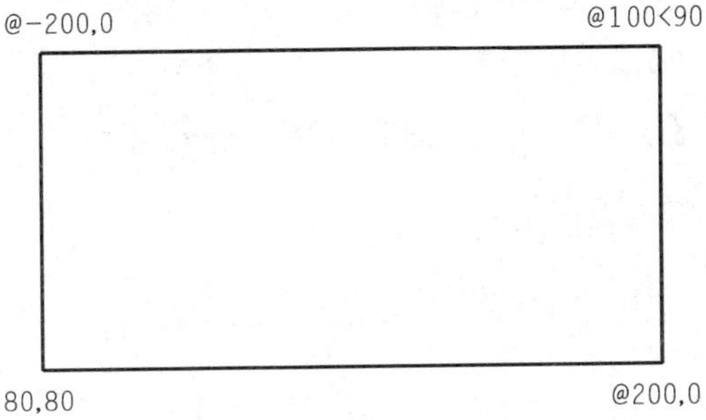

图 2-39 LINE 命令画矩形

命令:**LINE**↙	(发出 LINE 命令)
指定第一点: 80,80↙	(键入绝对坐标定第一点)
指定下一点或[放弃(U)]: @200,0↙	(键入相对坐标定第二点)
指定下一点或[放弃(U)]: @100<90↙	(键入相对极坐标定第三点)
指定下一点或[闭合(C)/放弃(U)]: @-200,0↙	(键入相对坐标定第四点)
指定下一点或[闭合(C)/放弃(U)]:C↙	(封闭图形并结束命令)

如果在"指定第一点:"提示下回车,则表示从上次最后绘制的线段端点处开始绘制新直线,如果最后绘画的是圆弧,则新画直线与之相切。

2.3.3 绘制构造线命令(XLINE)

一条没有起点也没有终点的直线被称为**构造线**。构造线主要用于绘制辅助参考线,以方便绘图。绘制构造线命令可以通过以下方式来调用:

☆ 下拉菜单:【绘图】|【构造线】。

☆ 图标按钮:单击【绘图】工具栏(图 2-37)中的 按钮。

☆ 命令行:XLINE↙或XL↙。

XLINE 命令格式:

命令: XLINE↙
指定点或[水平(H)/垂直(V)/角度(A)/二等分(B)/偏移(O)]:

直接在绘图区单击或输入点坐标来指定两点创建任意方向的构造线;如果输入 H、V、A、B、O 等回车,则可按照提示绘制水平、垂直、具有指定倾斜角度、二等分、偏移的构造线。

2.3.4 绘制多段线命令(PLINE)

多段线命令用来绘制具有不同宽度、由直线或圆弧组成的连续图线,整条线作为单一对象使用。绘制多段线命令可以通过以下方式来调用:

☆ 下拉菜单:【绘图】|【多段线】。

☆ 图标按钮:单击【绘图】工具栏(图 2-37)中的 ⮑ 按钮。

☆ 命令行:PLINE↙或PL↙。

PLINE 命令格式:

命令:**PLINE**↙
指定起点: (绘图区单击指定一点)
当前线宽为 0.00
指定下一个点或[圆弧(A)/半宽(H)/长度(L)/放弃(U)/宽度(W)]:(指定第二点)
指定下一点或[圆弧(A)/闭合(C)/半宽(H)/长度(L)/放弃(U)/宽度(W)]:

其中各选项的含义如下:

☆ 指定下一点:指定多段线的下一端点位置(为缺省项)。

☆ 圆弧(A):用于从直多段线切换到圆弧多段线并显示一些画圆弧的提示选项。

☆ 闭合(C):从多段线的当前点画一直线或圆弧到多段线的起点,封闭整条多段线,并结束 PLINE 命令。

☆ 半宽(H):设置多段线的一半宽度。

☆ 长度(L):用于设定新多段线的长度,如果前一段是直线,则绘制一条与前面线段角度相同的线段,如前一段是圆弧,则新线段延长方向为端点处圆弧的切线方向。

☆ 放弃(U):用于取消刚画的一段多段线,可顺序回溯。

☆ 宽度(W):设定多段线线宽,其缺省值为 0,多段线的初始宽度和结束宽度可不同,而且可分段设置,非常灵活。

当用户选择圆弧(A)选项时,AutoCAD 提供众多的选项供用户选择。其提示为:

命令:**PLINE**↙
指定起点: (绘图区单击指定一点)
当前线宽为 0.00
指定下一个点或[圆弧(A)/半宽(H)/长度(L)/放弃(U)/宽度(W)]:**A**↙ (选择画圆弧选项)
指定圆弧的端点或
[角度(A)/圆心(CE)/方向(D)/半宽(H)/直线(L)/半径(R)/第二个点(S)/放弃(U)/宽度(W)]:

其中各选项的含义如下：

☆ 指定圆弧的端点：指定圆弧端点位置(为缺省项)。

☆ 角度(A)：提示用户给定夹角(系统默认逆时针为正)。

☆ 圆心(CE)：提示给定圆弧中心。

☆ 方向(D)：提示用户确定切线方向。

☆ 直线(L)：切换到直线模式。

☆ 半径(R)：提示输入圆弧半径。

☆ 第二个点(S)：选择三点圆弧中的第 2 点。

【例 2-5】 用 PLINE 命令绘制如图 2-40 所示的箭头。

图 2-40 用 PLINE 命令绘制箭头

操作如下：

命令：**PLINE**↙ (发出 PLINE 命令)
指定起点： (鼠标点取一点确定起点 A)
当前线宽为 0.00 (提示当前多段线的宽度为 0)
指定下一个点或[圆弧(A)/半宽(H)/长度(L)/放弃(U)/宽度(W)]：(鼠标点取另一点 B)
指定下一点或[圆弧(A)/闭合(C)/半宽(H)/长度(L)/放弃(U)/宽度(W)]：**W**↙
(选择指定新的线宽)
指定起点宽度 <0.00>：**4**↙ (指定箭头开始端线宽为 4)
指定端点宽度 <4.00>：**0**↙ (指定箭头结束端线宽为 0)
指定下一点或[圆弧(A)/闭合(C)/半宽(H)/长度(L)/放弃(U)/宽度(W)]：**18**↙
(指定箭头长度为 18)
指定下一点或[圆弧(A)/闭合(C)/半宽(H)/长度(L)/放弃(U)/宽度(W)]：↙
(回车结束命令，结果如图 2-40 所示)

【例 2-6】 用 PLINE 命令绘制如图 2-41 所示图形。

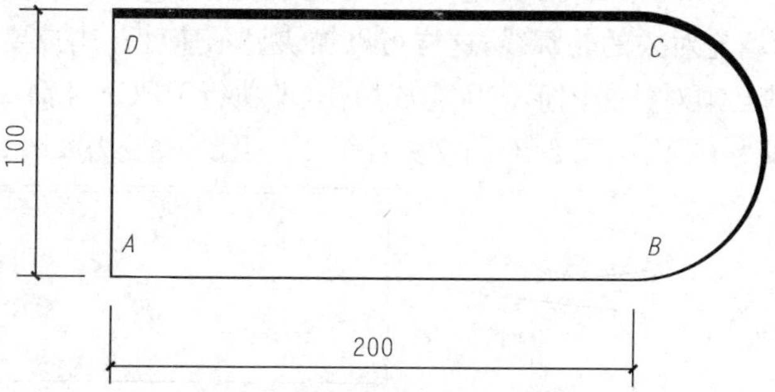

图 2-41 PLINE 命令应用实例

操作如下：

命令：**PLINE↙** （发出 PLINE 命令）

指定起点： （鼠标点取一点确定起点 A）

当前线宽为 0.00 （提示当前多段线的宽度为 0）

指定下一个点或［圆弧(A)/半宽(H)/长度(L)/放弃(U)/宽度(W)］：**@200,0↙**

（确定点 B）

指定下一点或［圆弧(A)/闭合(C)/半宽(H)/长度(L)/放弃(U)/宽度(W)］：**A↙**

（选择画圆弧）

指定圆弧的端点或

［角度(A)/圆心(CE)/闭合(CL)/方向(D)/半宽(H)/直线(L)/半径(R)/第二个点(S)/放弃(U)/宽度(W)］：**W↙** （选择指定圆弧的线宽）

指定起点宽度 <0.00>：↙ （回车接受圆弧开始端线宽为 0）

指定端点宽度 <0.00>：**3↙** （指定圆弧结束端线宽为 3）

指定圆弧的端点或［角度(A)/圆心(CE)/闭合(CL)/方向(D)/半宽(H)/直线(L)/半径(R)/第二个点(S)/放弃(U)/宽度(W)］：**@0,100↙** （指定圆弧端点 C）

指定圆弧的端点或［角度(A)/圆心(CE)/闭合(CL)/方向(D)/半宽(H)/直线(L)/半径(R)/第二个点(S)/放弃(U)/宽度(W)］：**L↙** （选择直线模式）

指定下一点或［圆弧(A)/闭合(C)/半宽(H)/长度(L)/放弃(U)/宽度(W)］：**@-200,0↙**

（确定点 D）

指定下一点或［圆弧(A)/闭合(C)/半宽(H)/长度(L)/放弃(U)/宽度(W)］：**W↙**

（选择指定直线的线宽）

指定起点宽度 <3.00>：**0↙** （指定直线 DA 开始端线宽为 0）

指定端点宽度 <0.00>：↙ （指定直线 DA 结束端线宽为 0）

指定下一点或［圆弧(A)/闭合(C)/半宽(H)/长度(L)/放弃(U)/宽度(W)］：**C↙**

（封闭多段线并结束命令，结果如图 2-41 所示）

在 AutoCAD 中，FILL 命令用于控制多段线(polyline)、多线(multilines)、填充直线(traces)、圆环(donut)和二维填充(solids)的填充状态。若 FILL 开关为 OFF，AutoCAD仅显示填充对象的轮廓线，这样可以加快显示速度。用户要观察 FILL 开关改变后的效果，则必须对整个图形作重生成操作(即执行 REGEN 命令)。

如将 FILL 设为 OFF，则图 2-40 的箭头及图 2-41 图形改变为如图 2-42 所示状态。

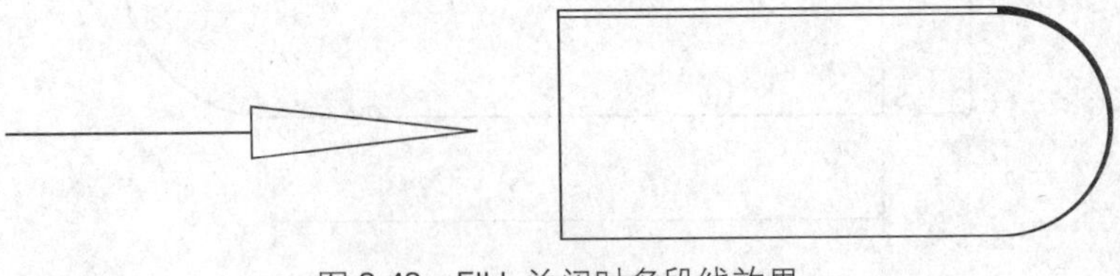

图 2-42　FILL 关闭时多段线效果

2.3.5 绘制多线命令(MLINE)

多线由若干称为元素的平行线组成。每一元素由其到中心的距离或偏移来定义。用户可以创建和保存多线样式,或使用系统缺省样式。所绘制的多线是一个独立的图形对象。

绘制多线命令常用于绘制建筑工程图中的墙体、电子线路图等平行线对象。

1. 设置多线样式(MLSTYLE)

通过单击下拉菜单【格式】|【多线样式】或在命令行输入“MLSTYLE ↙”,弹出【多线样式】对话框,如图 2-43 所示。

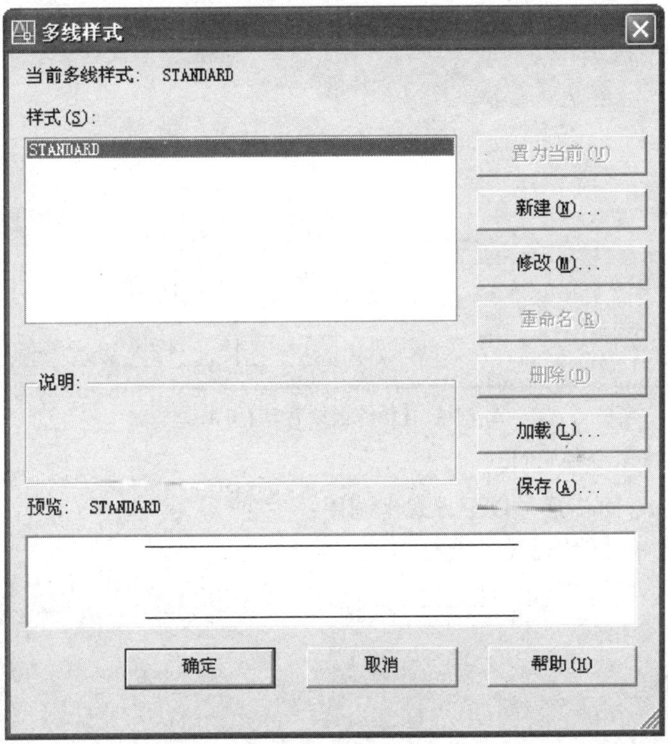

图 2-43 【多线样式】对话框

在【多线样式】对话框中,【样式】列表框中提供了现有的多线样式名称(缺省为 STANDARD);单击【置为当前】按钮,可以把所选择的多线样式置为当前;单击【新建】按钮,可以创建新的多线样式;单击【修改】按钮,弹出【修改多线样式】对话框,如图 2-44 所示。其中【封口】区的【直线】、【外弧】、【内弧】用于控制多线端点的生成,【角度】编辑框可控制末端的倾斜角;其【填充】区决定是否填充多线区域及填充颜色;其【显示连接】复选框控制是否显示角点连接;在【元素】区用户可以设置多线线数,设定各线的偏移量、颜色及线型。

单击【多线样式】对话框中的【保存】按钮，弹出一个保存文件的对话框，用于将已经设计好的多线样式进行保存，以便在设计其他图形时使用，否则创建的新样式仅能在本图形中使用；单击【加载】按钮，用户可以装入多线样式文件，将已定义的多线样式添加到当前图形的可利用样式列表中；单击【重命名】按钮可以重新命名已有多线样式的名称；单击【删除】按钮可以删除所选择的多线样式；【说明】区和【预览】区显示了当前样式的说明信息及预览画面。

图 2-44 【修改多线样式】对话框

2. 绘制多线命令(MLINE)

绘制多线命令可以通过以下方式来调用：

(1) 下拉菜单：【绘图】|【多线】。

(2) 命令行：MLINE↙或ML↙。

MLINE 命令格式：

> 命令：MLINE↙
> 当前设置：对正 = 上，比例 = 20.00，样式 = STANDARD
> 指定起点或[对正(J)/比例(S)/样式(ST)]:

各选项含义如下：

(1) 指定起点：输入多线的起始点。

(2) 对正(J)：用于控制绘制多线时采用何种偏移(相对于光标所在位置或基准线)。它包括三种选择，即零偏移(Z)、上偏移(T)和下偏移(B)。

(3) 比例(S)：控制多线绘制时的比例。AutoCAD 用此比例系数乘以偏移得到新偏移。

(4) 样式(ST):用于指定当前多线样式。

有关多线样式的设置及绘图实例参见绘制建筑图例题。

2.3.6 绘制正多边形命令(POLYGON)

在 AutoCAD 中,用户可利用 POLYGON 命令绘制具有 3 到 1024 条等长边的正多边形,由此画出的正多边形是一个独立的图形对象。绘制正多边形命令可以通过以下方式来调用:

☆ 下拉菜单:【绘图】|【正多边形】。

☆ 图标按钮:单击【绘图】工具栏(图 2-37)中的 ⬠ 按钮。

☆ 命令行:POLYGON↙或POL↙。

POLYGON 命令格式:

命令:POLYGON↙
输入边的数目 <4> :↙ (输入所绘正多边形的边数,此处默认四边形)
指定多边形的中心点或[边(E)]:
(输入中心点或选择给定边长绘制正多边形,此处单击指定中心点)
输入选项[内接于圆(I)/外切于圆(C)]<I>:↙
(选择内接于圆或外切于圆方式,此处默认内接于圆)
指定圆的半径: (键盘输入半径值或屏幕指定半径大小)

绘制正多边形时,先输入正多边形的边数,然后选择按照"边(E)"或按照"中心"来绘制。如果选择按照边长绘制,则要求输入边的起始点和终点;如果选择按照中心绘制多边形,则有内接于圆(I)或外切于圆(C)两种方式,再次选择后,输入圆的半径即可。

2.3.7 绘制矩形命令(RECTANG)

绘制矩形命令可以通过以下方式来调用:

☆ 下拉菜单:【绘图】|【矩形】。

☆ 图标按钮:单击【绘图】工具栏(图 2-37)中的 ▭ 按钮。

☆ 命令行:RECTANG↙或REC↙。

RECTANG 命令格式:

命令:RECTANG↙
指定第一个角点或[倒角(C)/标高(E)/圆角(F)/厚度(T)/宽度(W)]:
指定另一个角点或[面积(A)/尺寸(D)/旋转(R)]:

用 RECTANG 命令绘制的矩形是一个独立的图形对象。用户在绘制矩形时仅需提供两个对角点即可,并可以通过相应选项来设置矩形的线宽、修改矩形的高度(距

XY 平面的高度，由“标高”设定）及矩形的厚度、绘制倒角或圆角矩形，还可以通过矩形面积来确定矩形、根据矩形的长度和宽度绘制矩形、绘制有旋转角度的矩形。

2.3.8 绘制圆命令(CIRCLE)

绘制圆命令可以通过以下方式来调用：

☆ 下拉菜单：【绘图】|【圆】，选取画圆方式。

☆ 图标按钮：单击【绘图】工具栏（图 2-37）中的 按钮。

☆ 命令行：CIRCLE↙或C↙。

CIRCLE 命令格式：

命令：CIRCLE↙
指定圆的圆心或[三点(3P)/两点(2P)/相切、相切、半径(T)]：

画圆方式有六种，六种画圆方式举例如图 2-45 所示。

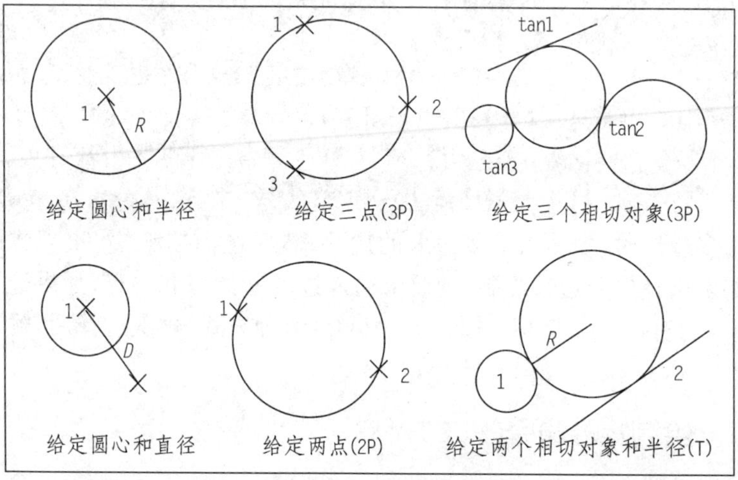

图 2-45 六种画圆方式举例

2.3.9 绘制圆弧命令(ARC)

绘制圆弧命令可以通过以下方式来调用：

☆ 下拉菜单：【绘图】|【圆弧】，选取画圆弧方式。

☆ 图标按钮：单击【绘图】工具栏（图 2-37）中的 按钮。

☆ 命令行：ARC↙。

绘制圆弧方式有多种，如图 2-46 所示。默认方法是指定三点：起点、第二点和端点。也可以指定圆弧的起点、圆心、端点、角度、弦长、方向、半径等方法来画弧。其中“继续”选项绘制的圆弧将于最后一个创建的对象相切。

图 2-46　绘制圆弧的多种方式

默认情况下,绘制圆弧时按逆时针方向旋转。

注意:

(1) 在给出圆心角条件下,圆心角为正值时,逆时针画弧;为负值时,顺时针画弧。

(2) 在给出弦长条件下(逆时针画弧),弦长为正值时,得到与给定弦长对应的小圆弧;弦长为负值时,得到与给定弦长对应的大圆弧。

(3) 在给出半径条件下(逆时针画弧),半径为正值时,得到起点与终点间的小圆弧;半径为负值时,得到起点与终点间的大圆弧。

2.3.10　绘制椭圆、椭圆弧命令(ELLIPSE)

在 AutoCAD 中,绘制椭圆和椭圆弧命令均为 ELLIPSE,只是选项不同。要绘制椭圆弧,应首先绘制一母体椭圆,然后再给出绘制椭圆弧所要求的夹角或其他参数。

1. 绘制椭圆

绘制椭圆命令可以通过以下方式来调用:

☆ 下拉菜单:【绘图】|【椭圆】,选取画椭圆方式。

☆ 图标按钮:单击【绘图】工具栏(图 2-37)中的 按钮。

☆ 命令行:ELLIPSE↙。

用户可以通过指定主轴的两个端点及副轴的半轴长度绘制椭圆;也可以选择以中心点方式绘制椭圆,该选项用于已知椭圆中心和轴端点的情况;也可以选择以旋转方式绘制椭圆,该方式用于已知两轴之一及旋转角度的情况,旋转角度指绕长轴旋转的角度,以此确定长轴与短轴的比值。旋转角度越大,长轴与短轴比值越高,旋转角度为 0°的椭圆即为圆。

ELLIPSE 命令格式如下：

命令：ELLIPSE↙	
指定椭圆的轴端点或［圆弧(A)/中心点(C)］：	（此处单击指定椭圆主轴的一个端点）
指定轴的另一个端点：	（此处单击指定椭圆主轴的另一个端点）
指定另一条半轴长度或［旋转(R)］：R↙	（此处选择旋转方式）
指定绕长轴旋转的角度：45↙	（指定旋转角度画出椭圆）

2. 绘制椭圆弧

绘制椭圆弧命令可以通过以下方式来调用：

☆ 下拉菜单：【绘图】|【椭圆】|【圆弧】。

☆ 图标按钮：单击【绘图】工具栏(图 2-37)中的 按钮。

☆ 命令行：ELLIPSE↙，然后输入 A↙。

绘制椭圆弧第一步需构造母体椭圆，出现与绘制椭圆相同的选项和提示，然后询问椭圆弧的起始角和终止角以绘制椭圆弧(角顶点为椭圆圆心，长轴角度定义为 0°)，用户也可以指定起始角和夹角。角度值可以键盘输入也可以利用对象捕捉方式捕捉点来指定。

2.3.11　绘制圆环或填充圆命令(DONUT)

控制圆环的主要参数是圆心、内径和外径。如果内径为 0，则圆环为填充圆；如果内径与外径相等，则圆环为普通圆。绘制圆环命令可以通过以下方式来调用：

☆ 下拉菜单：【绘图】|【圆环】。

☆ 命令行：DONUT↙。

与多段线等相同，FILL 命令可以控制圆环或圆的填充可见性。

2.3.12　绘制样条曲线命令(SPLINE)

样条曲线通常用于绘制建筑图中的地形地貌等。样条曲线是经过或接近一系列给定点的光滑曲线。主要由拟合点和控制点控制。其中拟合点由系统自动生成，控制点是在创建样条曲线时指定的，这些点主要用于编辑样条曲线。

绘制样条曲线命令可以通过以下方式来调用：

☆ 下拉菜单：【绘图】|【样条曲线】。

☆ 图标按钮：单击【绘图】工具栏(图 2-37)中的 按钮。

☆ 命令行：SPLINE↙或SPL↙。

SPLINE 命令格式：

命令：SPLINE↙
指定第一个点或［对象(O)］：　　　　　　　　　　　（指定第一个控制点）
指定下一点：　　　　　　　　　　　　　　　　　　　（指定第二个控制点）
　　指定下一点或［闭合(C)/拟合公差(F)］＜起点切向＞：（指定下一个控制点）
指定下一点或［闭合(C)/拟合公差(F)］＜起点切向＞：↙　（结束指定控制点）
指定起点切向：　　　　　　　　　　　　　　　　　　（指定曲线起点切线方向）
指定端点切向：　　　　　　　　　　　　　　　　　　（指定曲线终点切线方向）

在提示“指定第一个点或［对象(O)］：”时，输入“O↙”，然后选定样条曲线拟合的多段线并按 ENTER 键，则将选定的对象由多段线变为样条曲线。

注意：只有样条曲线拟合的多段线可以转换为样条曲线。

2.4　文本标注命令

在实际绘图时，经常需要为图形增加一些注释性的说明。在文本标注之前，需要设置文字样式。

2.4.1　设置文字样式(STYLE)

文字样式主要包括对字体、字高、宽度比例、倾斜角度等属性的设置。用户在一幅图形中可以定义多种文字样式，这样，用户在输入文字时可以选择所需的已设置的文字样式为当前文字样式。

设置文字样式的命令可以通过以下方式来调用：

☆ 下拉菜单：【格式】|【文字样式】。

☆ 图标按钮：单击【样式】工具栏中的 按钮。

☆ 命令行：STYLE↙。

执行该命令后，弹出【文字样式】对话框，如图 2-47 所示。在此，用户既可使用已有文字样式，也可生成新文字样式。在【样式名】下拉列表中选择使用已有文字样式，AutoCAD 默认当前文字样式为 Standard；要生成新文字样式，单击【新建】按钮，打开【新建文字样式】对话框，在其中输入新建文字样式的名称，如果不输入文字样式名，AutoCAD 自动将文字样式命名为“样式 n”，其中 n 表示从 1 开始的数字。然后单击【确定】按钮后，回到【文字样式】对话框，设置文字样式的其他内容。

【文字样式】对话框中其他常用按钮或选项的含义如下：

☆【重命名】按钮：重命名文字样式。

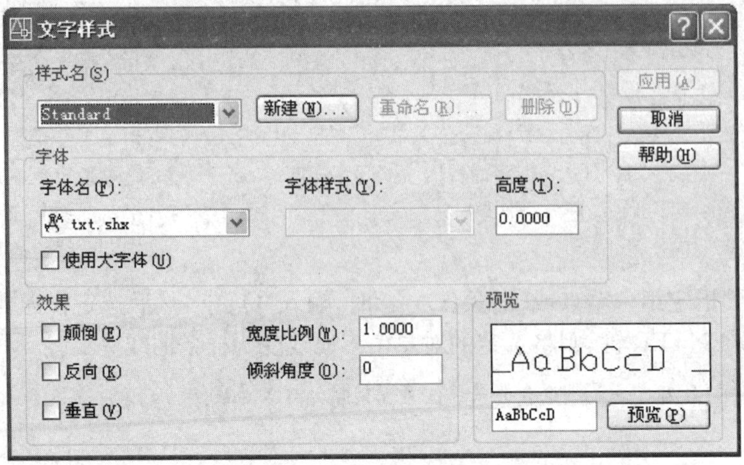

图 2-47 【文字样式】对话框

☆【删除】按钮:删除指定的文字样式。

☆【字体名】下拉列表框:用于选定字体。只有那些已注册的 TrueType 字体和所有 AutoCAD 的编译型(.SHX)字体才会出现在该下拉框中。

☆【使用大字体】复选框:如选中该复选框,则在其上的下拉列表框变为【SHX 字体】,该列表框中只列出 AutoCAD 特有的字体文件(.SHX)。同时,【字体样式】下拉列表框被激活。

☆【高度】编辑框:用于设置文字的高度。如将其设置为 0,则用户在输入文本时将被提示指定文字高度。

注意:如果希望将该文字样式用作尺寸标注文字样式,则高度值必须设置为 0,否则,用户在设置尺寸标注用文字样式时所设文本高度将不起作用。

☆【效果】选项区:该区域用于设置文字倾斜角度、文字的宽高比、文字的颠倒、反向和垂直变化等效果。颠倒和反向相当于使正常文字进行水平及垂直镜像;文字的倾斜角度范围为$-85°$至$+85°$,向右倾斜时角度为正,反之角度为负。

☆【预览】按钮:在预览窗口查看设置效果。

☆【应用】按钮:将对文字样式所进行的设置应用于当前图形。

注意:当用户更改了文字样式的【颠倒】和【反向】等特性后,已使用该文字样式创建的文本将受其影响,而【宽度比例】、【倾斜角度】的设置仅对新输入的文字有影响。

2.4.2 文本输入

在 AutoCAD 中,文本的输入有两种方式:一种是单行文本输入,另一种是多行文本输入。分别介绍如下。

1. 单行文本输入(TEXT)

单行文本输入(TEXT)命令可创建一行或多行文字，在每行结束处都需按回车键，系统不会自动换行。一次输入到屏幕上的每行文字都是独立的对象，用户可对其调整格式、重定位或修改其内容，但使用一种文字样式的文本其字体是唯一的。因此，单行文本主要用于标注一些不需要使用多种字体的简短内容。

可以通过以下方式来调用单行文本命令：

☆ 下拉菜单:【绘图】|【文字】|【单行文字】。

☆ 命令行:TEXT↙、DTEXT↙或DT↙。

TEXT 命令格式：

```
命令：TEXT↙
当前文字样式：Standard   文字高度：2.5000
指定文字的起点或 [对正(J)/样式(S)]:
```

其中"对正(J)"选项用于设置文本对齐方式，"样式(S)"选项用于设置文本样式名。当用户输入"J↙"时，命令行提示：

```
[对齐(A)/调整(F)/中心(C)/中间(M)/右(R)/左上(TL)/中上(TC)/右上(TR)/左中(ML)/正中(MC)/右中(MR)/左下(BL)/中下(BC)/右下(BR)]:
```

在该选项中一共列出了 14 种文字对齐方式。

当用户输入"S↙"时，命令行提示：

```
输入样式名或 [?] <Standard>:?↙
输入要列出的文字样式 <*>:
```

在第一行提示后输入现有文字样式为当前样式或输入"? ↙"以查看文字样式；在第二行提示后输入欲查看的文字样式名或直接回车查看所有文字样式。

在设置了文字的对齐方式和选用的文字样式后，命令行提示指定文字的起点，此时单击确定文字起点，然后系统会提示指定文字高度及文字的旋转角度，输入数值或回车接受默认值后，用户便可开始输入文字了。要输入另一行文字，可在行尾按回车键。如希望退出文字输入，可在新起一行时不输入任何内容按回车键。

注意：如果已在所使用的文字样式中将文字高度设置成固定值，则执行文本输入命令时，系统将不再提示指定文字高度。

2. 多行文本输入(MTEXT)

多行文本输入(MTEXT)命令用于在图中动态地标注一段文本，且文本是通过对话框来完成输入的。多行文本即使使用同一种文字样式，用户也可为不同的段落选用不同的字体。多行文本是一个独立的图形对象。在 AutoCAD 2006 中，对输入的多行文本,可以执行 Word 的多项操作,如居中、左对齐、有对齐、编号等,并能在这些文字中间插入一些特殊符号。

MTEXT 命令可以通过以下方式来调用:

☆ 下拉菜单:【绘图】|【文字】|【多行文字】。

☆ 图标按钮:单击【绘图】工具栏(图 2-37)中的 **A** 按钮。

☆ 命令行:MTEXT↙或T↙。

MTEXT 命令格式:

命令: MTEXT↙
当前文字样式:"Standard"。文字高度:2.5
指定第一角点:
指定对角点或[高度(H)/对正(J)/行距(L)/旋转(R)/样式(S)/宽度(W)]:

命令执行之后,系统提示用户在绘图区单击或键盘输入数据来确定文本框的两个角点,在指定了第一个对角点后,命令行提示项"[高度(H)/对正(J)/行距(L)/旋转(R)/样式(S)/宽度(W)]"中可以设置文字的高度、对齐方式、行间距、旋转及行宽。两对角点确定之后弹出多行文字编辑器,如图 2-48 所示。

图 2-48 多行文字编辑器

该编辑器由工具栏和一个带标尺的文本输入框组成,用户可以在输入框中输入文本内容,也可以利用工具栏设置文本的字体、大小、颜色等属性,还可以在标注文字中插入字段、符号、控制段落格式,导入文件以及为文字添加背景颜色。在文本输入框右击可以打开快捷菜单进行设置。

AutoCAD 2006 增强了文字编辑器的功能,不仅可以控制工具栏的显示,而且可以将多行文字编辑器设置成灰色背景。

3. 特殊符号的输入

在工程实际中,常常要在图中标注一些特殊符号。如钢筋的直径符号、间距符号、百分号等,这些符号有的不能直接从键盘输入。AutoCAD 中输入这些符号有两种方法:一种是利用 MTEXT 命令的多行文字编辑器工具栏中的 @ 下拉框或快捷菜单中【符号】选项直接插入,另一种是通过 AutoCAD 提供的控制符来实现这些符号的加入。后一种方法常用于单行文本输入特殊符号。表 2-1 列出了 AutoCAD 常用控制符。

AutoCAD 常用控制符 表 2-1

控制符	对应的特殊符号及其功能	控制符	对应的特殊符号及其功能
%%O	打开或关闭文本上划线	\U+2238	标注"≈"符号
%%U	打开或关闭文本下划线	\U+2220	标注角符号"∠"
%%D	标注度符号"°"	\U+2126	标注欧姆符号"Ω"
%%P	标注正负号"±"	\U+2260	标注不等符号"≠"
%%%	标注百分比符号"%"	\U+2082	标注下标 2 符号
%%C	标注直径符号"Φ"	\U+00B2	标注上标 2 符号

4. 文字的显示模式

QTEXT 命令用于控制文字的显示模式。该命令是一个透明命令。

QTEXT 命令格式:

命令:QTEXT↙
输入模式[开(ON)/关(OFF)]<关>:

命令执行后,用户可以在"ON"选项和"OFF"选项中作选择。AutoCAD 默认显示方式为"OFF",即所有文字实际显示。如果选择"ON"选项,在执行重生成操作时,AutoCAD 将把图形文件中的所有文字以矩形框代替,而不显示其具体内容。矩形框的大小、位置反映相应文字行的长度、字高及其所在的位置。这样,AutoCAD 不需对文字的笔画进行具体的计算与绘制,从而快速显示。

【例 2-7】 应用 AutoCAD 2006 图形软件绘制 A3 图框和标题栏。

设 A3 图框和标题栏如图 2-49 所示,作图步骤如下:

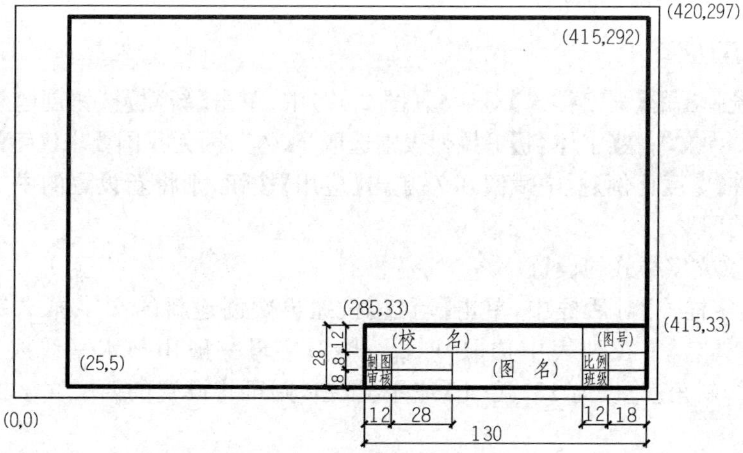

图 2-49 A3 图框(尺寸单位:mm)

(1) 首先设置绘图环境

① 使用 LIMITS(图形界限)命令设置绘图界限。

命令:**LIMITS**↙

重新设置模型空间界限:

指定左下角点或[开(ON)/关(OFF)]<0.0000,0.0000>:↙ (默认左下角点 0,0)

指定右上角点 <297.0000,210.0000>:**420,297**↙ (设置右上角点坐标)

命令:**ZOOM**↙ (缩放命令)

指定窗口角点,输入比例因子 (nX 或 nXP),或者[全部(A)/中心(C)/动态(D)/范围(E)/上一个(P)/比例(S)/窗口(W)]/对象(O)] <实时>:**A**↙ (全部缩放)

② 使用 UNITS(单位)命令设置绘图单位和精度。

命令:**UNITS**↙

在弹出的【图形单位】对话框(图 2-28)中设置精度为 0.00,其他采用系统默认设置。

③ 使用 LAYER(图层)命令设置图层。

命令:**LAYER**↙

在弹出的【图层特性管理器】对话框(图 2-29)中分别设置:

层 0:白色、实线、线宽缺省

层 1:白色、粗实线、线宽 0.50mm

层 2:绿色、细实线、线宽 0.13mm

层 3:红色、中心线、线宽 0.13mm

④ 设置文字样式。

a. 中文文字样式的设置。

命令:**STYLE**↙

在系统弹出的【文字样式】对话框(图 2-47)中,单击【新建】按钮创建新的文字样式,名称为“中文”;在【字体名】下拉列表中选取“宋体”;因为我国要求汉字的宽高比为 2/3,所以在【宽度比例】栏中赋值 0.7;单击【应用】按钮,则将新设置的中文文字样式应用于当前图形。

b. 西文文字样式的设置。

在【文字样式】对话框中,单击【新建】按钮再次创建新的文字样式,名称为“西文”;在【字体名】下拉列表中选取“isocp. shx”;字母一般用与水平线成 75°的斜体字,因此【倾斜角度】设为 15°;单击【应用】按钮,则可将设置的西文文字样式应用于当前图形。

(2) 使用 RECTANG(矩形)命令、LINE(直线)命令绘制图框、标题栏首先设层 2 为当前层，画幅面线。

操作如下：

命令：**RECTANG**↙
指定第一个角点或［倒角(C)/标高(E)/圆角(F)/厚度(T)/宽度(W)］：**0,0**↙
指定另一个角点或［面积(A)/尺寸(D)/旋转(R)］：**420,297**↙　　（完成图幅线）

设层 1 为当前层，画图框线及标题栏外框。

命令：**RECTANG**↙
指定第一个角点或［倒角(C)/标高(E)/圆角(F)/厚度(T)/宽度(W)］：**25,5**↙
指定另一个角点或［面积(A)/尺寸(D)/旋转(R)］：**415,292**↙　　（完成图框线）
命令：**LINE**↙
指定第一点：**415,33**↙
指定下一点或［放弃(U)］：**@-130,0**↙
指定下一点或［放弃(U)］：**@0,-28**↙　　（完成标题栏外框）
指定下一点或［闭合(C)/放弃(U)］：↙　　（结束命令）
请读者参照图 1-51 所示尺寸和线型继续画出标题栏。

(3) 使用 TEXT(文本)命令注写文字

在标题栏内注写文字。在当前屏幕状态下，标题栏处于右下角，其空间范围较少，图形定位不易准确。因此，在注写文字前，可用 ZOOM(缩放)命令中的窗口缩放(W)将标题栏的局部图形放大，如图 2-50 所示。

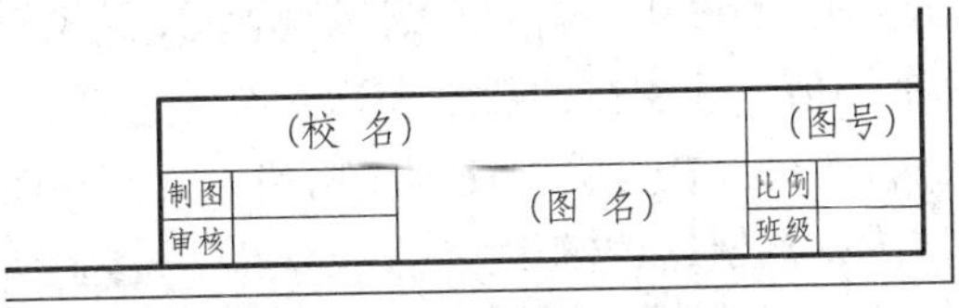

图 2-50　标题栏中注写文本

设层 0 为当前层；将设置好的文字样式“中文”应用到当前图形；使用 TEXT(文本)命令参照图 1-52 向绘制好的标题栏内注写文字。

操作如下：

命令：**TEXT**↙　　（调用单行文本命令）
当前文字样式：中文 当前文字高度：2.50　　（提示当前文字样式及文字高度）
指定文字的起点或［对正(J)/样式(S)］：　　（在需输入文本位置定位起点，此时应关闭对象捕捉功能）
指定高度 <2.50>：**7**↙　　（设置文本高度，7 号字）
指定文字的旋转角度 <0>：↙　　（文本旋转角度为不旋转）

然后，在光标处输入“(图名)↙”，再次回车结束文本输入。

命令：↙ (重复 TEXT 命令)
TEXT
当前文字样式：中文 当前文字高度：7.00
指定文字的起点或［对正(J)/样式(S)］： (在需输入“(校名)”位置定位起点)
指定高度 <7.00>：↙ (接受缺省高度)
指定文字的旋转角度 <0>：↙ (默认不旋转)

在光标处输入“(校名)↙”，再次回车结束文本输入。

同理，可输入标题栏内其他字号为 5 的文本(略)。

(4) 将常用图框保存以备后用

通过上面的操作完成了 A3 图框的绘制，以文件名如“A3 图框”将其保存以备后用。同理读者可以将 A1、A2……图框绘制好，并以文件名“A1 图框”、“A2 图框”……将其保存以备后用。

在保存图形时，最好创建一个新文件夹，并为该文件夹命名为容易识别的名称，如“管理专业 CAD 图”，则以后绘制的图形文件都应存放在该文件夹内，以方便管理。

2.5 绘制表格命令

表格最早是在 AutoCAD2005 中引入，它用于快速创建和修改数据表格，譬如清单和明细表。在 AutoCAD 2006 中，表格可以计算数学表达式。您可以快速跨行或列对值执行汇总或计算平均值。受支持的数学表达式符号包括：+、—、/、*、^和=。您可以在单元中输入公式，还可以在计算中使用表格单元。其功能大大增强。绘制表格之前需设置表格样式，然后再创建表格。

2.5.1 设置表格样式

1. 命令格式

☆ 下拉菜单：【格式】|【表格样式】。

☆ 图标按钮：单击【样式】工具栏中的按钮。

☆ 命令行：TABLESTYLE↙或TS↙。

执行该命令后出现如图 2-51 所示的“表格样式”对话框。

2. 操作说明

(1)【新建】创建新的文字样式，单击该按钮，打开如图 2-52 所示的“创建新的表格样式”对话框，在文本框中输入新的文字样式名，单击【继续】按钮，则打开“新建表格样式”，如图 2-53 所示。在“新建表格样式”对话框中，有数据、列标题和标题 3 个选项卡。

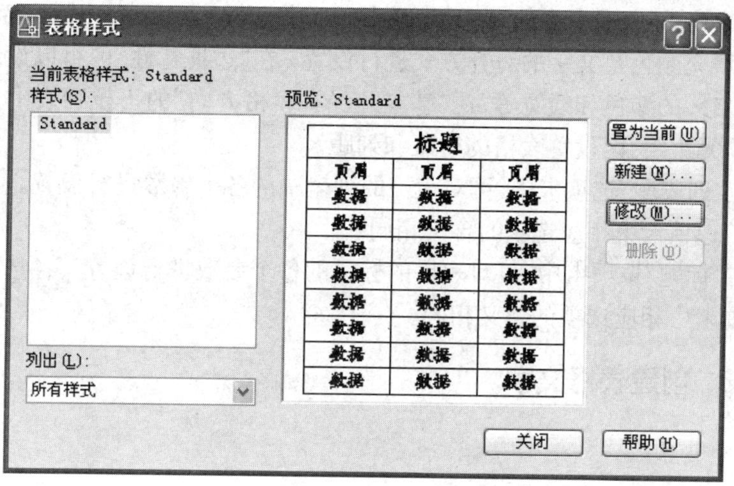

图 2-51 “表格样式”对话框

图 2-52 “创建新的表格样式”对话框

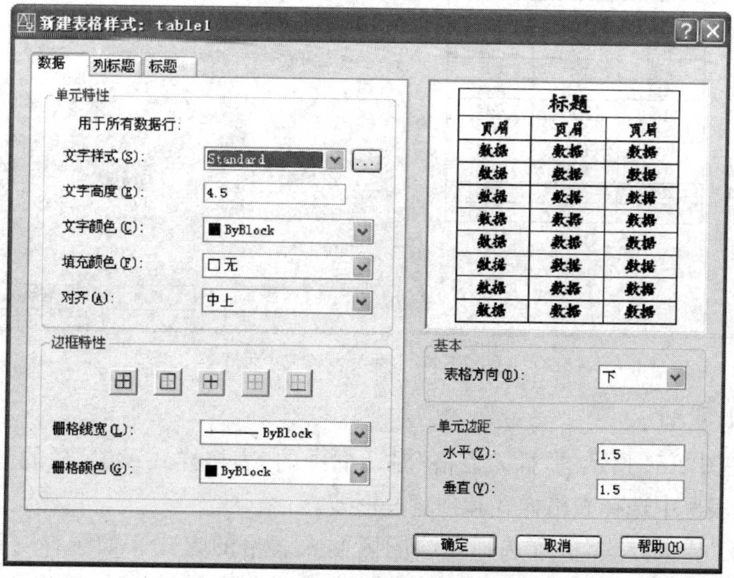

图 2-53 “新建表格样式”对话框

(2) 在“数据”选项卡中的“单元特性”区可对表格中的文字样式、文字高度、文字颜色、表格填充颜色及文字的对齐方式进行设置；在“边框特性”区可以设置表格的边框特性、表格线的颜色和线宽等；在“基本”区的“表格方向”的下拉列表中选择表格的方向；在“单元边距”区设置表格的行距和列距。

(3) 在“列表题”选项卡中，可对表格的列表题的各个参数进行设置。各选项的含义与“数据”选项卡中相应选项的含义相同。

(4) 在“标题”选项卡中，可对表格的标题的各个参数进行设置。各选项的含义与“数据”选项卡中相应选项的含义相同。

2.5.2 创建表格文字

1. 命令格式

☆ 下拉菜单：【绘图】|【表格】。

☆ 图标按钮：单击【绘图】工具栏中的按钮。

☆ 命令行：TABLE↙。

执行该命令后出现如图 2-54 所示的“插入表格”对话框。

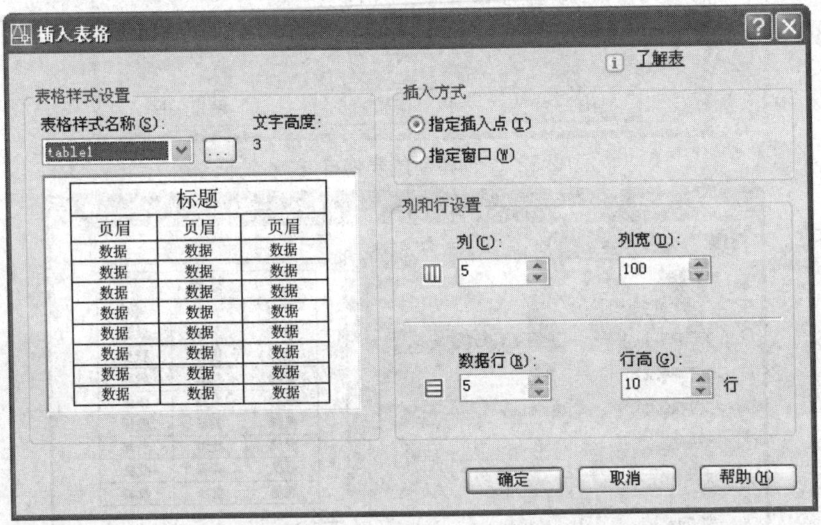

图 2-54 “插入表格”对话框

2. 操作说明

(1) 在图 2-54 所示的“插入表格”对话框中的“表格样式设置”栏的“表格样式名称”下拉列表框中选择表格样式和预览其形式。

(2) 在“插入方式”栏可选择在绘图区插入表格的方式。如选择“指定插入点”单选项，表示先指定行、列数和间距值，然后直接在绘图区插入表格；如选择“指定窗口”单选项，表示先指定列数和行间距值，然后直接在绘图区拖动一个窗口，绘制出表格。

(3) 完成设置后，单击“确定”按钮，若用户选择以“指定插入点”插入表格，则命令行提示：“指定插入点：”，在绘图区某一位置拾取一点作为表格的插入点，此时，在绘图区将显示相应的表格线框和“文字格式”工具栏，并且光标在表格标题单元格闪烁，此时，可输入表格标题的内容，如图 2-55 所示。

(4) 若在其他单元格输入内容，可按键盘上的方向键或 table 键依次在各单元格之间切换，然后输入相应的内容即可。

图 2-55 “创建表格”和输入内容

2.6 常用编辑命令(一)

用户在利用 AutoCAD 2006 绘图过程中，经常需要对图形对象进行调整或修改，这时就需要使用系统提供的图形编辑命令。AutoCAD 提供了两种编辑顺序：一种是先启动命令，然后选择要编辑的图形对象进行操作，我们所进行的大部分操作属于这种方式；另一种是先选择图形对象，然后再进行编辑操作，这种图形编辑方法是利用关键点(称为夹点)对图形对象进行编辑。

2.6.1 利用 ERASE 命令删除对象

ERASE 命令用于将当前图形中选中的对象擦除，其作用相当于橡皮擦。该命令可以通过以下方式来调用：

☆ 下拉菜单:【修改】|【删除】。

☆ 图标按钮:单击【修改】工具栏(如图 2-56 所示)中的按钮。

☆ 快捷菜单:选定对象后,从右击快捷菜单中选择【删除】选项。

☆ 命令行:ERASE↙或E↙。

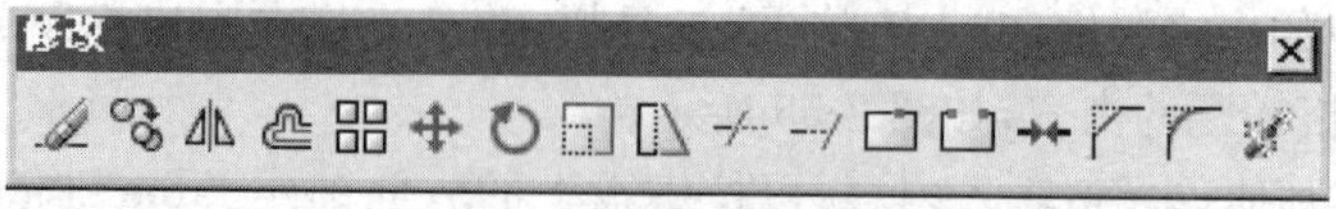

图 2-56 【修改】工具栏

要恢复最后一次删除操作,可以使用 OOPS 命令。

注意:OOPS 命令只能恢复最后一次执行的删除操作,如果要连续向前恢复所作的操作,就要使用取消命令 UNDO。

2.6.2 复制、镜像、偏移、阵列对象

有时为了提高绘图效率,可以在原有图形对象的基础上,进行复制、镜像、偏移、阵列操作,从而起到事半功倍的作用。

1. 利用 COPY 命令复制对象

COPY 命令用于复制二维或三维对象,一般用于需要绘制多个相同形状的图形操作中。COPY 命令可以通过以下方式来调用:

☆ 下拉菜单:【修改】|【复制】。

☆ 图标按钮:单击【修改】工具栏(图 2-56)中的按钮。

☆ 快捷菜单:选定对象后,从右击快捷菜单中选择【复制选择】选项。

☆ 命令行:COPY↙或CP↙。

COPY 命令格式:

命令:COPY↙
选择对象:找到 1 个　　(选择要复制的对象,系统提示已选中的对象个数)
选择对象:↙　　(继续选择或回车结束选择)
指定基点或[位移(D)]＜位移＞:　　(指定基点或指定位移)
指定第二个点或 ＜使用第一个点作为位移＞:(指定第二点或直接回车以基点坐标作为位移)
指定第二个点或[退出(E)/放弃(U)]＜退出＞:　　(继续指定点复制对象或回车退出命令)

如果指定了基点,再指定第二点,AutoCAD 将以基点与第二点之间的位移放置对象的一个副本。继续指定其他点,AutoCAD 将在相应位置放置对象的其他副本,直到按回车键结束该命令。

如果在出现“指定基点或[位移(D)]＜位移＞:”提示后,直接输入位移量并回车,AutoCAD 将会按给出的位移量来复制对象。

如果在复制过程中，想要撤销其中的某些复制操作，可以输入“U↙”或直接按Ctrl＋Z键或者从右击快捷菜单中选择【放弃】选项。执行撤销操作后，可以继续进行复制原对象。

2. 利用MIRROR命令镜像对象

MIRROR命令用于将对象进行镜像操作，常将对称图形绘制一半后用该命令绕镜像线进行镜像复制，以提高绘图速度。MIRROR命令可以通过以下方式来调用：

☆ 下拉菜单：【修改】|【镜像】。

☆ 图标按钮：单击【修改】工具栏（图2-56）中的⚠按钮。

☆ 命令行：MIRROR↙或MI↙。

注意：在对文字对象进行镜像时，系统变量MIRRTEXT用于控制文字对象的镜像特性。当MIRRTEXT的值为1时，AutoCAD将文字对象同其他对象一样作镜像处理；当MIRRTEXT的值为0，文字对象不作镜像处理。

【例2-8】 将图2-57a)所示的图形进行镜像操作，结果如图2-57b)所示。

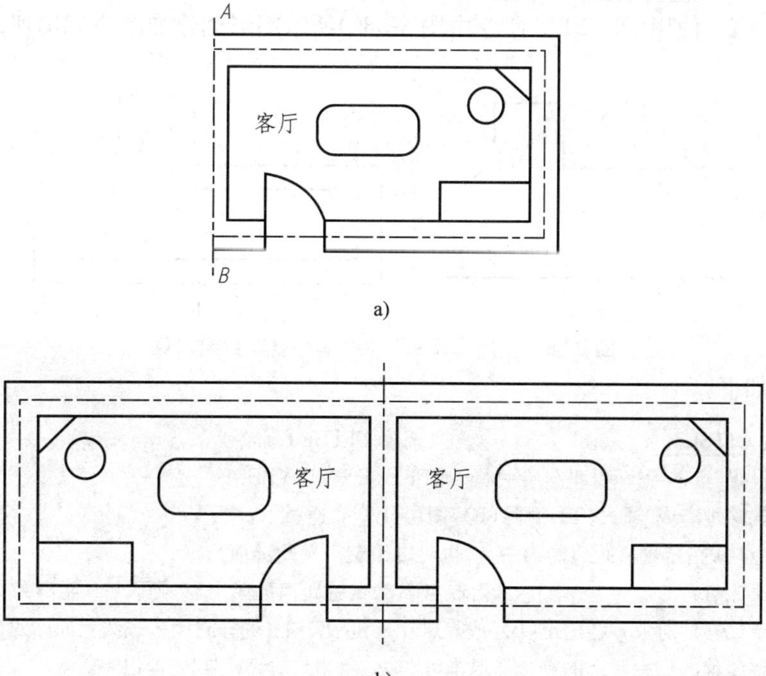

a)

b)

图2-57 MIRROR命令示例

操作如下：

命令：MIRRTEXT↙　（本图中有文字对象，因此要修改系统变量 MIRRTEXT 的值）
输入 MIRRTEXT 的新值 <1>：0↙　（设置 MIRRTEXT 为关，即文字不作镜像处理）
命令：MIRROR↙　（调用 MIRROR 命令）
选择对象：指定对角点：找到 22 个　（选择要镜像复制的对象，本例用窗选方式）
选择对象：↙　（结束选择）
指定镜像线的第一点：<对象捕捉　开>　（打开捕捉方式，拾取镜像线的第一点 *A*）
指定镜像线的第二点：　（拾取镜像线的第二点 *B*）
要删除源对象吗？[是(Y)/否(N)]<N>：↙　（保留原始对象，结果如图 2-54b)所示）

3. 利用 OFFSET 命令偏移对象

OFFSET 命令用于创建通过指定点的新对象、或距对象有一定偏移距离的新对象，即进行平行相似的复制。该命令可以通过以下方式来调用：

☆ 下拉菜单：【修改】|【偏移】。

☆ 图标按钮：单击【修改】工具栏（图 2-56）中的按钮。

☆ 命令行：OFFSET↙或O↙。

【例 2-9】 使用 OFFSET 命令由图 2-58a)所示图形创建如图 2-58b)所示图形。

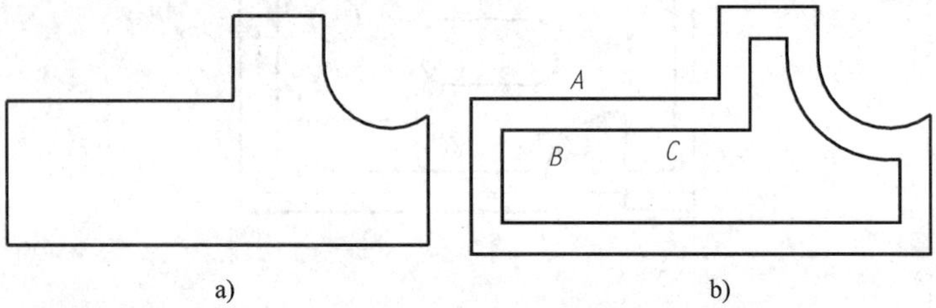

a)　　b)

图 2-58　使用 OFFSET 命令偏移复制封闭对象

操作如下：

命令：OFFSET↙　（调用 OFFSET 命令）
当前设置：删除源=否　图层=源　OFFSETGAPTYPE=0
指定偏移距离或[通过(T)/删除(E)/图层(L)]<通过>：
（拾取点 A 指定偏移距离的第一点，也可以给定一个距离值）
指定第二点：　（拾取点 *B* 为偏移距离的第二点，则以 *AB* 距离为偏移距离）
选择要偏移的对象，或[退出(E)/放弃(U)]<退出>：（选择封闭多段线为原始对象）
指定要偏移的那一侧上的点，或[退出(E)/多个(M)/放弃(U)]<退出>：
（指定偏移方向，向内或向外，本例向内侧拾取一点 *C*）
选择要偏移的对象或[退出(E)/放弃(U)]<退出>：↙　（结束命令，结果如图 2-58b)所示）

在 OFFSET 命令提示的附加选项中，可以进行撤销操作、自动删除原对象以及指定新的对象是在当前图形中创建还是与原对象相同的图层中创建。

利用可以偏移复制封闭或非封闭对象。该命令的缺点是，每次只能偏移复制一个对象。因此，首先将要偏移复制的对象转化为一条多段线（转化多段线方法见多段线编辑命令 PEDIT），然后再进行偏移复制不失为一个好方法。

4. 利用 ARRAY 命令建立对象阵列

ARRAY 命令可以建立对象的矩形或环形阵列。如果用户在构造阵列时选择了多个对象，则系统在复制和排列过程中将把这些对象视为一个整体进行处理。ARRAY 命令可以通过以下方式来调用：

☆ 下拉菜单：【修改】|【阵列】。

☆ 图标按钮：单击【修改】工具栏（图 2-56）中的按钮。

☆ 命令行：ARRAY↙或AR↙。

执行命令后，系统弹出【阵列】对话框，如图 2-59 所示。在此对话框中选择阵列的类型及设置相应的参数。如果要创建矩形阵列，需要指定阵列的行数、列数、行偏移、列偏移、阵列角度等；如果要创建环形阵列，需要指定环形阵列的中心点、环形阵列的方法、项目总数、填充角度等。

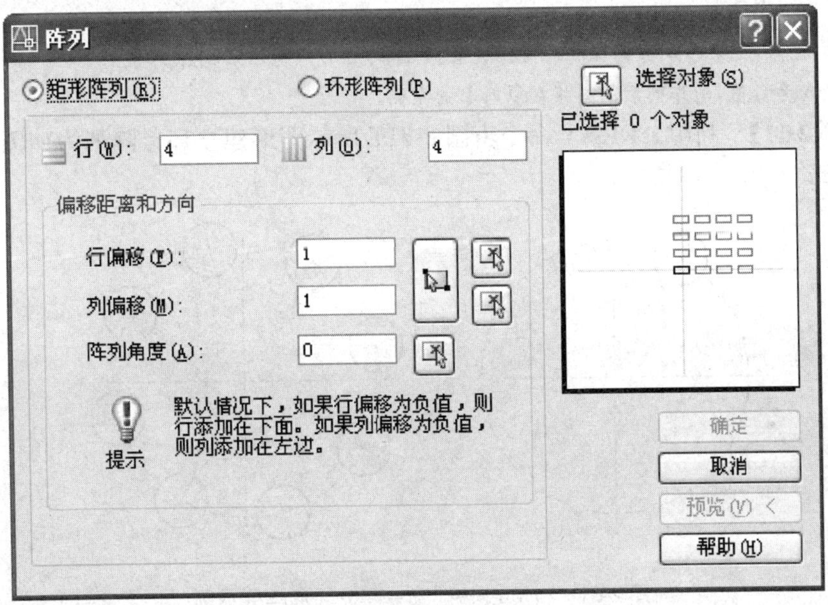

图 2-59 【阵列】对话框

【例 2-10】 利用 ARRAY 命令由图 2-60a）所示图形建立矩形阵列为如图2-60b）所示图形。

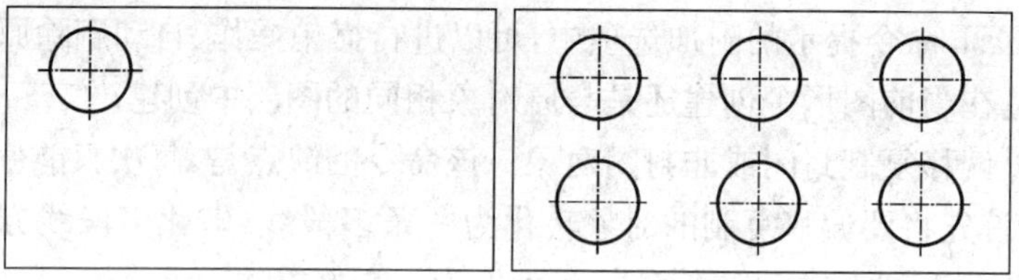

a)　　　　　　　　b)

图 2-60　利用 ARRAY 命令建立矩形阵列示例

操作如下：

命令：**ARRAY**↙

在弹出的【阵列】对话框中单击【矩形阵列】单选按钮，如图 2-59 所示。单击【选择对象】按钮，这时返回到绘图区选择所要阵列的对象，此时选择圆和中心线，回车或右击返回到【阵列】对话框；在【行】及【列】文本框内输入所要阵列的行数与列数，如行数"2"及列数"3"；接着在【行偏移】、【列偏移】文本框中输入具体数值，如行偏移"30"、列偏移"40"，此处也可以单击按钮拾取两个偏移量，或分别单击按钮来拾取行偏移、列偏移；在【阵列角度】文本框中输入阵列的旋转角度或者在绘图窗口指定角度，如"0"。设置好后单击【确定】按钮，结果如图 2-60-b)所示。当然之前可以单击【预览】按钮预览阵列效果。

注意：如果输入行偏移的数值为负值，则阵列后的行将添加到原对象的下方；如果输入列偏移的数值为负值，则阵列后的列将在原对象的左侧。

【例 2-11】 利用 ARRAY 命令由图 2-61a)所示图形建立环形阵列为如图2-61b)所示图形。

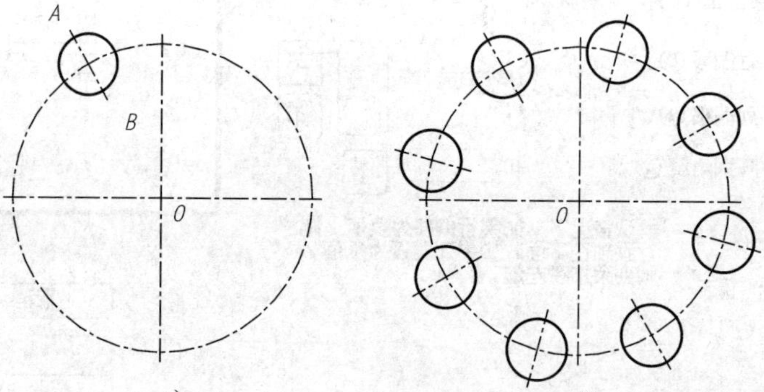

a)　　　　　　　　b)

图 2-61　利用 ARRAY 命令建立环形阵列示例

操作如下：

命令：**ARRAY**↙

在弹出的【阵列】对话框中单击【环形阵列】单选按钮，如图 2-62 所示。单击【选择对象】按钮，这时返回到绘图区，拾取 A、B 两点窗选圆和中心线为阵列对象，回车或右击后返回到【阵列】对话框；在【中心点】文本框内输入中心点的坐标或单击按钮来拾取中心点 O；在【方法】下拉列表中选择环形阵列的方法为【项目总数和填充角度】；接着在【项目总数】文本框内输入所要阵列对象的个数“8”；在【填充角度】文本框内输入要在“360”度范围内进行阵列；勾选【复制时旋转项目】；单击【确定】按钮，结果如图 2-61b）所示。

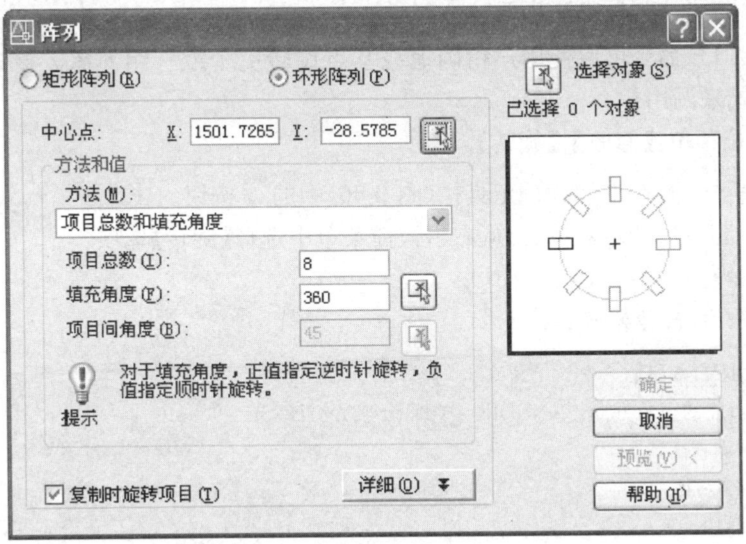

图 2-62 环形阵列对话框

2.6.3 对象的移动、旋转、比例缩放、拉伸和拉长

绘图过程中，有时需要调整图形对象的位置及尺寸，这就需要用到移动、旋转、缩放、拉伸及拉长命令。

1. 利用 MOVE 命令移动对象

MOVE 命令用于对二维或三维对象进行重新定位。移动对象仅仅是位置平移，而不改变对象的方向和大小。该命令可以通过以下方式来调用：

☆ 下拉菜单：【修改】|【移动】。

☆ 图标按钮：单击【修改】工具栏（图 2-56）中的按钮。

☆ 快捷菜单：选定对象后，从右击快捷菜单中选择【移动】选项。

☆ 命令行：MOVE↙或M↙。

MOVE 命令格式：

命令：MOVE↙
选择对象：找到 1 个　　（选择要移动的对象，系统提示已选中的对象个数）
选择对象：↙　　（继续选择或回车结束选择）
指定基点或[位移(D)]<位移>：　　（指定基点或指定位移）
指定第二个点或 <使用第一个点作为位移>：　　（指定第二点或直接回车以基点坐标作为位移）

2. 利用 ROTATE 命令旋转对象

ROTATE 命令可以使用户精确地绕基点旋转一个或一组对象。该命令可以通过以下方式来调用：

☆ 下拉菜单：【修改】|【旋转】。

☆ 图标按钮：单击【修改】工具栏(图 2-56)中的按钮。

☆ 快捷菜单：选定对象后，从右击快捷菜单中选择【旋转】选项。

☆ 命令行：ROTATE↙或RO↙。

ROTATE 命令格式：

命令：ROTATE↙
UCS 当前的正角方向：ANGDIR=逆时针　ANGBASE=0
选择对象：找到 1 个
选择对象：↙
指定基点：
指定旋转角度，或[复制(C)/参照(R)]<0>：

和 MOVE 命令一样，该命令也要求用户首先输入一个基点，然后输入要旋转的角度。其中，正角度值使对象按逆时针方向旋转，负角度值将使对象按顺时针方向旋转。也可以输入选项“R↙”，指定一个参考角度后，再指定新旋转角度。

在 AutoCAD 2006 中，旋转对象的同时可以复制对象，在“指定旋转角度，或[复制(C)/参照(R)]<0>：”提示后输入“C↙”，指定旋转角度或者使用参照角完成对象旋转，同时保留对象的副本。

3. 利用 SCALE 命令改变对象尺寸

SCALE 命令使用户可以通过指定比例因子，在不改变对象宽高比的前提下改变对象的尺寸。该命令可以通过以下方式来调用：

☆ 下拉菜单：【修改】|【比例】。

☆ 图标按钮：单击【修改】工具栏(图 2-56)中的按钮。

☆ 快捷菜单：选定对象后，从右击快捷菜单中选择【缩放】选项。

☆ 命令行：SCALE↙或SC↙。

执行 SCALE 命令时，应先指定基点，然后指定比例因子。AutoCAD 将对象根据该比例因子相对于基点进行缩放。比例因子小于 1 时将缩小对象，比例因子大于 1 时将放大对象。指定比例因子的方法有以下几种：

☆ 通过指定长度作为比例因子。

☆ 直接输入比例因子。

☆ 通过指定参照长度和新长度指定比例因子。

【例 2-12】 利用 SCALE 命令由图 2-63a)所示图形变换为图 2-63b)所示图形。

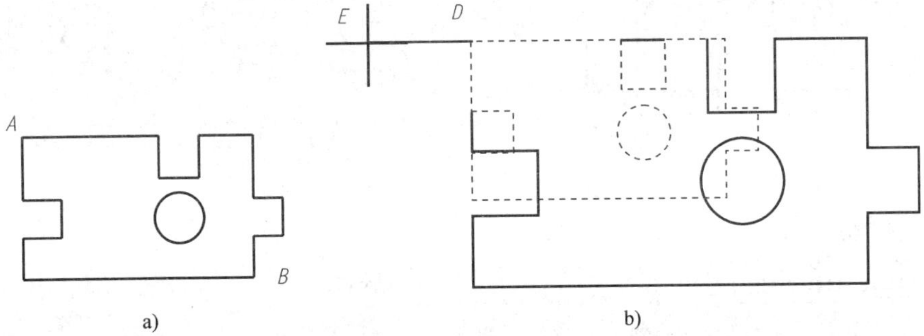

图 2-63 SCALE 命令应用示例

操作如下：

命令：**SCALE↙** (调用 SCALE 命令)
选择对象：指定对角点：找到 17 个 (由 *A* 到 *B* 窗选图形)
选择对象：↙ (结束选择)
指定基点： (拾取 *D* 为基点)
指定比例因子或[复制(C)/参照(R)]<1.00>：**R↙** (选择参照选项)
指定参考长度 <1.00>：**30↙** (设置参照长度为 30)
指定新的长度或[点(P)]<1.00>：
(拾取 *E*，则利用 *D*、*E* 两点之间的长度与参考长度的比值定义比例因子，结果如图 2-63b)所示)

4. 利用 STRETCH 命令拉伸对象

STRETCH 命令可以用于将图形中所选对象进行拉伸，即拉长或缩短所选对象，并改变它的形状。拉伸的结果依赖于所选取的对象的类型及所选取的方式。该命令可以拉伸直线、圆弧、多段线等。对可拉伸的对象而言，如果用户使用交叉窗口选择对象，则位于交叉窗口内的端点将会被移动，而位于窗口外的端点将保持不动；若所有端点和顶点都在窗口内则对象将被移动。对于点、圆、文本和块而言，当它们的主定义点位于窗口内时可移动，否则它们将不移动，这几类对象均不可拉伸。

STRETCH 命令可以通过以下方式来调用：

☆ 下拉菜单:【修改】|【拉伸】。

☆ 图标按钮：单击【修改】工具栏(图 2-56)中的按钮。

☆ 命令行:**STRETCH**↙。

【例 2-13】 利用 STRETCH 命令，使图 2-64a)所示图形拉伸为图 2-64b)所示图形。

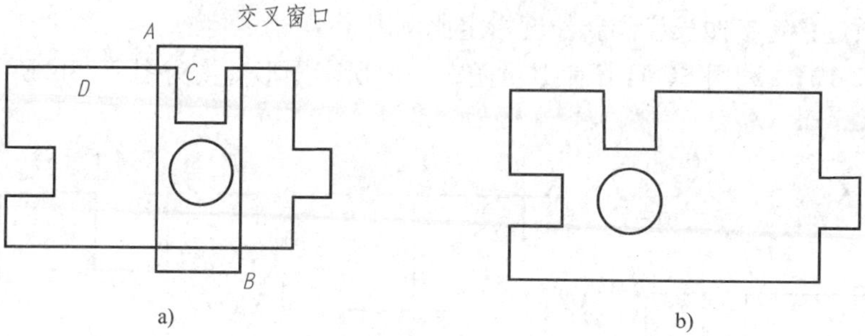

图 2-64 STRETCH 命令示例

操作如下：

命令：**STRETCH**↙	(调用 STRETCH 命令)
以交叉窗口或交叉多边形选择要拉伸的对象...	
(提示用交叉窗口或交叉多边形来选择对象)	
选择对象：**C**↙	(选择交叉窗口方式)
指定第一个角点：指定对角点：找到 7 个	(拾取 *A*、*B* 两点交叉窗选局部图形)
选择对象：↙	(结束选择)
指定基点或[位移(D)]<位移>：**end** 于	(打开端点捕捉方式，拾取 *C* 为基点)
指定第二个点或 <使用第一个点作为位移>：<正交 开>	
(打开正交模式，拾取 *D* 为拉伸的第二点，结果如图 2-64b)所示)	

5. 利用 LENGTHEN 命令改变对象的长度

LENGTHEN 命令可以改变开放直线、圆弧、开放多段线、椭圆弧和开放样条曲线的长度，对于圆弧可以通过改变其圆心角来改变其弧长。但该命令无法改变一个封闭的对象。

LENGTHEN 命令可以通过以下方式来调用：

☆ 下拉菜单:【修改】|【拉长】。

☆ 命令行:LENGTHEN↙。

LENGTHEN 命令格式：

命令：LENGTHEN↙

选择对象或[增量(DE)/百分数(P)/全部(T)/动态(DY)]：

其中各选项的含义为：

☆ 选择对象：选择要改变长度的对象。

☆ 增量(DE)：通过给定增量值来延长或缩短一个对象。正值为增加长度，负值为减小长度。

☆ 百分数(P)：通过给定百分比来延长或缩短一个对象。

☆ 全部(T)：通过给定一个新的直线长度或者新的圆弧圆心角来改变对象。

☆ 动态(DY)：通过动态模式拖动所选对象的一个端点来改变其长度或者角度。在具体操作时，该命令拉长尺寸的方向为所选对象离拾取点较近的一端。

【例 2-14】 用 LENGTHEN 命令将图 2-65a)所示图形改变为如图 2-65b)所示图形。

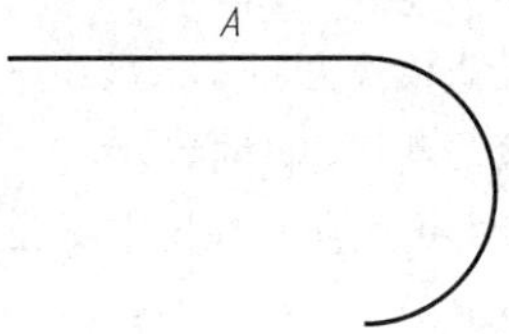

a)

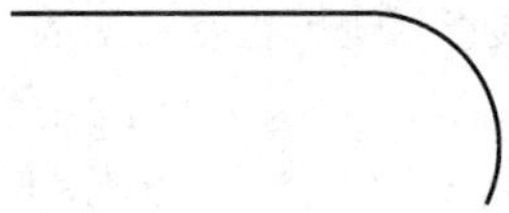

b)

图 2-65 LENGTHEN 命令示例

操作如下：

命令：**LENGTHEN↙** (调用 LENGTHEN 命令)
选择对象或[增量(DE)/百分数(P)/全部(T)/动态(DY)]：(拾取 A 处直线为参考对象)
当前长度：200.00 (显示被选择对象信息)
选择对象或[增量(DE)/百分数(P)/全部(T)/动态(DY)]：**DE↙** (选择增量方式)
输入长度增量或[角度(A)]<0.00>：**−60↙** (指定减小长度 60)
选择要修改的对象或[放弃(U)]： (拾取 B 处圆弧为要修改的第一个对象)
选择要修改的对象或[放弃(U)]：↙ (结束命令，结果如图 2-65b)所示)

2.6.4 对象的修剪、延伸、打断、倒角和倒圆

1. 利用 TRIM 命令修剪对象

在绘图过程中，出现一些多余的边线时，可以使用 TRIM 命令将其修剪整齐。

TRIM 命令可以将直线、圆弧、圆、多段线、射线以及样条曲线等对象沿指定的剪切边界修剪掉一部分。该命令可以通过以下方式来调用：

☆ 下拉菜单：【修改】|【修剪】。

☆ 图标按钮：单击【修改】工具栏(图 2-56)中的 -/-- 按钮。

☆ 命令行：TRIM↙或TR↙。

【例 2-15】 利用 TRIM 命令由图 2-66a)所示图形修剪为图 2-66b)所示图形。

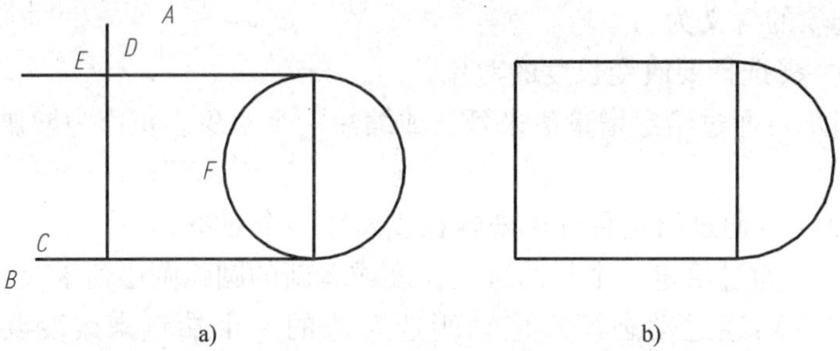

图 2-66　TRIM 命令修剪对象示例

操作如下：

命令：**TRIM↙**　　（调用 TRIM 命令）

当前设置：投影＝UCS 边＝无　　（提示当前投影模式为 UCS，剪切边不延伸）

选择剪切边...　　（提示选择充当剪切边的对象）

选择对象或＜全部选择＞：指定对角点：找到 3 个（由 *A* 到 *B* 窗选左侧三条直线作为剪切边）

选择对象：↙　　（结束剪切边选择）

选择要修剪的对象，或按住 Shift 键选择要延伸的对象，或[栏选(F)/窗交(C)/投影(P)/边(E)/删除(R)/放弃(U)]：（点取 *C* 处直线一端）

选择要修剪的对象，或按住 Shift 键选择要延伸的对象，或[栏选(F)/窗交(C)/投影(P)/边(E)/删除(R)/放弃(U)]：（点取 *D* 处直线一端）

选择要修剪的对象，或按住 Shift 键选择要延伸的对象，或[栏选(F)/窗交(C)/投影(P)/边(E)/删除(R)/放弃(U)]：（点取 *E* 处直线一端）

选择要修剪的对象，或按住 Shift 键选择要延伸的对象，或[栏选(F)/窗交(C)/投影(P)/边(E)/删除(R)/放弃(U)]：（点取 *F* 处圆弧）

选择要修剪的对象，或按住 Shift 键选择要延伸的对象，或[栏选(F)/窗交(C)/投影(P)/边(E)/删除(R)/放弃(U)]：↙（结束修剪，结果如图 2-66b)

注意：用户在使用 TRIM 命令时的注意事项包括：

(1) 在选择要修剪的对象时，拾取点所在端决定了对象哪个部分将被修剪掉。

(2) 剪切边和被修剪的对象必须相交，这种相交可以是直接相交，也可以延伸相交。如果两者没有直接相交，则应首先在"选择要修剪的对象……"提示后输入"E↙"，将其设为 Extend(可延伸)，然后才能继续修剪操作。

(3) 在上述提示后，可以输入"F↙"栏选或"C↙"窗交选择要修剪的对象，还可以输入"R↙"删除对象或输入"U↙"放弃上一步修剪操作。选项"投影(P)"用于指定投影模式，缺省为"UCS"。相关内容不再展开讨论。

(4) 选择要修剪的对象时，按住 Shift 键可以在【修剪】命令和【延伸】命令之间切换。

2. 利用 EXTEND 命令延伸对象

EXTEND 命令可使用户延伸所选取的直线、圆弧、椭圆弧和开口多段线等。该命令可以通过以下方式来调用：

☆ 下拉菜单：【修改】|【延伸】。

☆ 图标按钮：单击【修改】工具栏(图 2-56)中的 --/ 按钮。

☆ 命令行：EXTEND↙或 EX↙。

EXTEND 命令的用法与 TRIM 命令类似。只是延伸对象需要选择边界边和要延伸的边。

【例 2-16】 用 EXTEND 命令将图 2-67a)所示图形进行延伸，结果如图 2-67b)所示。

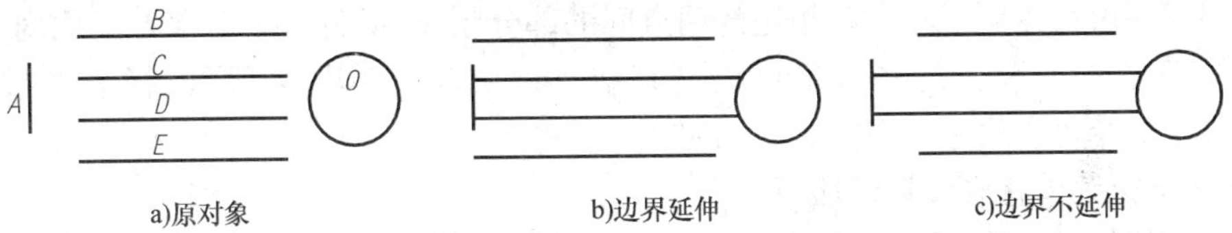

图 2-67 EXTEND 命令延伸对象示例

操作如下：

命令：<u>**EXTEND↙**</u> (调用 EXTEND 命令)

当前设置：投影=UCS 边=无 (当前投影模式为 UCS，边界不延伸)

选择边界的边 ...

选择对象或 <全部选择>：找到 1 个 (拾取圆 *O* 为一个边界边)

选择对象：找到 1 个，总计 2 个 (再拾取直线 *A* 为又一边界边)

选择对象：↙ (结束边界选择)

选择要延伸的对象，或按住 Shift 键选择要修剪的对象，或[栏选(F)/窗交(C)/投影(P)/边(E)/放弃(U)]：(拾取直线 *C* 的左端)

选择要延伸的对象，或按住 Shift 键选择要修剪的对象，或[栏选(F)/窗交(C)/投影(P)/边(E)/放弃(U)]：(拾取直线 *C* 的右端)

选择要延伸的对象，或按住 Shift 键选择要修剪的对象，或[栏选(F)/窗交(C)/投影(P)/边(E)/放弃(U)]：(拾取直线 *D* 的左端)

选择要延伸的对象，或按住 Shift 键选择要修剪的对象，或[栏选(F)/窗交(C)/投影(P)/边(E)/放弃(U)]：(拾取直线 *D* 的右端)

选择要延伸的对象，或按住 Shift 键选择要修剪的对象，或[栏选(F)/窗交(C)/投影(P)/边(E)/放弃(U)]：(拾取直线 *B* 的左端，却延伸失败)

对象未与边相交。(提示失败的原因)

选择要延伸的对象，或按住 Shift 键选择要修剪的对象，或[栏选(F)/窗交(C)/投影(P)/边(E)/放弃(U)]：**E**↙（修改边界模式，若不修改边界模式结果如图 2-64c)所示）

输入隐含边延伸模式[延伸(E)/不延伸(N)]<不延伸>：**E**↙（选择延伸模式）

选择要延伸的对象，或按住 Shift 键选择要修剪的对象，或[栏选(F)/窗交(C)/投影(P)/边(E)/放弃(U)]：（继续选择延伸对象，拾取直线 *B* 的左端）

选择要延伸的对象，或按住 Shift 键选择要修剪的对象，或[栏选(F)/窗交(C)/投影(P)/边(E)/放弃(U)]：（选择延伸对象，拾取直线 *E* 的左端）

选择要延伸的对象，或按住 Shift 键选择要修剪的对象，或[栏选(F)/窗交(C)/投影(P)/边(E)/放弃(U)]：↙（结束命令，结果如图 2-67b)所示）

3. 使用 BREAK 命令打断对象

BREAK 命令可以将对象指定的两点间的部分删掉，或将一个对象打断成两个具有同一端点的对象。这些对象可以是直线、圆、圆弧、椭圆、多段线、样条曲线等。BREAK 命令可以通过以下方式来调用：

☆ 下拉菜单：【修改】|【打断】。

☆ 图标按钮：单击【修改】工具栏（图 2-56）中的□按钮。

☆ 命令行：BREAK↙或 BR↙。

【例 2-17】 用 BREAK 命令将图 2-68a）中的圆弧打断为图 2-68b）所示的形状。

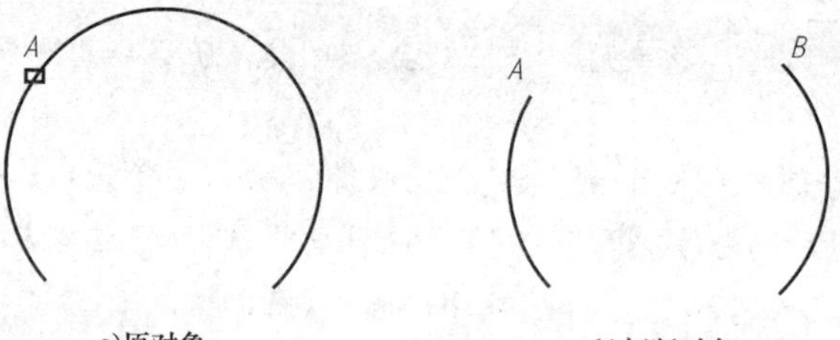

图 2-68　利用 BREAK 命令打断对象示例

操作如下：

命令：**BREAK**↙	（调用 BREAK 命令）
选择对象：	（拾取点 *A* 处圆弧为要打断的对象，且作为缺省情况下的第一个断点）
指定第二个打断点 或[第一点(F)]：	（拾取点 *B* 为第二个断点。结果如图 2-68b)所示）

如果不想将对象拾取点作为第一个断点，可以在"指定第二个打断点或[第一点(F)]："提示后，输入"F↙"，然后重新指定第一个断点。

如果断开对象为圆，AutoCAD 将按照角度测量的正向从第一断点到第二断点之间的一段圆弧删掉，如图 2-69 所示。

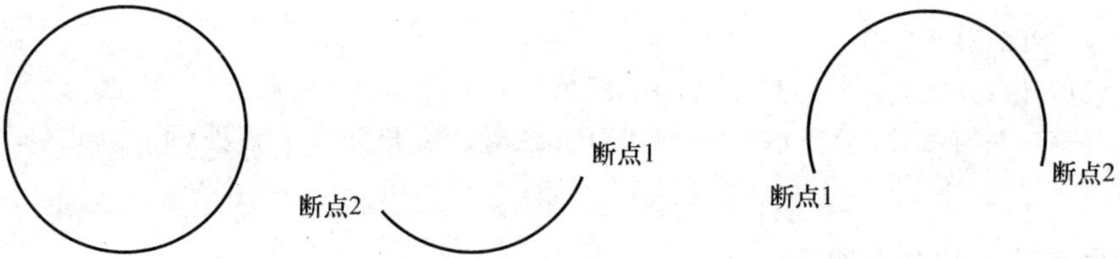

a)原始圆　　b)第一断点、第二断点的不同位置及断开结果

图 2-69　圆的断开

在“指定第二个打断点”提示后，输入“@↙”，则表示第二个断点与第一个断点是同一位置点，即对象被打断于点。在 AutoCAD 2006 中，要对对象执行打断于点命令，可以单击【修改】工具栏（图 2-56）中的按钮，然后选择所要打断的对象，再选择打断点，则完成打断于点操作。打断于点的对象从外观上并看不出什么差别，但在选取对象时，可以发现该对象已经被打断为两部分。

4. 使用 JOIN 命令合并对象

使用 JOIN 命令将相似的对象合并为一个对象。用户可以合并圆弧、椭圆弧、直线、多段线、样条曲线。

JOIN 命令可以通过以下方式来调用：

☆ 下拉菜单：【修改】|【合并】。

☆ 图标按钮：单击【修改】工具栏（图 2-56）中的按钮。

☆ 命令行：JOIN↙。

命令执行后，先选择要合并对象的源对象，然后选择要合并到源对象中的一个或多个对象。要合并的直线对象必须共线，圆弧（或椭圆弧）对象必须位于同一假想的圆（或椭圆）上。合并两条或多条圆弧（或椭圆弧）时，将从源对象开始沿逆时针方向合并，其中“闭合（L）”选项可将源圆弧（或椭圆弧）转换成圆（或椭圆）

5. 利用 CHAMFER 命令修倒角

CHAMFER 命令用于在两个非平行的对象间加一倒角。如果两个对象不相交，该命令可用倒角来连接两个对象；当把倒角距离设为 0，该命令将不产生倒角，而是将两个对象修剪或拉伸至相交。倒角可由每条线段的距离或一条线段的距离和角度来确定。

CHAMFER 命令可以通过以下方式来调用：

☆ 下拉菜单：【修改】|【倒角】。

☆ 图标按钮：单击【修改】工具栏（图 2-56）中的按钮。

☆ 命令行：CHAMFER↙或CHA↙。

CHAMFER 命令格式：

命令：CHAMFER↙
（“修剪”模式）当前倒角距离 1＝10.00，距离 2＝10.00
选择第一条直线或[放弃(U)/多段线(P)/距离(D)/角度(A)/修剪(T)/方式(E)/多个(M)]：

其中各选项的含义如下：

☆ 多段线(P)：用于对多段线的所有顶点进行修倒角。

☆ 距离(D)：用于设置倒角的距离。

☆ 角度(A)：用于设置倒角的角度值。

☆ 修剪(T)：用于设置修剪模式，设定是否修剪两对象相交部分线段。

☆ 方法(E)：用于设置是以距离还是以角度来作为倒角的缺省方式。

☆ 多个(M)：为多组对象的边倒角。

【例 2-18】 用 CHAMFER 命令将图 2-70a)中的图形进行倒角，结果如图2-70b)所示。

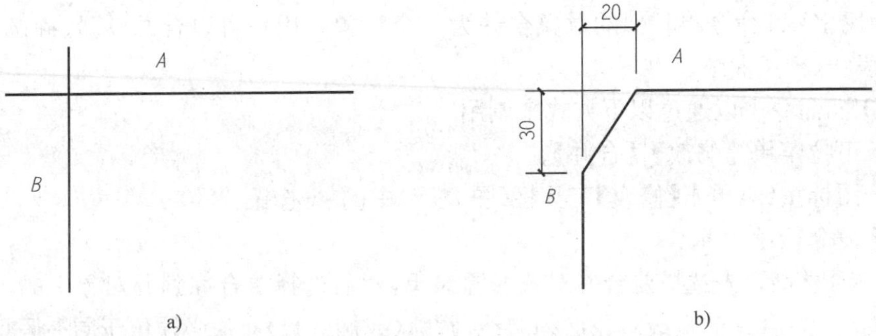

图 2-70 利用 CHAMFER 命令修倒角示例

操作如下：

命令：**CHAMFER↙** （调用 CHAMFER 命令）
（“修剪”模式）当前倒角距离 1＝10.00，距离 2＝10.00 （提示修剪模式及缺省的距离值）
选择第一条直线或[放弃(U)/多段线(P)/距离(D)/角度(A)/修剪(T)/方式(E)/多个(M)]：**D↙**
（设置倒角距离）
指定第一个倒角距离 <10.00>：**20↙** （输入第一个倒角距离 20）
指定第二个倒角距离 <20.00>：**30↙** （输入第二个倒角距离 30）
选择第一条直线或[放弃(U)/多段线(P)/距离(D)/角度(A)/修剪(T)/方式(E)/多个(M)]：
（拾取 A 处直线为第一条线）

选择第二条直线，或按住 Shift 键选择要应用角点的直线：
（拾取 B 处直线为第二条线，结果如图 2-70b）所示）

6. 利用 FILLET 命令修圆角

FILLET 命令的原理与 CHAMFER 命令基本相同，但是结果却不一样，该命令用来在两个对象间加上一段圆弧。如果两个对象不相交，该命令可用圆弧来连接两个对象；当把过渡圆弧半径设为 0，该命令将两个对象拉伸或修剪至相交。并且直线、构造线在相互平行时也可以进行圆角。

FILLET 命令可以通过以下方式来调用：

☆ 下拉菜单：【修改】|【圆角】。

☆ 图标按钮：单击【修改】工具栏（图 2-56）中的 按钮。

☆ 命令行：FILLET↙或F↙。

FILLET 命令格式：

命令：FILLET↙
当前设置：模式 ＝修剪，半径 ＝10.00
选择第一个对象或[放弃(U)/多段线(P)/半径(R)/修剪(T) /多个(M)]：
选择第二个对象，或按住 Shift 键选择要应用角点的对象：

其中选项“半径(R)”用于确定过渡圆弧的半径。其他选项同 CHAMFER 命令。

2.6.5 分解对象命令(EXPLODE)

在 AutoCAD 中，矩形、多段线等对象是由多个对象组成的一个整体，如果需要对单个对象进行编辑，就要利用 EXPLODE 命令将其分解。被分解的各线段将丢失宽度和切线等信息。此外，EXPLODE 命令还可以分解多线、块、图案填充和尺寸标注等单一对象。分解标注或图案填充后，将失去其所有的关联性。如果分解使用属性的块，属性值将丢失，只剩下属性定义。

EXPLODE 命令可以通过以下方式来调用：

☆ 下拉菜单：【修改】|【分解】。

☆ 图标按钮：单击【修改】工具栏（图 2-56）中的 按钮。

☆ 命令行：EXPLODE↙。

2.6.6 绘图实例

【例 2-19】 用 AutoCAD 2006 绘图软件绘制如图 2-71 所示图形。操作步骤如下：

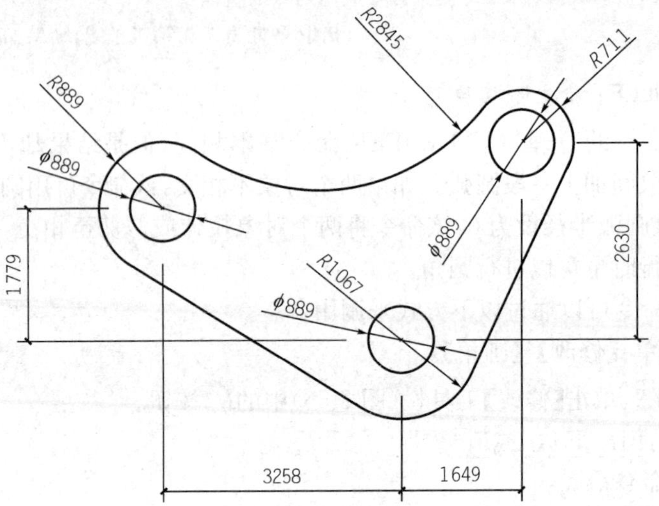

图 2-71　绘图实例

1. 设置绘图环境

(1) 设置图形界限

命令：LIMITS↙

重新设置模型空间界限：

指定左下角点或[开(ON)/关(OFF)]<0.0000,0.0000>:↙

指定右上角点 <420.0000,297.0000>:12000,9000↙

命令：ZOOM↙

指定窗口角点,输入比例因子 (nX 或 nXP),或者[全部(A)/中心点(C)/动态(D)/范围(E)/上一个(P)/比例(S)/窗口(W)/对象(O)]<实时>: A↙

(2) 设置绘图单位和精度

命令：UNITS↙

在弹出的【图形单位】对话框中将绘图精度从四位改为二位。

(3) 设置图层

命令：LAYER↙

在弹出的【图层特性管理器】对话框中分别设置：

层 0:白色、实线、线宽缺省；

层 1:白色、粗实线、线宽 0.50mm；

层 2:绿色、细实线、线宽 0.13mm；

层 3:红色、中心线、线宽 0.13mm。

2. 绘制图形

(1) 绘制三个小圆 O_1、O_2、O_3,如图 2-72 所示。

设层 1 为当前层。

命令:CIRCLE↙
指定圆的圆心或[三点(3P)/两点(2P)/相切、相切、半径(T)]:
(单击指定圆 O_1 圆心位置)
指定圆的半径或[直径(D)]: D↙ (选择指定直径画圆)
指定圆的直径: 889↙ (给出直径)
命令:**COPY**↙ (准备复制圆 O_2、O_3)
选择对象: 找到 1 个 (拾取圆 O_1)
选择对象:↙ (结束选择)
指定基点或[位移(D)]<位移>: <对象捕捉 开>
(打开对象捕捉,拾取圆 O_1 圆心)
指定第二个点或 <使用第一个点作为位移>: **@-3258,1779**↙ (复制圆 O_2)
指定第二个点或[退出(E)/放弃(U)]<退出>:**@1649,2630**↙ (复制圆 O_3)
指定第二个点或[退出(E)/放弃(U)]<退出>:↙ (结束复制,结果如图 2-72)

图 2-72 绘制三个小圆

(2) 绘制三个大圆

分别以三个小圆的圆心为圆心,以 1067、889、711 为半径画三个大圆。

命令:CIRCLE↙
指定圆的圆心或[三点(3P)/两点(2P)/相切、相切、半径(T)]: (拾取圆 O_1 圆心)
指定圆的半径或[直径(D)]: 1067↙ (输入半径,画出圆 O_1 的同心圆)
命令:↙ (重复 CIRCLE 命令)
CIRCLE 指定圆的圆心或[三点(3P)/两点(2P)/相切、相切、半径(T)]:(拾取圆 O_2 圆心)

指定圆的半径或[直径(D)]<1067.00>：889↙　　　　(输入半径，画出圆 O_2 的同心圆)
命令：↙　　　　(重复 CIRCLE 命令)
CIRCLE 指定圆的圆心或[三点(3P)/两点(2P)/相切、相切、半径(T)]：(拾取圆 O_3 圆心)
指定圆的半径或[直径(D)]<889.00>：711↙　　　　(输入半径，画出圆 O_3 的同心圆)

(3) 绘制三个大圆的外公切线及外切圆，如图 2-73 所示。

命令：LINE↙
指定第一点：TAN↙　　　　(临时捕捉切点)
到　　　　(拾取 A 处大圆)
指定下一点或[放弃(U)]：_tan 到 (按下 Shift＋鼠标右键，选择【切点】，然后拾取 B 处大圆)
指定下一点或[放弃(U)]：↙　　　　(结束画线)
命令：↙　　　　(重复 LINE 命令)
LINE 指定第一点：_tan 到　　　　(按下 Shift＋鼠标右键，选择【切点】，然后拾取 C 处大圆)
指定下一点或[放弃(U)]：_tan 到 (按下 Shift＋鼠标右键，选择【切点】，然后拾取 D 处大圆)
指定下一点或[放弃(U)]：↙　　　　(结束画线)
命令：CIRCLE↙　　　　(画公切圆)
指定圆的圆心或[三点(3P)/两点(2P)/相切、相切、半径(T)]：T↙
　　　　(选择"相切、相切、半径"方式)
指定对象与圆的第一个切点：　　　　(拾取 E 处大圆)
指定对象与圆的第一个切点：　　　　(拾取 F 处大圆)
指定圆的半径<711.00>：2845↙ (给出公切圆半径，结束画圆。结果如图 2-73 所示)

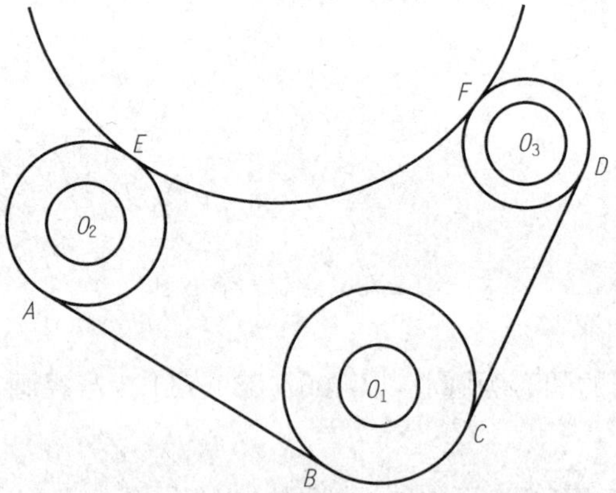

图 2-73　绘制外切线及外切圆

3. 编辑图形

利用 TRIM 命令修剪图形，对三个大圆和外公切圆进行修剪。

命令：TRIM↙

当前设置：投影=UCS 边=无

选择剪切边 ... （提示选择充当剪切边的对象）

选择对象或 <全部选择>：找到 1 个 （选择左侧外公切线）

选择对象：找到 1 个，总计 2 个 （选择右侧外公切线）

选择对象：找到 1 个，总计 3 个 （选择外公切圆）

选择对象：找到 1 个，总计 4 个 （选择左侧大圆）

选择对象：找到 1 个，总计 5 个 （选择右侧大圆）

选择对象：↙ （结束选择剪切边）

选择要修剪的对象，或按住 Shift 键选择要延伸的对象，或[栏选(F)/窗交(C)/投影(P)/边(E)/删除(R)/放弃(U)]： （拾取外公切圆上半部）

选择要修剪的对象，或按住 Shift 键选择要延伸的对象，或[栏选(F)/窗交(C)/投影(P)/边(E)/删除(R)/放弃(U)]： （拾取下方大圆上半部）

选择要修剪的对象，或按住 Shift 键选择要延伸的对象，或[栏选(F)/窗交(C)/投影(P)/边(E)/删除(R)/放弃(U)]： （拾取左侧大圆右下部）

选择要修剪的对象，或按住 Shift 键选择要延伸的对象，或[栏选(F)/窗交(C)/投影(P)/边(E)/删除(R)/放弃(U)]： （拾取右侧大圆左下部）

选择要修剪的对象，或按住 Shift 键选择要延伸的对象，或[栏选(F)/窗交(C)/投影(P)/边(E)/删除(R)/放弃(U)]：↙

（结束修剪，按下状态栏【线宽】按钮以显示线宽。结果如图 2-74 所示）

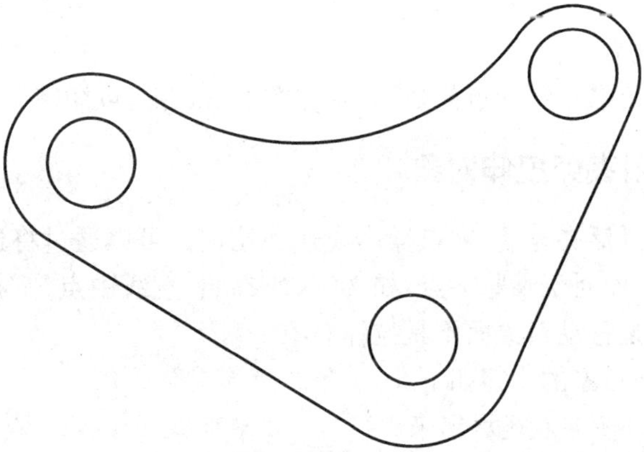

图 2-74 完成图形

2.7 使用夹点自动编辑对象

用户在绘制图形时，对已经绘制的图形进行拉伸、移动、旋转、缩放以及镜像等编辑操作是必不可少的。执行这些操作既可通过 STRETCH、MOVE、ROTATE、SCALE、MIRROR 等命令，也可简单地利用对象上的夹点来进行。

夹点实际上是控制图形对象的特征点，不同对象特征点的位置和数量也不相同。如直线的特征点为两个端点和中点，而圆的特征点为四个象限点和圆心。

对象的夹点编辑功能以及夹点的显示外观可以通过下拉菜单【工具】|【选项】打开【选项】对话框，然后在【选择】选项卡进行设置。

要使用夹点功能编辑对象，首先选择要修改的对象，以显示对象的夹点。图形对象被选择后，其夹点就会带着小方框显示出来，默认情况下为蓝色。此时，如果拾取其中的某一夹点，该夹点就会带着鲜艳的颜色(红色)被激活，并作为一种编辑模式的基点。此时右击鼠标，将弹出夹点快捷菜单，供用户从中选择所需的选项进行操作，同时命令行有如下提示：

```
* * 拉伸 * *
指定拉伸点或[基点(B)/复制(C)/放弃(U)/退出(X)]:
```

此时用户可通过输入不同的选项或按回车键在各编辑模式之间循环。

利用夹点对图形的自动编辑按照 STRETCH(拉伸)→MOVE(移动)→ROTATE(旋转)→SCALE(比例缩放)→MIRROR(镜像)五种不同的编辑命令顺序，自动地在命令行给出提示由用户选用。如果想跳过前面某几项编辑，用户只需用回车响应，直到合适的命令出现为止。

按下 Esc 键，可撤销激活点的显示；两次按下 Esc 键，可撤销夹点的显示。

2.7.1 使用夹点拉伸对象

缺省情况下，激活夹点后，夹点操作模式为拉伸。可以通过将选定夹点移动到新位置来拉伸对象。而对于某些夹点，如文字、块参照、直线中点、圆心和点对象上的夹点等，移动夹点时是移动对象而不是拉伸对象。

使用夹点拉伸对象的步骤如下：

(1) 选择对象，使夹点显示出来。

(2) 通过选择一个夹点指定基点，此基点将被亮显。

(3) 指定拉伸对象的新位置。

指定基点后，命令行提示：

＊＊ 拉伸 ＊＊
指定拉伸点或[基点(B)/复制(C)/放弃(U)/退出(X)]：

其中"基点(B)"表示要重新指定拉伸基点；"复制(C)"表示要进行多次拉伸；"放弃(U)"表示取消上一次的操作；"退出(X)"表示要退出自动编辑。

【例 2-20】 拉伸如图 2-75a)所示矩形为图 2-75b)所示图形。

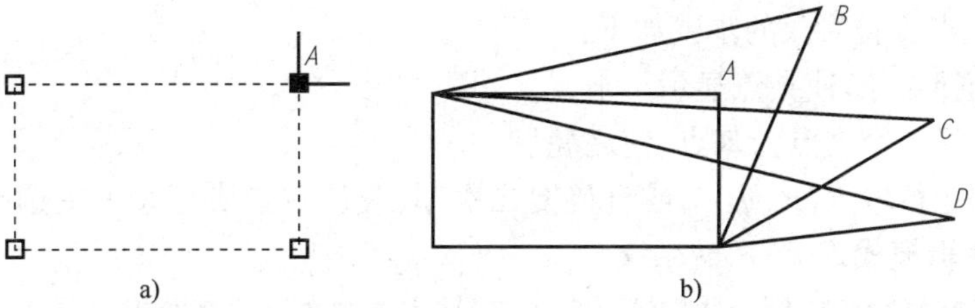

图 2-75 拉伸操作

首先选中矩形，然后指定夹点 A 为基点，此时 A 点变为红色，表明可对图形元素进行编辑操作。命令行提示及操作如下：

＊＊ 拉伸 ＊＊
指定拉伸点或[基点(B)/复制(C)/放弃(U)/退出(X)]：C↙(选择多次拉伸)
＊＊ 拉伸（多重）＊＊
指定拉伸点或[基点(B)/复制(C)/放弃(U)/退出(X)]:(单击 B 点，则从点 A 拉伸至点 B)
＊＊ 拉伸（多重）＊＊
指定拉伸点或[基点(B)/复制(C)/放弃(U)/退出(X)]:(单击 C 点，则从点 A 拉伸至点 C)
＊＊ 拉伸（多重）＊＊
指定拉伸点或[基点(B)/复制(C)/放弃(U)/退出(X)]:(单击 D 点，则从点 A 拉伸至点 D)
＊＊ 拉伸（多重）＊＊
指定拉伸点或[基点(B)/复制(C)/放弃(U)/退出(X)]：X↙(结束操作，结果如图 2-75 所示)

如果不作拉伸编辑，则用回车响应，进入移动编辑模式。

2.7.2 使用夹点移动对象

移动对象仅仅是位置平移，而不改变对象的方向和大小。要精确地移动对象，应配合使用捕捉模式、坐标输入等。使用夹点移动对象的步骤如下：

(1) 选择对象，使夹点显示出来。

(2) 选择一个夹点为基点，使之亮显。

(3) 命令行输入"MO↙"、或直接回车、或从右击快捷菜单中选择【移动】项，进入移动编辑模式。

(4) 拖动基点至移动对象的新位置。

命令行提示：

```
* * 移动 * *
指定移动点或[基点(B)/复制(C)/放弃(U)/退出(X)]:
```

各选项含义同拉伸模式。如果不作移动编辑,则再次回车,进入旋转编辑模式。

2.7.3 使用夹点旋转对象

使用夹点旋转对象的步骤如下:

(1) 选择对象,使夹点显示出来。

(2) 选择一个夹点为基点,使之亮显。

(3) 命令行输入"RO↙"、或直接回二次车、或从右击快捷菜单中选择【旋转】项,进入旋转编辑模式。

(4) 鼠标拖动对象到合适位置并单击,或输入一个角度以将对象放置在一个新位置。

命令行提示:

```
* * 旋转 * *
指定旋转角度或[基点(B)/复制(C)/放弃(U)/参照(R)/退出(X)]:
```

其中选项"参照(R)"表示用参照方式指定旋转角;其余选项同拉伸模式。

如果不作旋转编辑,则再次回车,进入比例缩放编辑模式。

2.7.4 使用夹点缩放对象

使用夹点按比例缩放对象的步骤如下:

(1) 选择对象,使夹点显示出来。

(2) 选择一个夹点为基点,使之亮显。

(3) 命令行输入"SC↙"、或直接按回车键循环切换、或从右击快捷菜单中选择【缩放】项,进入比例缩放编辑模式。

(4) 输入一个数值将对象缩放到新的大小。

命令行提示:

```
* * 比例缩放 * *
指定比例因子或[基点(B)/复制(C)/放弃(U)/参照(R)/退出(X)]:
```

其中选项"参照(R)"表示用参照方式指定比例因子;其余选项同拉伸模式。

如果不作比例缩放编辑,则再次回车响应,进入镜像编辑模式。

2.7.5 使用夹点创建镜像对象

使用夹点创建镜像对象的步骤如下:

(1) 选择对象,使夹点显示出来。

(2) 选择一个夹点为基点,使之亮显。

(3) 命令行输入"MI↙"、或直接按回车键循环切换、或从右击快捷菜单中选择【镜像】项,进入镜像编辑模式。

(4) 指定镜像对称轴的第二点,创建镜像对象,可以选择是否保留原图形。

命令行提示:

> ** 镜像 **
> 指定第二点或[基点(B)/复制(C)/放弃(U)/退出(X)]:

其中选项"复制(C)"表示多重镜像,保留原图形;其余选项同 STRETCH 模式。

【例 2-21】 在图 2-76 中,通过镜像操作由半个图形创建完整图形,结果如图 2-76b)所示。

首先利用窗选方式拾取图形,如图 2-76a)所示。由 A、B 形成的窗口内被选择图形的夹点显示出来,单击要编辑的夹点,此时夹点变为红色,表明可对图形元素进行编辑操作。命令行提示及后续操作如下:

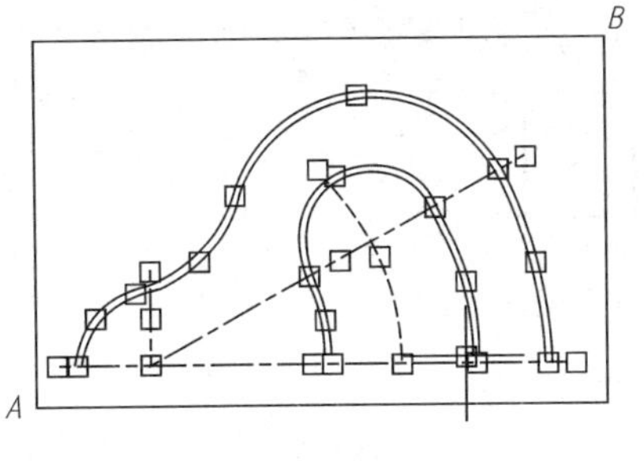

a)用窗口方式拾取图形

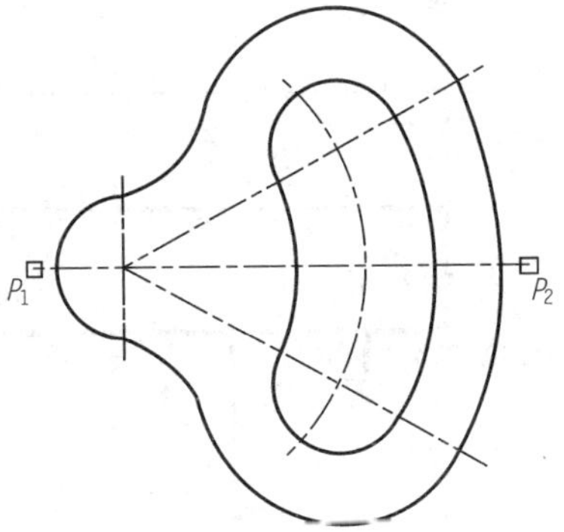

b)创建镜像对象

图 2-76 镜像操作

> ** 拉伸 **
> 指定拉伸点或[基点(B)/复制(C)/放弃(U)/退出(X)]: **MI↙** (进入镜像编辑模式)
> ** 镜像 **
> 指定第二点或[基点(B)/复制(C)/放弃(U)/退出(X)]: **C↙** (选择多重镜像,保留原图形)
> ** 镜像(多重) **
> 指定第二点或[基点(B)/复制(C)/放弃(U)/退出(X)]: **B↙** (另选对称轴的基点)
> 指定基点: (指定对称轴的第一点 P1)
> ** 镜像(多重) **
> 指定第二点或[基点(B)/复制(C)/放弃(U)/退出(X)]: <正交 开>(打开正交模式,指定对称轴的第二点 P2。打开正交模式有助于绘制一条水平的镜像线 P1—P2)

＊＊镜像（多重）＊＊
指定第二点或[基点(B)/复制(C)/放弃(U)/退出(X)]：**X**↙　　（结束命令，结果如图2-76b)所示）

2.7.6　绘制组合体投影图举例

【例 2-22】　利用所学计算机绘图软件知识绘制组合体的投影图，结果如图2-77所示。

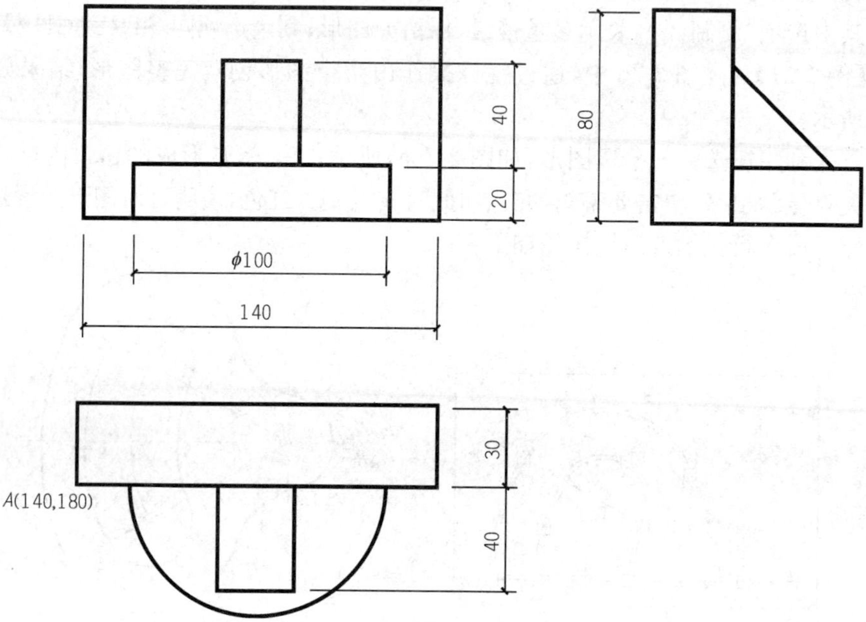

图 2-77　组合体的投影图

首先应根据组合体的大小，设定图形界限、绘图精度、图层；如果有文字说明，设定文字样式。然后再利用绘图和编辑命令完成图形，进行尺寸标注。绘图步骤如下：

1. 设置绘图环境

(1) 设定图形界限：(0,0)，(420,297)。

(2) 设定绘图单位及精度：精度 0.00，其他取默认值。

(3) 设定图层：分别设定实线层、中心线层、虚线层、尺寸标注层，并设定各图层相应的颜色、线型和线宽。

以上各步骤请读者参考前面内容自行完成。

2. 绘制及编辑图形

(1) 将实线层设为当前层，画竖板四棱柱的三面投影，如图 2-78 所示。

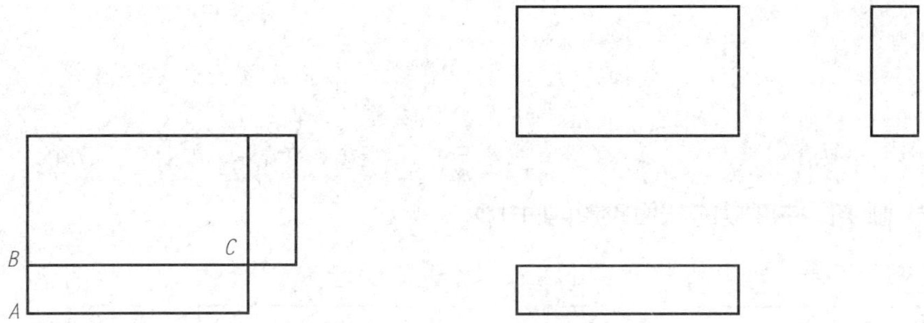

a)　　　　　　　　　　b)

图 2-78　画竖板四棱柱的投影图

命令：**RECTANG**↙　　　　　　　（画四棱柱的水平投影）

指定第一个角点或[倒角(C)/标高(E)/圆角(F)/厚度(T)/宽度(W)]：**140,180**↙

（定矩形的角点 *A*）

指定另一个角点或[面积(A)/尺寸(D)/旋转(R)]：**@140,30**↙

命令：↙　　　　　　　（画四棱柱的正面投影）

RECTANG

指定第一个角点或[倒角(C)/标高(E)/圆角(F)/厚度(T)/宽度(W)]：<对象捕捉 开>（捕捉交点 *B*）

指定另一个角点或[面积(A)/尺寸(D)/旋转(R)]：**@140,80**↙

命令：↙　　　　　　　（画四棱柱的侧面投影）

RECTANG

指定第一个角点或[倒角(C)/标高(E)/圆角(F)/厚度(T)/宽度(W)]：（捕捉交点 *C*）

指定另一个角点或[面积(A)/尺寸(D)/旋转(R)]：**@30,80**↙（此时结果如图 2-78a）所示）

命令：指定对角点：　　　　　　　（以交叉窗口选取四棱柱的正面投影和侧面投影）

命令：　　　　　　　（激活其中一个夹点）

** 拉伸 **

指定拉伸点或[基点(B)/复制(C)/放弃(U)/退出(X)]：↙（选择移动）

** 移动 **

指定移动点或[基点(B)/复制(C)/放弃(U)/退出(X)]：<正交 开>（打开正交模式，向上移动至适当位置）

命令：*取消*　　　　　　　（按 ESC 键，退出编辑）

命令：*取消*　　　　　　　（按 ESC 键，退出夹点显示）

命令：　　　　　　　（单击选择四棱柱的侧面投影）

命令：　　　　　　　（激活其中一个夹点）

** 拉伸 **

指定拉伸点或[基点(B)/复制(C)/放弃(U)/退出(X)]：↙（选择移动）

```
* * 移动 * *
指定移动点或[基点(B)/复制(C)/放弃(U)/退出(X)]:(向右移动至适当位置)
命令: *取消*                    (按 ESC 键,退出编辑)
命令: *取消*                    (按 ESC 键,退出夹点显示。如图 2-78b)所示)
```

(2) 画半圆柱底板的三面投影,如图 2-79 所示。

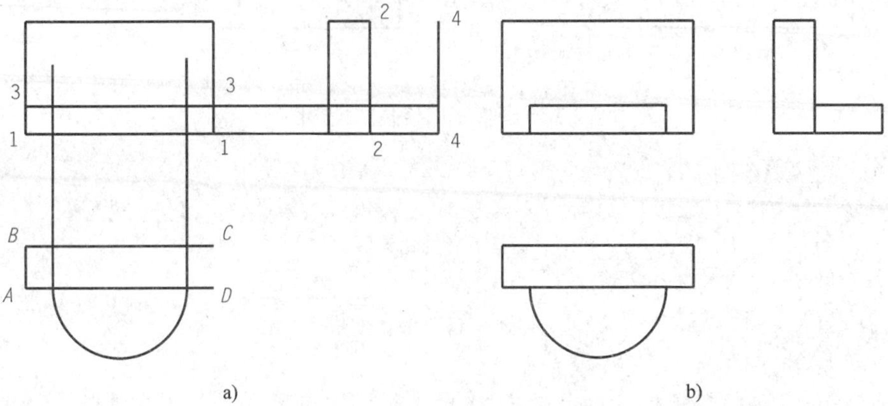

a)　　b)

图 2-79　画半圆柱的投影图

```
命令: ARC↙                       (绘制底板水平投影)
指定圆弧的起点或[圆心(C)]: C↙    (选择指定圆心)
指定圆弧的圆心: _mid 于          (按 Shift+右键在弹出菜单中选择【中点】,捕捉 AD 中点)
指定圆弧的起点: @-50,0↙
指定圆弧的端点或[角度(A)/弦长(L)]: @100,0↙(画出半圆柱底板的水平投影半圆)
命令: EXPLODE↙                   (分解命令,分解矩形为各自独立的线段)
选择对象: 找到 1 个              (选择四棱柱的正面投影)
选择对象: 找到 1 个,总计 2 个    (选择四棱柱的侧面投影)
选择对象: 找到 1 个,总计 3 个    (选择四棱柱的水平投影)
选择对象: ↙                      (结束选择对象)
命令: OFFSET↙                    (用 OFFSET 命令绘制半圆柱的正面和侧面投影线)
当前设置: 删除源=否 图层=源 OFFSETGAPTYPE=0
指定偏移距离或[通过(T)/删除(E)/图层(L)]<通过>: 20↙(半圆柱的高度)
选择要偏移的对象,或[退出(E)/放弃(U)]<退出>:(选取直线 2.1)
指定要偏移的那一侧上的点,或[退出(E)/多个(M)/放弃(U)]<退出>:
                                 (向上单击,得直线 3-3)
选择要偏移的对象,或[退出(E)/放弃(U)]<退出>:↙(结束 OFFSET 命令)
```

命令：↙ (重复 OFFSET 命令)

OFFSET

当前设置：删除源＝否 图层＝源 OFFSETGAPTYPE＝0

指定偏移距离或[通过(T)/删除(E)/图层(L)]＜20.00＞：**50↙**(半圆柱侧面投影的宽度)

选择要偏移的对象，或[退出(E)/放弃(U)]＜退出＞：(选取直线 2-2)

指定要偏移的那一侧上的点，或[退出(E)/多个(M)/放弃(U)]＜退出＞：(向右单击，得直线 4-4)

选择要偏移的对象，或[退出(E)/放弃(U)]＜退出＞：↙(结束 OFFSET 命令)

命令：**LINE↙** (用 LINE 命令绘制半圆柱长对正线)

指定第一点： (捕捉半圆柱水平投影的最左点)

指定下一点或[放弃(U)]： (在正交模式下引竖直线至直线 3-3 上方)

指定下一点或[放弃(U)]：↙

命令：↙ (重复画直线命令)

LINE 指定第一点： (捕捉半圆柱水平投影的最右点)

指定下一点或[放弃(U)]： (在正交模式下引竖直线至直线 3-3 上方)

指定下一点或[放弃(U)]：↙

命令：**EXTEND↙** (用 EXTEND 命令绘制半圆柱高平齐线)

当前设置：投影＝UCS 边＝无

选择边界的边 ...

选择对象或 ＜全部选择＞：找到 1 个(选取直线 4-4)

选择对象：↙

选择要延伸的对象，或按住 Shift 键选择要修剪的对象，或[栏选(F)/窗交(C)/投影(P)/边(E)/放弃(U)]：(选取直线 2-1)

选择要延伸的对象，或按住 Shift 键选择要修剪的对象，或[栏选(F)/窗交(C)/投影(P)/边(E)/放弃(U)]：(选取直线 3-3)

选择要延伸的对象，或按住 Shift 键选择要修剪的对象，或[栏选(F)/窗交(C)/投影(P)/边(E)/放弃(U)]：↙(结束延伸，此时结果如图 2-79a)所示)

命令：**TRIM↙** (修剪多余线段)

当前设置：投影＝UCS，边＝无

选择剪切边...

选择对象或 ＜全部选择＞：↙ (把全部对象作为剪切边)

选择要修剪的对象，或按住 Shift 键选择要延伸的对象，或[栏选(F)/窗交(C)/投影(P)/边(E)/删除(R)/放弃(U)]： (选取由半圆柱水平投影最左点所引竖线在 3-3 上端一点)

选择要修剪的对象，或按住 Shift 键选择要延伸的对象，或[栏选(F)/窗交(C)/投影(P)/边(E)/删除(R)/放弃(U)]： (选取由半圆柱水平投影最右点所引竖线在 3-3 上端一点)

选择要修剪的对象，或按住 Shift 键选择要延伸的对象，或[栏选(F)/窗交(C)/投影(P)/边(E)/删除(R)/放弃(U)]： (选取由半圆柱水平投影最左点所引竖线在 2-1 与 BC 之间一点)

选择要修剪的对象,或按住 Shift 键选择要延伸的对象,或[栏选(F)/窗交(C)/投影(P)/边(E)/删除(R)/放弃(U)]: (选取由半圆柱水平投影最右点所引竖线在 1-1 与 BC 之间一点)

选择要修剪的对象,或按住 Shift 键选择要延伸的对象,或[栏选(F)/窗交(C)/投影(P)/边(E)/删除(R)/放弃(U)]: (选取直线 4-4 上端一点)

选择要修剪的对象,或按住 Shift 键选择要延伸的对象,或[栏选(F)/窗交(C)/投影(P)/边(E)/删除(R)/放弃(U)]: (选取直线 3-3 左端一点)

选择要修剪的对象,或按住 Shift 键选择要延伸的对象,或[栏选(F)/窗交(C)/投影(P)/边(E)/删除(R)/放弃(U)]: (选取直线 3-3 在正面投影中右端一点)

选择要修剪的对象,或按住 Shift 键选择要延伸的对象,或[栏选(F)/窗交(C)/投影(P)/边(E)/删除(R)/放弃(U)]: (选取直线 3-3 在正面投影及侧面投影之间一点)

选择要修剪的对象,或按住 Shift 键选择要延伸的对象,或[栏选(F)/窗交(C)/投影(P)/边(E)/删除(R)/放弃(U)]: (选取直线 3-3 在侧面投影中左端一点)

选择要修剪的对象,或按住 Shift 键选择要延伸的对象,或[栏选(F)/窗交(C)/投影(P)/边(E)/删除(R)/放弃(U)]: (选取直线 1-2 在正面投影及侧面投影之间一点)

选择要修剪的对象,或按住 Shift 键选择要延伸的对象,或[栏选(F)/窗交(C)/投影(P)/边(E)/删除(R)/放弃(U)]:↙ (结束修剪)

命令:**ERASE**↙ (删除多余线段)

选择对象:找到 1 个 (单击 *AB* 与 *CD* 之间两条竖线之一)

选择对象:找到 1 个,总计 2 个 (单击 *AB* 与 *CD* 之间另一条竖线)

选择对象:↙ (完成删除。结果如图 2-79b)所示)

(3) 绘制三棱柱的三面投影,完成作图,如图 2-80 所示。

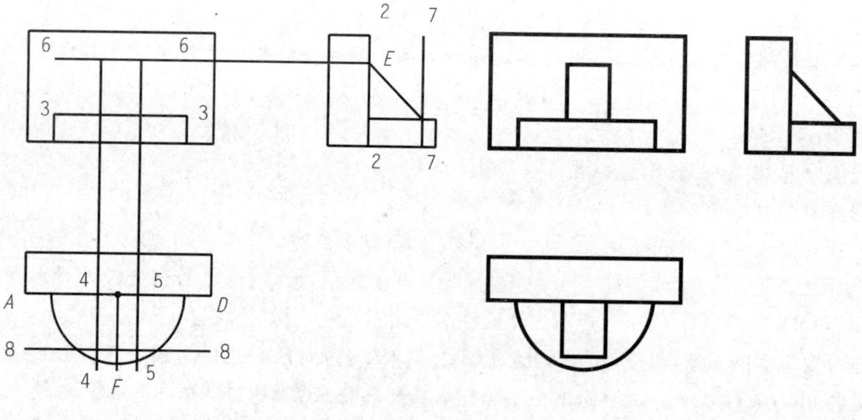

a) b)

图 2-80 画三棱柱的投影图

命令：LINE↙

指定第一点：_mid 于　　　　　（Shift＋右键在弹出菜单中选择【中点】，捕捉 *AD* 中点）

指定下一点或[放弃(U)]：＜正交 开＞（打开正交模式，画线至 *F* 点）

指定下一点或[放弃(U)]：↙

命令：OFFSET↙　　　　　（将刚画的直线向两边偏移得三棱柱的水平投影）

当前设置：删除源＝否　图层＝源　OFFSETGAPTYPE＝0

指定偏移距离或[通过(T)/删除(E)/图层(L)]＜通过＞：15↙（输入偏移距离）

选择要偏移的对象，或[退出(E)/放弃(U)]＜退出＞：　　（选择过 *AD* 中点的直线）

指定要偏移的那一侧上的点，或[退出(E)/多个(M)/放弃(U)]＜退出＞：

（单击其左侧得 4-4）

选择要偏移的对象，或[退出(E)/放弃(U)]＜退出＞：　　（选择过 *AD* 中点的直线）

指定要偏移的那一侧上的点，或[退出(E)/多个(M)/放弃(U)]＜退出＞：

（单击其右侧得 5-5）

选择要偏移的对象，或[退出(E)/放弃(U)]＜退出＞：↙

命令：↙　　　（重复 OFFSET，将直线 3-3 向上偏移得三棱柱正面投影的高度）

OFFSET

当前设置：删除源＝否　图层＝源　OFFSETGAPTYPE＝0

指定偏移距离或[通过(T)/删除(E)/图层(L)]＜15.00＞：40↙

选择要偏移的对象，或[退出(E)/放弃(U)]＜退出＞：（选择直线 3-3）

指定要偏移的那一侧上的点，或[退出(E)/多个(M)/放弃(U)]＜退出＞：（单击直线 3-3 上方得 6-6）

选择要偏移的对象，或[退出(E)/放弃(U)]＜退出＞↙

命令：↙　　　（将直线 2-2 向右偏移得三棱柱的侧面投影宽度）

OFFSET

当前设置：删除源＝否　图层＝源　OFFSETGAPTYPE＝0

指定偏移距离或[通过(T)/删除(E)/图层(L)]＜40.00＞：↙（偏移距离同上）

选择要偏移的对象，或[退出(E)/放弃(U)]＜退出＞：　　（单击直线 2-2）

指定要偏移的那一侧上的点，或[退出(E)/多个(M)/放弃(U)]＜退出＞：

（单击直线 2-2 右侧得 7-7）

选择要偏移的对象，或[退出(E)/放弃(U)]＜退出＞：　　（选择直线 *AD*）

指定要偏移的那一侧上的点，或[退出(E)/多个(M)/放弃(U)]＜退出＞：

（单击直线 *AD* 下方得 8-8）

选择要偏移的对象，或[退出(E)/放弃(U)]＜退出＞：↙

命令：EXTEND↙　　　（将直线 4-4、5-5 延伸到直线 6-6）

当前设置：投影＝UCS　边＝无

选择边界的边 ...

选择对象或<全部选择>：找到 1 个（选择直线 6-6）

选择对象：↙

选择要延伸的对象，或按住 Shift 键选择要修剪的对象，或[栏选(F)/窗交(C)/投影(P)/边(E)/放弃(U)]：(点选直线 4-4)

选择要延伸的对象，或按住 Shift 键选择要修剪的对象，或[栏选(F)/窗交(C)/投影(P)/边(E)/放弃(U)]：(点选直线 5-5)

选择要延伸的对象，或按住 Shift 键选择要修剪的对象，或[栏选(F)/窗交(C)/投影(P)/边(E)/放弃(U)]：↙

命令：↙　　(将直线 6-6 延伸到直线 2-2)

EXTEND

当前设置：投影=UCS　边=无

选择边界的边...

选择对象或<全部选择>：找到 1 个（点选直线 2-2）

选择对象：↙

选择要延伸的对象，或按住 Shift 键选择要修剪的对象，或[栏选(F)/窗交(C)/投影(P)/边(E)/放弃(U)]：(点选直线 6-6)

选择要延伸的对象，或按住 Shift 键选择要修剪的对象，或[栏选(F)/窗交(C)/投影(P)/边(E)/放弃(U)]：↙

命令：LINE↙　　(画三棱柱侧面投影的斜线)

指定第一点：<对象捕捉 开>　　(捕捉点 *E*)

指定下一点或[放弃(U)]：　　(捕捉直线 7-7 与半圆柱侧面投影高度线的交点)

指定下一点或[放弃(U)]：↙

命令：TRIM↙　　(用 TRIM 命令修剪多余线段)

当前设置：投影=UCS　边=无

选择剪切边...

选择对象<全部选择>：找到 1 个　　(选择直线 3-3)

选择对象：找到 1 个，总计 2 个　　(选择直线 *AD*)

选择对象：找到 1 个，总计 3 个　　(选择直线 8-8)

选择对象：找到 1 个，总计 4 个　　(选择直线 4-4)

选择对象：找到 1 个，总计 5 个　　(选择直线 5-5)

选择对象：↙

选择要修剪的对象，或按住 Shift 键选择要延伸的对象，或[栏选(F)/窗交(C)/投影(P)/边(E)/删除(R)/放弃(U)]：　　(点选直线 4-4 在直线 3-3 与 *AD* 之间一点)

选择要修剪的对象，或按住 Shift 键选择要延伸的对象，或[栏选(F)/窗交(C)/投影(P)/边(E)/删除(R)/放弃(U)]：　　(点选直线 5-5 在直线 3-3 与 *AD* 之间一点)

选择要修剪的对象，或按住 Shift 键选择要延伸的对象，或[栏选(F)/窗交(C)/投影(P)/边(E)/删除(R)/放弃(U)]：　　(点选直线 6-6 左侧一点)

选择要修剪的对象,或按住 Shift 键选择要延伸的对象,或[栏选(F)/窗交(C)/投影(P)/边(E)/删除(R)/放弃(U)]:　　　(点选直线 6-6 右侧一点)

选择要修剪的对象,或按住 Shift 键选择要延伸的对象,或[栏选(F)/窗交(C)/投影(P)/边(E)/删除(R)/放弃(U)]:　　　(点选直线 8-8 左侧一点)

选择要修剪的对象,或按住 Shift 键选择要延伸的对象,或[栏选(F)/窗交(C)/投影(P)/边(E)/删除(R)/放弃(U)]:　　　(点选直线 8-8 右侧一点)

选择要修剪的对象,或按住 Shift 键选择要延伸的对象,或[栏选(F)/窗交(C)/投影(P)/边(E)/删除(R)/放弃(U)]:　　　(点选直线 4-4 在直线 8-8 下面一点)

选择要修剪的对象,或按住 Shift 键选择要延伸的对象,或[栏选(F)/窗交(C)/投影(P)/边(E)/删除(R)/放弃(U)]:　　　(点选直线 5-5 在直线 8-8 下面一点)

选择要修剪的对象,或按住 Shift 键选择要延伸的对象,或[栏选(F)/窗交(C)/投影(P)/边(E)/删除(R)/放弃(U)]:↙

命令:ERASE↙　　　(用 ERASE 命令删除多余线段)

选择对象:找到 1 个　　　(选取直线 7-7)

选择对象:找到 1 个,总计 2 个　(选取过点 F 的直线)

选择对象:↙　　　(结束编辑,完成图形。结果如图 2-80b)所示)

在绘图过程中,要注意运用图形编辑、目标捕捉等工具提高绘图效率和精度,保证各投影之间的定位准确性。

2.8　常用编辑命令(二)

前面学习过的一些编辑命令有的同样适用于编辑一些复杂对象,这些复杂对象包括多段线、多线、文本、图案填充、块属性等,但它们还有其专用的编辑命令。本节将分别介绍多段线、多线及文本的专用编辑命令。有关图案填充和块属性的定义和编辑在后续章节中将逐步介绍。

2.8.1　多段线编辑命令(PEDIT)

在 AutoCAD 中,PEDIT 命令用于编辑二维或三维多段线。可以通过闭合和打开多段线,以及移动、添加或删除单个顶点来编辑多段线。可以在任何两个顶点之间拉直多段线,也可以切换线型以便在每个顶点前或后显示虚线。可以为整个多段线设置统一的宽度,也可以分别控制各个线段的宽度。还可以通过多段线创建线性近似样条曲线。

PEDIT 命令可以通过以下方式来调用:

☆ 下拉菜单:【修改】|【对象】|【多段线】。

☆ 图标按钮:单击如图 2-81 所示的【修改 II】工具栏中的按钮。

☆ 快捷菜单:选择要编辑的多段线,从右击快捷菜单中选择【编辑多段线】选项。

☆ 命令行:PEDIT↙或PE↙。

图 2-81 【修改 II】工具栏

PEDIT 命令格式:

命令: **PEDIT↙** (调用命令)
选择多段线或[多条(M)]:(选择多段线或直线、圆弧)
输入选项
[闭合(C)/合并(J)/宽度(W)/编辑顶点(E)/拟合(F)/样条曲线(S)/非曲线化(D)/线型生成(L)/放弃(U)]:

如果在"选择多段线或[多条(M)]:"提示下,用户选择的不是多段线,而是一条直线或圆弧,则系统会出现如下提示:

选定的对象不是多段线
是否将其转换为多段线? ＜Y＞

直接回车,则将所选对象转换为可编辑的单段二维多段线,然后继续执行多段线的编辑操作。如果 PEDITACCEPT 系统变量设置为 1,将不显示该提示,选定对象自动转换为多段线。

PEDIT 命令中各选项的含义如下:

☆ 闭合(C)/打开(O):如果多段线是打开的,则提示为"闭合(C)"此时选该选项将增加一段多段线并连接始末顶点以生成封闭多段线。如果多段线是封闭的,则提示为"打开(O)",此选项将打开多段线。此时即使始末点看似封闭,但实际上已被打开。要重新封闭它,必须使用"C"选项。

☆ 合并(J):只用于二维多段线,可把其他圆弧、直线、多段线连接到已有多段线上。连接端点必须精确重合。

☆ 宽度(W):用于改变多段线的宽度,新宽度值输入后,整条多段线都用新的宽度重现。用户可用"编辑顶点(E)"各子选项编辑单段线宽。

☆ 编辑顶点(E):提供一组子选项,使用户能编辑顶点及顶点相邻的多段线段。

☆ 拟合(F):通过拟合各个多段线顶点以便生成一光滑拟合曲线。拟合后的曲线通过各顶点控制点。

☆ 样条曲线(S):生成由多段线顶点控制的样条曲线,该曲线不一定通过控制点,但通过首尾两点。样条类型和分辨率由系统变量控制。

☆ 非曲线化(D):取消拟合或样条曲线,回到初始状态。

☆ 线型生成(L):如该选项为 ON 时,在多段线顶点处采用连续线型,否则在多段线顶点处采用点画线线型。

☆ 放弃(U):取消最后编辑功能。

执行“编辑顶点(E)”选项后,多段线当前顶点标记为 X,以表示该顶点正在被编辑。系统给出如下提示:

> 输入顶点编辑选项
> [下一个(N)/上一个(P)/打断(B)/插入(I)/移动(M)/重生成(R)/拉直(S)/切向(T)/宽度(W)/退出(X)]<N>:

各子选项的含义如下:

☆ 下一个(N)/上一个(P):将标记 X 移到相应的顶点,缺省为“下一个(N)”。

☆ 打断(B):将多段线一分为二,或删除顶点处的一段多段线。

☆ 插入(I):在标记 X 的当前顶点的后面插入一新顶点。

☆ 移动(M):移动当前顶点到用户指定的位置。

☆ 重生成(R):重新生成图样以观察编辑效果,通常在使用了子选项“宽度(W)”后,重新显示一次。

☆ 拉直(S):删除所选两顶点间所有内顶点并用一直线段代替。

☆ 切向(T):为当前编辑顶点指定切线方向,以便于曲线拟合时使用。

☆ 宽度(W):设置每一独立多段线的始末宽度。

☆ 退出(X):退出顶点编辑,返回 PEDIT 命令。

2.8.2 样条曲线编辑命令(SPLINEDIT)

SPLINEDIT 命令可以通过以下方式来调用:

☆ 下拉菜单:【修改】|【对象】|【样条曲线】。

☆ 图标按钮:单击【修改 】工具栏(图 2-81)中的按钮。

☆ 快捷菜单:选择要编辑的样条曲线,从右击快捷菜单中选择【样条曲线】选项。

☆ 命令行:SPLINEDIT↙。

SPLINEDIT 命令格式:

> 命令:SPLINEDIT↙　　(调用命令)
> 选择样条曲线:　　(选择要修改的样条曲线)
> 输入选项[拟合数据(F)/闭合(C)/移动顶点(M)/精度(R)/反转(E)/放弃(U)]:

其中各选项含义如下:

☆ 拟合数据(F):编辑定义样条曲线的拟合点数据,包括修改公差。

☆ 闭合(C)/打开(O):将开放样条曲线修改为连续闭合的环,或将闭合样条曲线打开。打开后,起点和端点保持不变,但失去其切向连续性。

☆ 移动顶点(M):将拟合点移动到新位置。

☆ 细化(R):通过添加权值控制点并提高样条曲线阶数来修改样条曲线定义。

☆ 反转(E):反转样条曲线的方向。

☆ 放弃(U):取消上一次编辑操作。

样条曲线的公差表示样条曲线拟合所指定的拟合点集时的拟合精度。公差越小,样条曲线与拟合点越接近。

注意:SPLINEDIT 自动将样条多段线转换为样条曲线对象。即使选择样条多段线后立即退出 SPLINEDIT,也仍然会转换该样条多段线。

2.8.3 多线编辑命令(MLEDIT)

AutoCAD 中的 MLEDIT 命令提供了一系列编辑多线的工具。该命令可以通过以下方式来调用:

☆ 下拉菜单:【修改】|【对象】|【多线】。

☆ 命令行:MLEDIT↙。

执行该命令后,系统弹出【多线编辑工具】对话框,如图 2-82 所示。选择所需的交接样式后,在命令行出现提示:

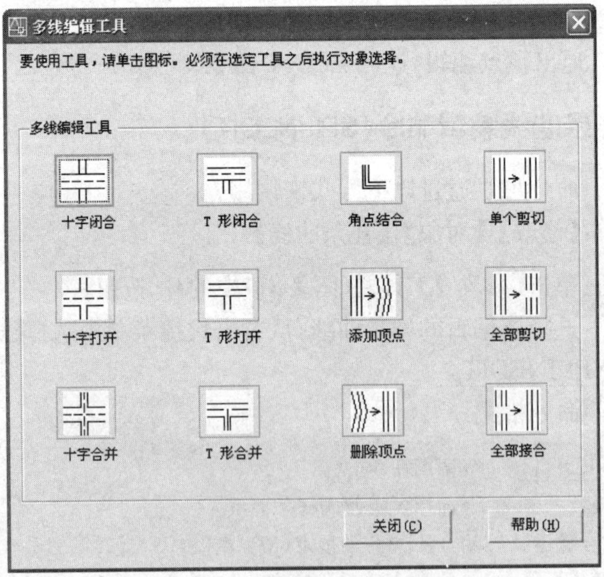

图 2-82 【多线编辑工具】对话框

选择第一条多线：　　　　　　　　　(提示用户选择第一条多线)
选择第二条多线：　　　　　　　　　(提示用户选择第二条多线)
选择第一条多线 或[放弃(U)]：　　　(继续处理另一交接处或回车退出命令)

由图 2-82 所示对话框可以看出，MLEDIT 提供了 12 种工具，分别为：

1. 十字形工具

第一列工具用于处理十字交叉的多线。【十字闭合】用于在两条多线之间创建闭合的十字交点；【十字打开】用于在两条多线之间创建打开的十字交点，打断将插入第一条多线的所有元素和第二条多线的外部元素；【十字合并】用于在两条多线之间创建合并的十字交点，选择多线的次序并不重要。

2. T 字形工具

第二列工具用于处理 T 型相交的多线。【T 形闭合】用于在两条多线之间创建闭合的 T 形交点，将第一条多线修剪或延伸到与第二条多线的交点处；【T 形打开】用于在两条多线之间创建打开的 T 形交点，将第一条多线修剪或延伸到与第二条多线的交点处；【T 形合并】在两条多线之间创建合并的 T 形交点，将多线修剪或延伸到与另一条多线的交点处。

3.【角点结合】工具

在多线之间创建角点结合，将多线修剪或延伸到它们的交点处，从而形成直角。用户选用此工具时，AutoCAD 提示用户选取两条多线，用户只需在想保留的多线某部分上拾取点，AutoCAD 就会将多线剪裁或延伸到它们的相交点。

4.【添加顶点】工具和【删除顶点】工具

添加顶点工具可以为多线增加若干顶点，以便于处理(如对顶点的拉伸)。删除顶点工具则从由三个或更多顶点的多线上删除顶点。

5. 切断工具

第四列为切断工具，它们用于切断多线。【单个剪切】用于切断多线中的一条，只需拾取要切断的多线某一元素上的两点，则这两点中的连线即被删去；【全部剪切】用于创建穿过整条多线的可见打断；【全部接合】用于修复所选两点间的任何切断部分。

2.8.4 文本编辑及对象特性

创建的文本可以进一步进行编辑。一般来说，文本编辑应涉及两个方面，即修改文本内容和文本特性(例如高度和旋转)。其中字体改变可通过前面介绍的修改文字样式来完成。

双击单行文本对象或执行 DDEDIT 命令将打开文本编辑框，如图 2-83 所示。此时文本编辑框亮显，跟随光标的插入点，可以在该文本框中直接添加、删除、修改内容。

图 2-83　单行文本编辑框

双击多行文字对象或执行 MTEDIT 命令可以打开多行文本编辑器，如图2-84所示。在这里可以对文本内容及文本特性进行编辑。

图 2-84　多行文本编辑器

1. 编辑文本命令(DDEDIT)

实际上，DDEDIT 命令可以用于编辑单行文本、多行文本、尺寸标注文本、属性定义和特征控制框等。AutoCAD 根据用户选择的文本类型显示相应的编辑方法。DDEDIT 命令可通过以下方式来调用：

☆ 下拉菜单：【修改】|【对象】|【文字】|【编辑】。

☆ 图标按钮：单击【文字】工具栏中的 A/ 按钮。

☆ 定点设备：双击文字对象。

☆ 快捷菜单：选择要编辑的文字对象，从右击快捷菜单中选择【编辑】选项。

☆ 命令行：DDEDIT↙。

☆ 执行命令后，系统提示“选择注释对象或[放弃(U)]：”，这时：

当用户选择使用 TEXT 或 DTEXT 命令创建的文本对象时，系统将显示在位文本编辑框(图 2-84)，用户可在此修改文本内容。

当用户选择使用 MTEXT 命令创建的文本对象或尺寸标注文本时，系统将显示多行文本的在位文本编辑器(图 2-84)，用户可以在此修改文本内容及特性。

当用户选择使用 ATTDEF 命令创建的属性定义时，系统将显示【编辑属性定义】对话框。

当用户选择特征控制框时，系统则显示【形位公差】对话框。

当用户使用 DDEDIT 命令时，可一次编辑多处文本，直到按回车键结束该命令。

可见，要修改单行文本内容可以通过 DDEDIT 命令来完成。但要修改单行文本的内容、文字样式、方向、大小、对正等特性时，却需要使用 PROPERTIES(对象特性)命令。

2. 使用 PROPERTIES 命令观察和修改对象特性

用户可以像修改其他对象特性一样使用 PROPERTIES 命令来编辑文本对象的

特性。

对于每个 AutoCAD 对象而言，它们都有一定的特性。比如直线有长度、端点，圆有圆心、半径等几何属性及每个对象都有的颜色、线型、线宽、所在层等对象属性，用户在工作时可能要经常修改或查看这些对象的几何属性和对象属性(统称对象特性)。这些特性独立于图形对象，因此可以对其进行单独编辑。PROPERTIES 命令可以通过以下方式来调用：

☆ 下拉菜单：【修改】|【特性】。

☆ 下拉菜单：【工具】|【特性】。

☆ 图标按钮：单击标准工具栏中的按钮。

☆ 快捷菜单：选取对象后，从右击快捷菜单中选择【特性】选项。

☆ 命令行：PROPERTIES↙。

☆ 定点设备：双击大多数对象(块和属性、图案填充、文字、外部参照除外。如果双击这些对象中的任何一个，将显示专用于该对象的对话框。)。

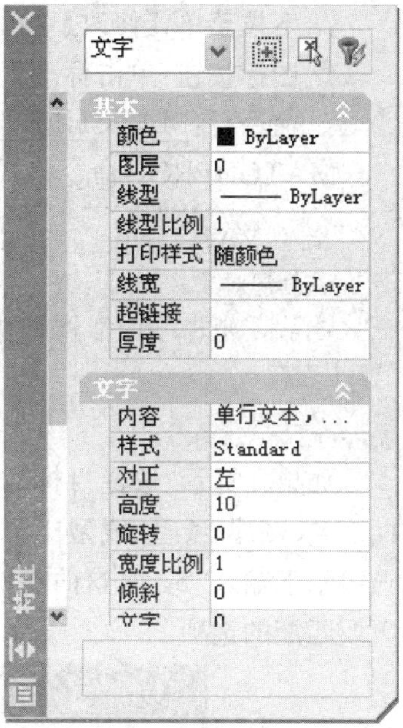

图 2-85 【特性】选项板

命令执行后将打开【特性】选项板，如图 2-85 所示。

当选中一个对象或多个对象时，【特性】选项板中列出所选对象特性的当前值。如果只选择了一个对象，【特性】窗口将显示该对象的特性；当选中多个对象时，【特性】窗口将显示这些对象的公共特性。

打开【特性】选项板将不影响用户进行其他工作，也就是说，在打开【特性】选项板后，用户可随时在绘图窗口进行对象选择，【特性】窗口将随时反映所选对象的特性。在这里，用户可以方便地修改那些可以通过指定新值进行修改的特性。

在【特性】选项板中的【切换 PICKADD 系统变量的值】按钮用于修改 PICKADD 系统变量的值。当按钮图标变为时，可一次选择多个对象来修改其特性；当按钮变为时，一次只能选择一个对象进行修改。

单击【特性】选项板中的按钮，用户可以创建快速选择集来查看或修改其特性。

PROPERTIES 命令经常用于修改文本对象以及尺寸标注对象中各组成要素的多种特性。

3. 匹配对象特性(MATCHPROP)

MATCHPROP 命令用于将某一图形对象的特性匹配给另一图形对象。这是一个使用非常方便的编辑工具，它对编辑同类对象非常有用。该命令可以通过以下方式来调用：

☆ 下拉菜单:【修改】|【特性匹配】。

☆ 图标按钮:单击标准工具栏中的 按钮。

☆ 命令行:MATCHPROP↙或PAINTER↙。

MATCHPROP 命令格式：

命令:MATCHPROP↙

选择源对象：　　　　　　　　（选择要使用其特性的源对象）

当前活动设置：颜色 图层 线型 线型比例 线宽 厚度 打印样式 文字 标注 填充图案 多段线 视口 表格

选择目标对象或[设置(S)]：　（选择要设置特性的目标对象或进行特性设置）

如果在提示"选择目标对象或[设置(S)]:"下直接选择目标对象,则可将源对象的颜色、图层、线型、线型比例、线宽、厚度和打印样式等匹配给这些目标对象。如果在该提示下输入"S↙",这时将弹出【特性设置】对话框,如图 2-86 所示。在这里可以设置要匹配的选项。

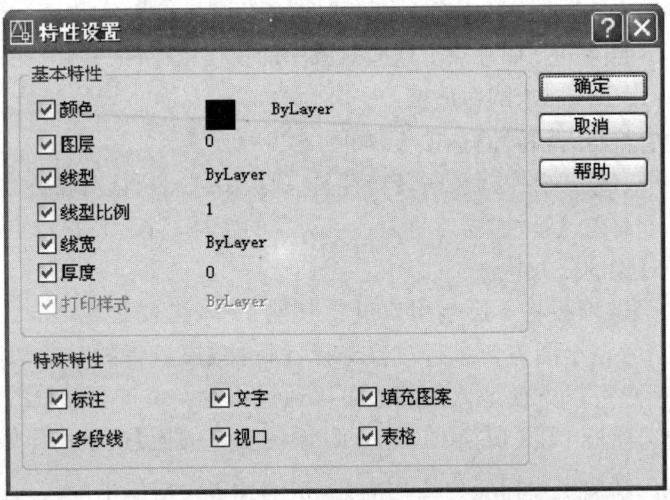

图 2-86 【特性设置】对话框

2.9 尺寸标注

AutoCAD 中的尺寸标注采用半自动方式,尺寸标注时可自动测量图形的数值,并按设定的尺寸样式进行标注。此外,AutoCAD 还提供了功能强大的尺寸编辑功能。

AutoCAD 提供了六种尺寸标注类型，包括：线性型尺寸标注、直径型尺寸标注、半径型尺寸标注、角度型尺寸标注、引线型尺寸标注、坐标型尺寸标注等。

AutoCAD 通常是以真实尺寸绘制图形，因此绘图时大部分尺寸都可按照给定的尺寸样式半自动标注，对于一些特殊的尺寸，可用尺寸编辑(DIMEDIT)命令和尺寸文字编辑(DIMTEDIT)命令进行修改。

2.9.1 尺寸标注的步骤

一般来讲，用户在对所建立的每个图形进行尺寸标注之前，均应有下面的几个步骤：

(1) 建立尺寸标注图层(LAYER 命令)。为了便于将来控制尺寸标注对象的显示与隐藏，应为尺寸标注创建一个或多个独立的图层，使之与图形的其他信息分开。

(2) 为尺寸标注文本建立专门的文字样式(STYLE 命令)。按照我国对工程制图中尺寸标注数字的要求，应将字体设为“isocp. shx”；“倾斜角度”为 15°；为了能在尺寸标注时随时修改标注文字的高度，应将文字高度设置为 0。

(3) 建立尺寸标注样式(DIMSTYLE 命令)。在【标注样式管理器】对话框中设置尺寸线、尺寸界线、尺寸起止符号、比例因子、尺寸格式、标注文字、尺寸单位、尺寸精度等。

(4) 保存所作设置，便于标注其他图形尺寸时调用。如用户可以建立建筑制图用尺寸标注样式。

(5) 进行尺寸标注。标注尺寸时，充分利用对象捕捉方式，以便快速拾取定义点。

2.9.2 设置尺寸标注样式(DIMSTYLE)

AutoCAD 提供了一个尺寸标注样式管理器，用于创建新的尺寸样式及编辑已有的尺寸样式。用户可以通过以下方式调用 DIMSTYLE 命令：

☆ 下拉菜单：【格式】|【标注样式】。

☆ 下拉菜单：【标注】|【标注样式】。

☆ 图标按钮：单击【样式】工具栏中的按钮。

☆ 命令行：DIMSTYLE↙或DDIM↙。

命令执行后，弹出【标注样式管理器】对话框，如图 2-87 所示。【标注样式管理器】可以完成以下功能：创建新标注样式、设置当前标注样式、修改已有标注样式、替代标注样式中的值、预览标注样式、比较标注样式、重命名标注样式及删除标注样式。

AutoCAD 内部预设了不同的尺寸标注样式，以适应不同的使用要求。如果在绘制新图形时选择了公制单位，则预设的标注样式为 ISO－25。这种样式是根据国际标

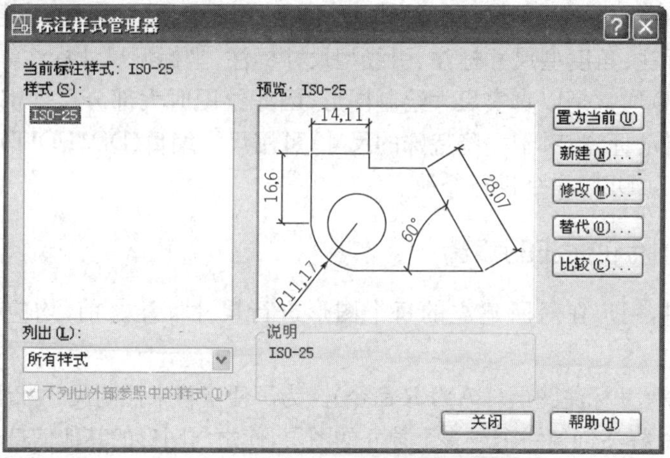

图 2-87 【标注样式管理器】对话框

准化组织 ISO 的标准制定的,不符合我国“GB”对工程制图中有关尺寸标注的规定,用户必须对其适当修改后才能使用。修改后的尺寸标注样式存储在模板图中或存储在外部参照样式,绘制其他图形时可直接调用。

【标注样式管理器】对话框中各个区域和按钮的功能:

☆【当前标注样式】区:用于显示 AutoCAD 当前正使用的标注样式,AutoCAD 缺省标注样式为 ISO—25。

☆【样式】区:显示当前图形可供选择的所有标注样式,并突出显示当前标注样式。在【样式】选项区右击某一样式名,系统弹出一快捷菜单,利用该快捷菜单可以设置当前、重命名和删除所选的标注样式,但是如果已使用某个样式进行尺寸标注,则无法删除该样式。

☆【预览】区:预览当前标注样式的形状。

☆【列出】下拉列表:提供显示标注样式的选项。选择【所有样式】,在【样式】区显示所有的标注样式;选择【正在使用的样式】,则在该区显示当前图形引用的标注样式。

☆【不列出外部参照中的样式】复选框:用于选择是否在【样式】区显示外部参照图形中的标注样式。

☆【说明】区:对当前尺寸标注样式的说明文字。

☆【置为当前】按钮:把在【样式】区选定的标注样式设置为当前标注样式。

☆【新建】按钮:用于创建新的标注样式。单击该按钮,弹出【创建新标注样式】对话框,如图 2-88 所示。在此,用户可以输入新样式名称(如“建筑”)、选择新样式的基础样式、选择新样式的标注类型。单击【继续】按钮后,将打开【新建标注样式】对话框,如图 2-89 所示。

☆【修改】按钮:打开【修改标注样式】对话框,在此可以修改已创建的标注样式。

图 2-88 【创建新标注样式】对话框

☆【替代】按钮：打开【替代当前样式】对话框，在此可以设置标注样式的临时替代值。

☆【比较】按钮：打开【比较标注样式】对话框，在此可以比较两种标注样式的特性或浏览一种标注样式的特性。

【新建标注样式】、【修改标注样式】和【替代当前样式】三个对话框的选项相同，均包括【直线】、【符号和箭头】、【文字】、【调整】、【主单位】、【换算单位】及【公差】七个选项卡。分别用于设置尺寸线、尺寸界线、箭头和圆心标记的格式和特性；设置标注文字的外观、位置和对齐方式；控制标注文字和尺寸的规则；设置标注特征比例；设置主标注单位、换算单位和角度标注单位的格式及精度；设置公差的格式和精度。

下面对各选项卡分别介绍，进行建筑制图中常用的设置，各设置项如图中所示。

1.【直线】选项卡

用于设置尺寸线和尺寸界线的属性，如图 2-89 所示。

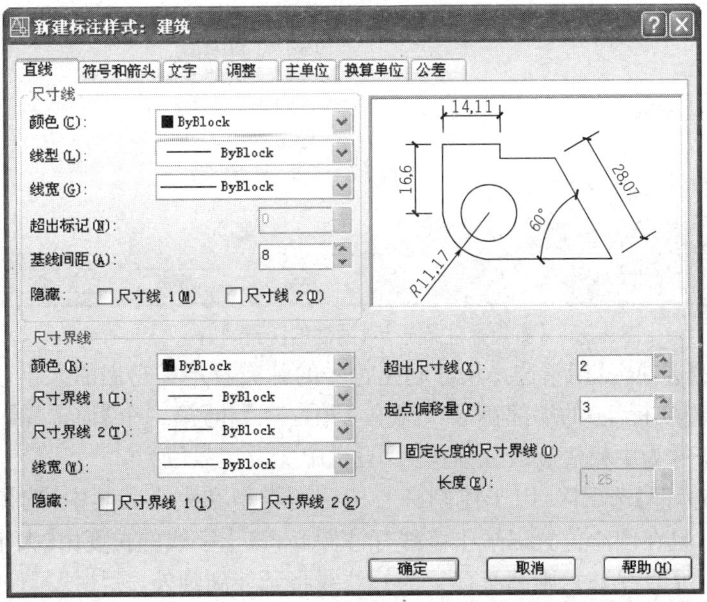

图 2-89 【新建标注样式】对话框的【直线】选项卡

☆【尺寸线】选项区:用于设置尺寸线的颜色、线型、线宽、超出标记、基线间距以及控制是否隐藏尺寸线。其中【基线间距】栏中设定数值为8,该数值设定了在使用基线标注方式时两条尺寸线之间的距离。

☆【尺寸界线】选项区:用于设置尺寸界线的颜色、线型、线宽、超出尺寸线的长度、起点偏移量以及控制是否隐藏尺寸界线。其中【超出尺寸线】栏中设定数值为2,该数值用于控制尺寸界线相对尺寸线的超出量;【起点偏移量】栏中设定数值为3,该数值用于控制尺寸界线相对于尺寸起点的偏移距离。

☆ 预览图像区:使用户在设置过程中即时观察尺寸标注的效果。

2.【符号和箭头】选项卡

用于设置箭头的格式和特性、圆心标记格式和大小、圆弧符号格式及半径折线符号格式,如图2-90所示。

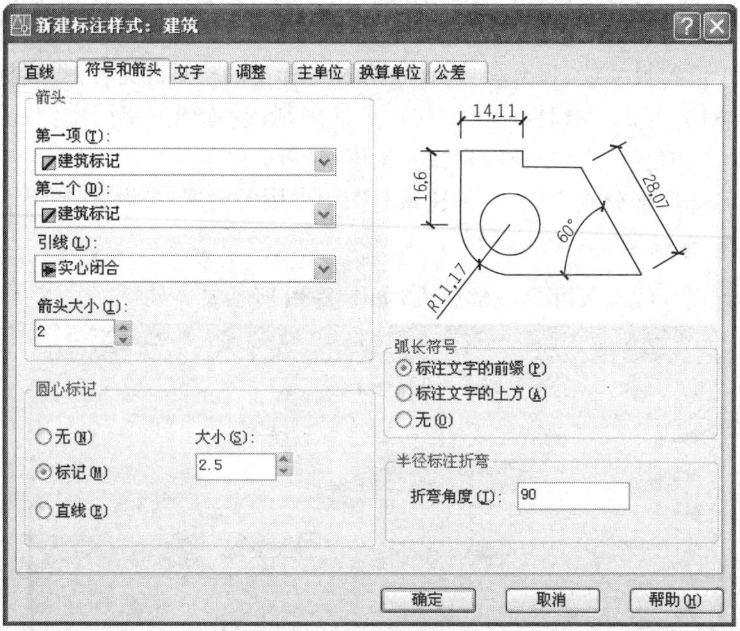

图2-90 【新建标注样式】对话框的【符号和箭头】选项卡

☆【箭头】选项区:用于选择尺寸起止符号的种类及定义它们的大小,包括尺寸线和引线(对应引线标注)的端部符号。其中,【第一项】和【第二个】均选择【建筑标记】,即尺寸起止符号为中粗短斜线;【箭头大小】栏中应设定数值为2。

☆【圆心标记】选项区:用于控制圆心标记的类型和大小。其中,选择类型为【标记】时(缺省),只在圆心位置以短十字线标注圆心,该十字线的长度由【大小】编辑框设定;选择类型为【直线】时,则圆心标记的标注线将延伸到圆外,标注线延伸到圆外的尺寸由【大小】编辑框设定;选择类型为【无】时,将关闭中心标记。

☆【弧长符号】选项区：用于控制圆弧符号相对标注文字的位置。其中，选择【标注文字的前缀】时，则把圆弧符号放在标注文字的前面，如"⌒50"；选择【标注文字的上方】时，则把圆弧符号放在标注文字的上方；选择【无】，则不标注圆弧符号。

☆【半径标注折弯】选项区：用于设置进行折弯标注时折弯线的折弯角度。

3.【文字】选项卡

用于设置标注尺寸文字的外观、位置和对齐方式，如图 2-91 所示。

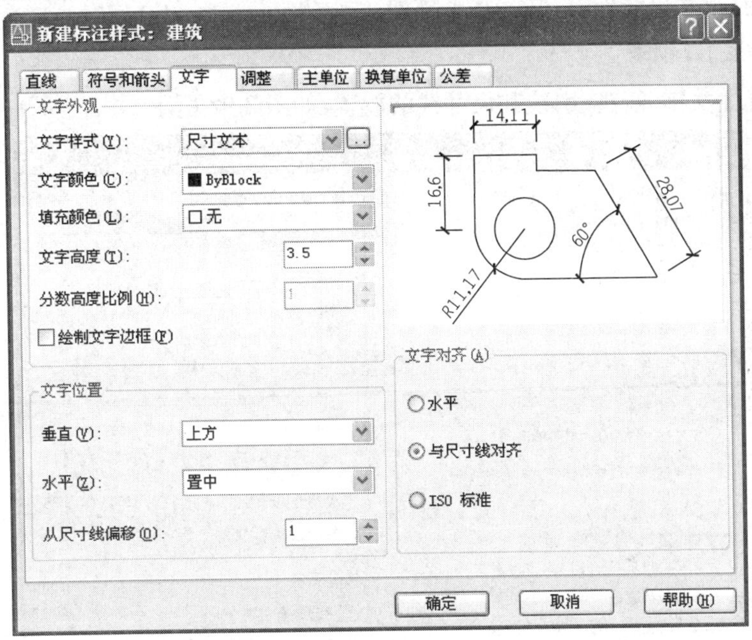

图 2-91 【新建标注样式】对话框的【文字】选项卡

☆【文字外观】选项区：用于设置文字的样式、颜色、高度和分数高度比例，以及控制是否绘制文字边框。其中，【文字样式】下拉列表中选定用于尺寸标注的文字样式，如"尺寸文字"，或者，单击【文字样式】栏右边的...按钮，将显示【文字样式】对话框，在此可以创建或修改尺寸标注文字的样式。【文字高度】编辑框用于设置标注文字的高度，此处设定数值为 3.5，即选用 3.5 号字标注尺寸。注意，要使用该高度值，必须确保【文字样式】对话框中的文字高度设为 0，否则，此处的设置将不起作用。【分数高度比例】用于设置标注分数和公差的文字高度，AutoCAD 把文字高度乘以该比例得到的值来设置分数和公差的文字高度。

☆【文字位置】选项区：用于控制尺寸文字的垂直、水平位置以及距尺寸线的偏移量。其中，【垂直】选项用于控制标注文字相对于尺寸线的垂直位置，它包括置中、上方、外部和 JIS 四个选项，其中 JIS 指标注文字的放置符合 JIS(日本工业标准)；【水平】选项用于控制标注文字在尺寸线方向上相对于尺寸界线的水平位置；【从尺寸线偏移】编辑框用于设置文字间距。当尺寸文本位于尺寸线上方时，文字间距指尺寸文本最低基线与尺寸线之间的距离；当尺寸文本位于尺寸线中间时，文字间距指尺寸线断开处与尺寸文本周围的距离。图中设定尺寸文字的垂直位置为【上方】，水平位置为【置中】，从尺寸线偏移值为1。

☆【文字对齐】选项区：用于控制标注文字是保持水平还是与尺寸线平行。这里选择【与尺寸线对齐】。其中【ISO 标准】指当文字在尺寸界线内时，文字与尺寸线对齐；当文字在尺寸界线外时，文字水平排列。

4.【调整】选项卡

控制标注文字、箭头、引线和尺寸线的放置，如图2-92所示。

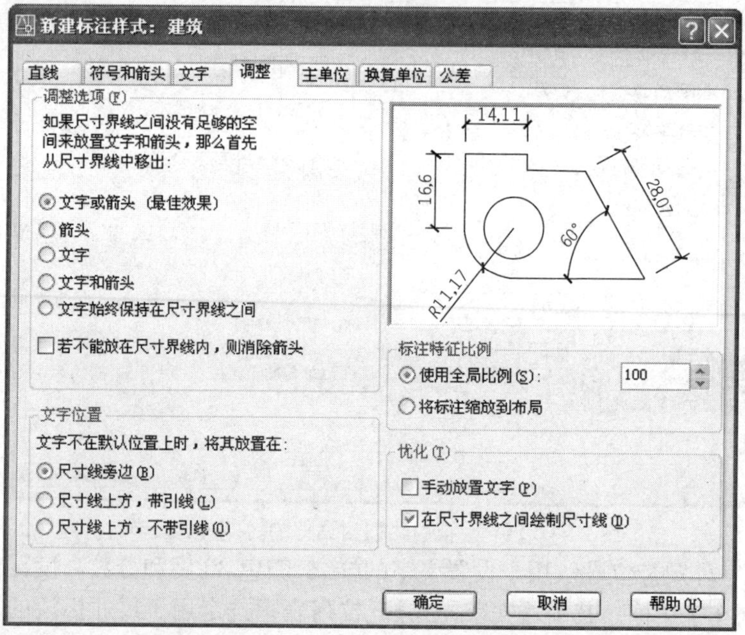

图2-92 【新建标注样式】对话框的【调整】选项卡

☆【调整选项】选项区：根据尺寸界线之间的空间控制标注文字和箭头的放置，其默认设置为【文字或箭头(最佳效果)】。当两条尺寸界线之间的距离足够大时，AutoCAD总是把文字和箭头放在尺寸界线之间。否则，AutoCAD则根据在此区中的具体设置来放置文字和箭头的位置。

☆【文字位置】选项区：用于设置标注文字的位置。标注文字的默认位置是位于两尺寸界线之间，当文字无法放置在缺省位置时，可通过此处选择设置其放置位置。

☆【标注特征比例】区：用于设置全局标注比例或图纸空间比例。其中【使用全局比例】用于设置尺寸元素的比例因子，使之与当前图形的出图比例因子相符。例如，绘图时按1∶1的比例绘制的建筑图，准备按1∶100输出比例打印输出(图形比例因子为

100),可选择全局缩放方式。如果箭头尺寸和文字高度分别被定义为 2 和 3.5,且要求输出图形中的文字高度和箭头尺寸仍为定义值。那么,用户必须将该值(变量 DIMSCALE)设为 100。这样一来,在标注尺寸时,AutoCAD 会自动地把箭头尺寸和标注文字高度放大到定义值的 100 倍,而当用户输出该图时,箭头和文字又回到定义值。如果选中【将标注缩放到布局】单选按钮,则系统会自动根据当前模型空间视口和图纸空间之间的比例设置比例因子。当用户工作在图纸空间时,该比例因子为 1。如果希望在图纸空间输出多个视口中的图形,最好选中【将标注缩放到布局】单选按钮,以确保各视口中的尺寸文本大小一致。有关模型空间与图纸空间的概念参见后续相关章节。

☆【优化】选项区:用于设置其他调整选项。选择【手动放置文字】复选框,则在标注尺寸时可手动放置文字;如果选择【在尺寸界线之间绘制尺寸线】复选框,则无论 AutoCAD 是否把箭头放在尺寸界线之间都在其间绘制尺寸线。

5.【主单位】选项卡

用于设置主标注单位(线性尺寸和角度尺寸)的格式和精度、标注文字的前缀和后缀等,如图 2-93 所示。

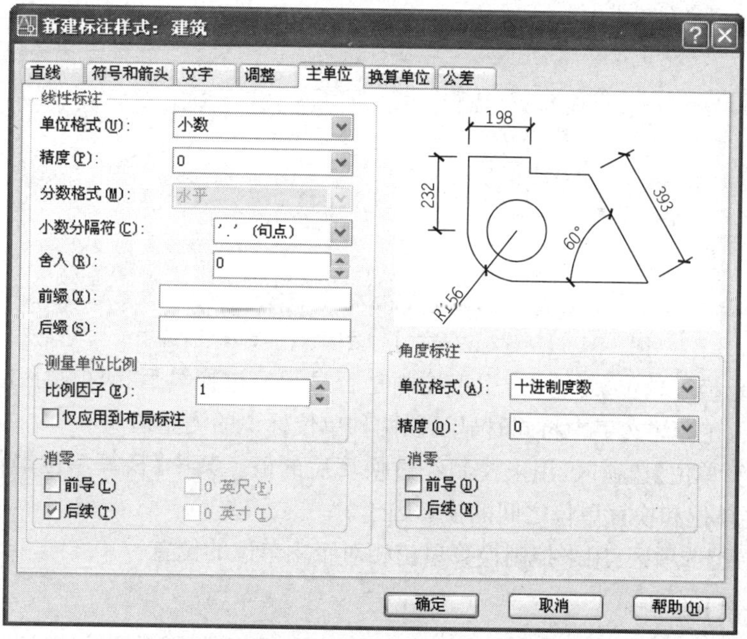

图 2-93 【新建标注样式】对话框的【主单位】选项卡

☆【线性标注】选项区:用于设置线性标注的格式和精度。

☆【测量单位比例】选项区:可设置比例因子以及控制该比例因子是否仅应用到布局标注。其中【比例因子】编辑框可设置除了角度之外的所有标注测量值的比例因子。AutoCAD 按照该比例因子乘以测量值标注尺寸文字。

☆【消零】选项区：用于控制前导和后续零以及英尺和英寸里的 0 是否输出。如果选择【前导】项，则系统不输出小数尺寸的前导零，例如 0.05 变为.05；如果选择【后续】项，则不输出小数尺寸的后续零，例如 20.60 变为 20.6。

☆【角度标注】区：用于设置角度标注的格式和精度。

6.【换算单位】选项卡

用于对换算单位进行设置，如图 2-94 所示。

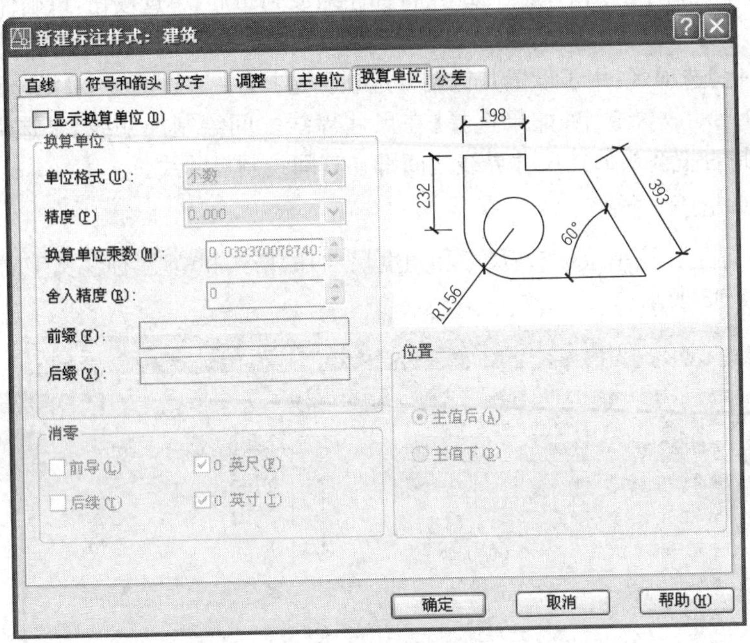

图 2-94 【新建标注样式】对话框的【换算单位】选项卡

☆【显示换算单位】复选框：用于控制是否显示经过换算后标注文字的值。若选中该复选框，在标注文字中将同时显示以两种单位标识的测量值。

☆【换算单位】选项区：用来控制经过换算后的值。其中【换算单位乘数】编辑框用于指定主单位和换算单位之间的换算因子。

☆【位置】选项区：用来控制换算单位相对于主单位的位置。

7.【公差】选项卡

用于控制标注文字中公差的格式。主要用于机械制图的公差标注，此处不再展开。

完成以上各选项卡的设置后，单击【确定】按钮，确认对标注样式的创建操作，系统返回到【标注样式管理器】对话框，如图 2-95 所示。此时在【样式】列表框中增加了新的样式“建筑”，同时在【预览】区和【说明】区显示新样式的标注形状和说明。单击【置为当前】按钮，然后单击【关闭】按钮，返回到作图状态。此时当前的标注样式为列表框中被选中的样式。

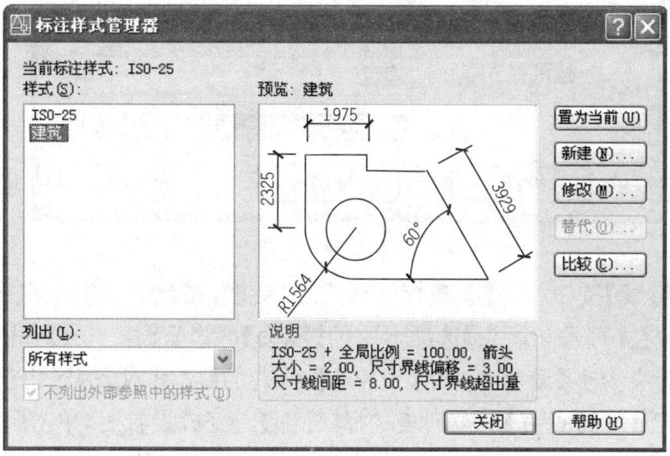

图 2-95 设置完成后的【标注样式管理器】对话框

如果当前的标注样式不理想，可以单击【修改】按钮打开【修改标注样式】对话框修改以前的设置。

实际绘图时，一般把一些常用的设置如：图层、尺寸标注样式、文字样式等内容保存为样板文件(.dwt)。在创建新图时，选择该样板文件，再进行一些具体的设置(如图形界限、绘图单位和精度、栅格捕捉等)，在此绘图环境下开始绘图。

8. 附加尺寸标注样式的设置

上述设定了尺寸标注样式，这种样式可用于所有类型的尺寸标注。但在实际绘图时，不同的尺寸类型采用的标注方式会有所不同。例如在标注角度、直径和半径时，尺寸起止符号应为箭头，标注角度的数字应水平书写等。这时，我们可以采用设置附加尺寸标注样式的方法解决这一问题。

附加尺寸标注样式中设置的标注样式将替代基础样式中相应的标注样式，而附加尺寸标注样式中不具备的标注样式还将沿袭基础样式。因此，我们可以把尺寸标注中所有的共同特性通过基础样式来设置，而其他不同的标注类型(如角度、直径、半径标注等)分别设置其专用的附加尺寸标注样式。

设置附加尺寸标注样式的步骤为：

(1) 在【标注样式管理器】对话框中选择附加标注样式所依赖的样式名。如选择“建筑”。

(2) 单击【新建】按钮，打开【创建新标注样式】对话框，如图 2-96 所示。在【用于】下拉列表中选择除了【所有样式】外的其他欲建立附加尺寸标注的样式。此处选择【角度标注】，即建立附加在“建筑”标注样式下，专用于标注角度型尺寸的标注样式。

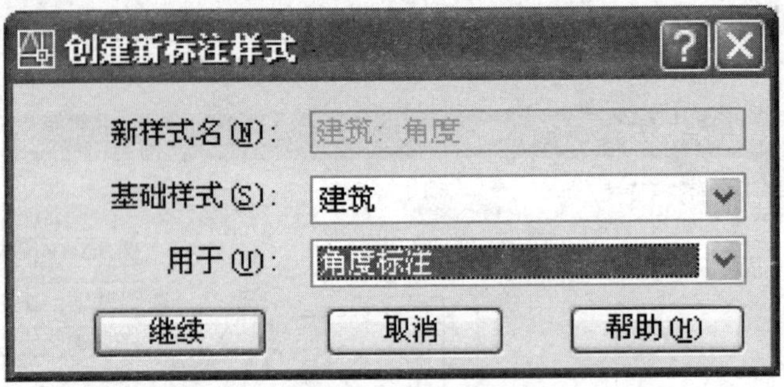

图 2-96　设置附加尺寸标注方式

(3) 单击【继续】按钮打开【新建标注样式】对话框，在此对话框中完成角度标注所需的设置。例如在【符号和箭头】选项卡中的【箭头】区设置【第一项】和【第二个】均为【实心闭合】,【箭头大小】设为 4。在【文字】选项卡的【文字对齐】区中选择【水平】方式，在【文字位置】区的【垂直】下拉列表选择【外部】。完成设置后，单击【确定】按钮，则建立了附加在“建筑”标注样式下专用于标注角度型尺寸的标注样式。设定完成后的【标注样式管理器】对话框如图 2-97 所示。

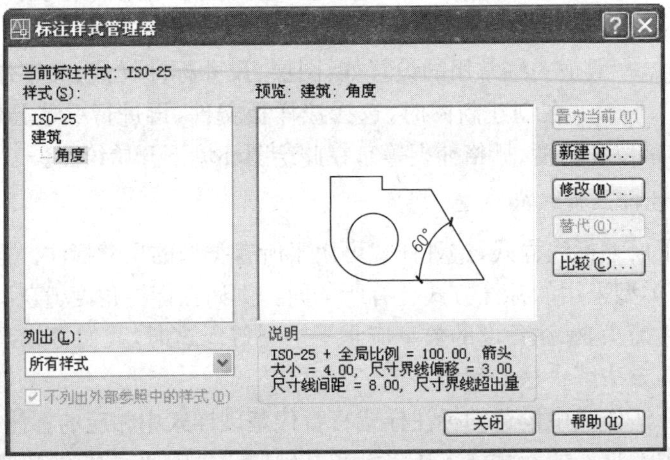

图 2-97　设置完成附加在“建筑”标注样式下用于角度型尺寸的标注样式

2.9.3　各种尺寸标注方法

AutoCAD 提供了众多的尺寸标注命令，使用户可以对长度、半径、直径、角度、指引线、坐标等进行标注。其中长度型尺寸标注又包括了众多的类型，如水平标注、垂直标注、基线标注、连续标注等。

1. 线性标注(DIMLINEAR)

DIMLINEAR 命令可以使用户标注水平、垂直及旋转尺寸。该命令可以通过以下方式来调用：

☆ 下拉菜单：【标注】|【线性】。

☆ 图标按钮：单击图 2-98 所示的【标注】工具栏中的按钮。

☆ 命令行：DIMLINEAR↙ 或DIMLIN↙ 或DLI↙。

图 2-98 【标注】工具栏

DIMLINEAR 命令格式：

命令：DIMLINEAR↙
指定第一条尺寸界线原点或 <选择对象>：（指定第一条尺寸界线起点）
指定第二条尺寸界线原点：（指定第二条尺寸界线起点）
指定尺寸线位置或[多行文字(M)/文字(T)/角度(A)/水平(H)/垂直(V)/旋转(R)]：
（指定尺寸线位置或输入选项）

各选项的含义为：

☆【多行文字(M)】和【文字(T)】选项可以修改系统自动测量的标注文字。

☆【角度(A)】选项可以修改标注文字的旋转角度。

☆【水平(H)】选项用于绘制水平方向的尺寸标注。

☆【垂直(V)】选项用于绘制垂直方向的尺寸标注。

☆【旋转(R)】选项用于绘制指定尺寸线旋转角度的尺寸标注。

执行了这些操作后，一条带标注文字的尺寸线即被放置在图形的指定位置。

【例 2-23】 利用线性标注命令对如图 2-99a)所示图形进行标注，结果如图2-99b)所示。

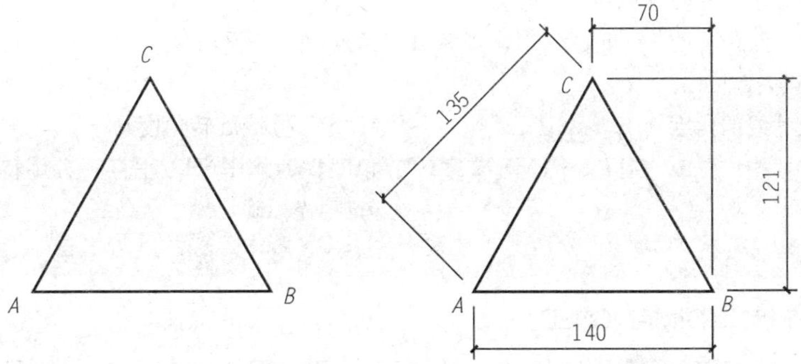

a) b)

图 2-99 线性标注示例

操作如下：

将前面设置好的“建筑”标注样式置为当前。

命令：**DIMLINEAR**↙　　　　　　（调用 DIMLINEAR 命令）
指定第一条尺寸界线原点或 ＜选择对象＞：＜对象捕捉 开＞（捕捉点 *A*）
指定第二条尺寸界线原点：　　　　　　（捕捉点 *B*）
指定尺寸线位置或[多行文字(M)/文字(T)/角度(A)/水平(H)/垂直(V)/旋转(R)]：
（向下拉动光标确定水平标注的尺寸线位置）
标注文字 =140　　　　　　（系统自动标注测量值）
命令：↙　　　　　　（重复 DIMLINEAR 命令）
DIMLINEAR
指定第一条尺寸界线原点或 ＜选择对象＞：（捕捉 *B* 点）
指定第二条尺寸界线原点：　　　　　　（捕捉 *C* 点）
指定尺寸线位置或[多行文字(M)/文字(T)/角度(A)/水平(H)/垂直(V)/旋转(R)]：**H**↙
（选择水平标注）
指定尺寸线位置或[多行文字(M)/文字(T)/角度(A)]：（拉动光标确定尺寸线的位置）
标注文字 =70
命令：↙　　　　　　（重复 DIMLINEAR 命令）
DIMLINEAR
指定第一条尺寸界线原点或 ＜选择对象＞：（捕捉 *B* 点）
指定第二条尺寸界线原点：　　　　　　（捕捉 *C* 点）
指定尺寸线位置或[多行文字(M)/文字(T)/角度(A)/水平(H)/垂直(V)/旋转(R)]：
（向右拉动光标强制进行垂直标注，并确定尺寸线的位置）
标注文字 =121
命令：↙　　　　　　（重复 DIMLINEAR 命令）
DIMLINEAR
指定第一条尺寸界线原点或 ＜选择对象＞：（捕捉 *A* 点）
指定第二条尺寸界线原点：　　　　　　（捕捉 *C* 点）
指定尺寸线位置或[多行文字(M)/文字(T)/角度(A)/水平(H)/垂直(V)/旋转(R)]：
R↙（选择旋转标注）
指定尺寸线的角度 ＜0＞：**45**↙　　　　　　（设定尺寸线旋转角度）
指定尺寸线位置或[多行文字(M)/文字(T)/角度(A)/水平(H)/垂直(V)/旋转(R)]：
（拉动光标确定尺寸线位置）
标注文字 =135

2. 对齐标注(DIMALIGNED)

DIMALIGNED 命令用于标注一条与两个尺寸界线的起点对齐的尺寸线。该命令可以通过以下方式来调用：

☆ 下拉菜单：【标注】|【对齐】。

☆ 图标按钮：单击【标注】工具栏(图 2-98)中的按钮。

☆ 命令行：DIMALIGNED↙或 DIMALI↙或 DAL↙。

【例 2-24】 利用 DIMALIGNED 命令完成如图 2-100 所示的尺寸标注。

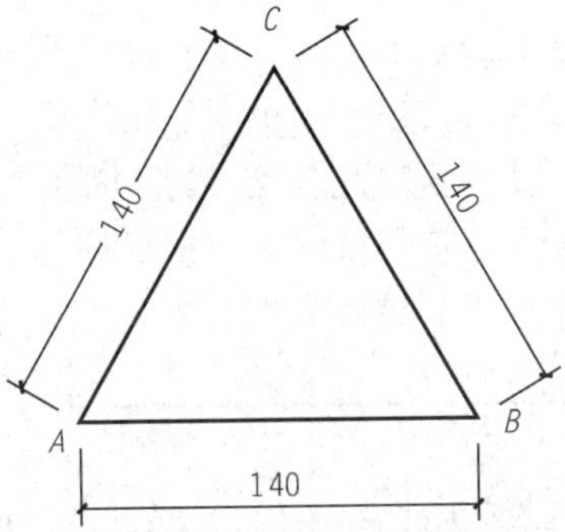

图 2-100　对齐标注示例

操作如下：

命令：**DIMALIGNED↙**　　　　（调用对齐标注命令）
指定第一条尺寸界线原点或 <选择对象>：（捕捉点 *A*）
指定第二条尺寸界线原点：　　　　（捕捉点 *B*）
指定尺寸线位置或[多行文字(M)/文字(T)/角度(A)]：(指定尺寸线位置)
标注文字 =140　　（系统自动在与两个尺寸界线起点对齐的尺寸线上标出测量值）
命令：↙　　　　（重复 DIMALIGNED 命令）
DIMALIGNED
指定第一条尺寸界线原点或 <选择对象>：↙　　（以选择对象方式对齐标注）
选择标注对象：　　　　（选取线段 *BC* 为标注对象）
指定尺寸线位置或[多行文字(M)/文字(T)/角度(A)]：(指定尺寸线位置)
标注文字 =140　　（系统自动在与 BC 线平行的尺寸线上标出测量值）
命令：↙　　　　（重复 DIMALIGNED 命令）
DIMALIGNED
指定第一条尺寸界线原点或 <选择对象>：↙
选择标注对象：　　　　（选取线段 *AC* 为标注对象）
指定尺寸线位置或[多行文字(M)/文字(T)/角度(A)]：**A↙**　（选择指定文字角度）
指定标注文字的角度：60↙　　（指定尺寸数字旋转角度）
指定尺寸线位置或[多行文字(M)/文字(T)/角度(A)]：(指定尺寸线位置)
标注文字 =140

注意：对齐标注与线性旋转标注不同，对齐标注将尺寸线与对象直线平行，或通过尺寸界限的两个起点来确定角度值，而旋转标注是根据指定的角度绘制尺寸标注。

3. 基线标注(DIMBASELINE)

DIMBASELINE 命令用于有一个共同标注基准点的线性尺寸或角度尺寸的标

注，该命令可以通过以下方式来调用：

☆ 下拉菜单：【标注】|【基线】。

☆ 图标按钮：单击【标注】工具栏（图 2-98）中的 按钮。

☆ 命令行：DIMBASELINE↙或DIMBASE↙或DBA↙。

在进行基线标注之前，必须先进行过一次最基本的标注（线性标注、角度标注或坐标标注），因为下一次连续标注的起点将以上一次标注的第一点为基准。

【例 2-25】 利用基线标注命令完成如图 2-101 所示的尺寸标注。

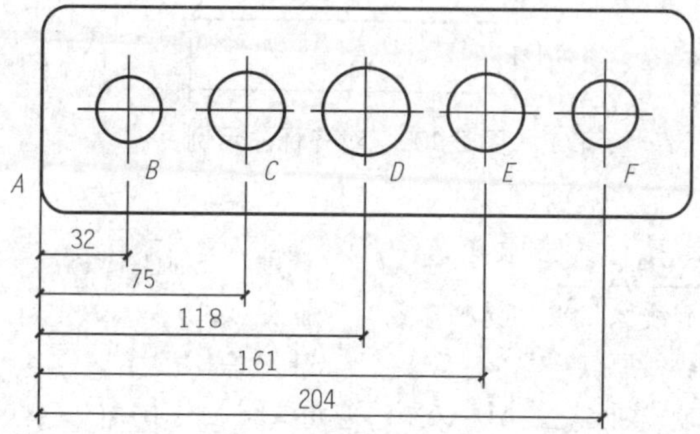

图 2-101 基线标注示例

操作如下：

命令：**DIMALIGNED↙** （先进行对齐标注）
指定第一条尺寸界线原点或 <选择对象>： （捕捉点 *A*）
指定第二条尺寸界线原点： （捕捉点 *B*）
指定尺寸线位置或[多行文字(M)/文字(T)/角度(A)]： （指定尺寸线位置）
标注文字 =32
命令：**DIMBASELINE↙** （调用基线标注命令）
指定第二条尺寸界线原点或[放弃(U)/选择(S)]<选择>： （捕捉点 *C*）
标注文字 =75
指定第二条尺寸界线原点或[放弃(U)/选择(S)]<选择>： （捕捉点 *D*）
标注文字 =118
指定第二条尺寸界线原点或[放弃(U)/选择(S)]<选择>： （捕捉点 *E*）
标注文字 =161
指定第二条尺寸界线原点或[放弃(U)/选择(S)]<选择>： （捕捉点 *F*）
标注文字 =204
指定第二条尺寸界线原点或[放弃(U)/选择(S)]<选择>：↙ （结束第一组基线标注）
选择基准标注：↙ （结束基线标注，结果如图 2-101 所示）

基线标注中，两条平行的尺寸线间的距离是在设置尺寸标注样式时由【直线】选项卡的【基线间距】设定的，进行基线标注时，自动以此距离值放置尺寸线。

当命令行提示“指定第二条尺寸界线原点或[放弃(U)/选择(S)]<选择>:”时，直接回车或键入“S↙”，可以选择新的基准进行标注。

4. 连续标注(DIMCONTINUE)

DIMCONTINUE 命令用于在同一方向上连续地标注线性尺寸或角度尺寸。该命令可以通过以下方式来调用：

☆ 下拉菜单:【标注】|【连续】。

☆ 图标按钮:单击【标注】工具栏(图 2-98)中的按钮。

☆ 命令行:DIMCONTINUE↙或DIMCONT↙或DCO↙。

在进行连续标注之前，必须先进行一次最基本的标注，连续标注的起点将是以上一次标注的第二点为准。用户也可按回车键，然后选择一个尺寸并从该尺寸开始连续标注。

【例 2-26】 利用连续标注命令完成如图 2-102 所示的尺寸标注。

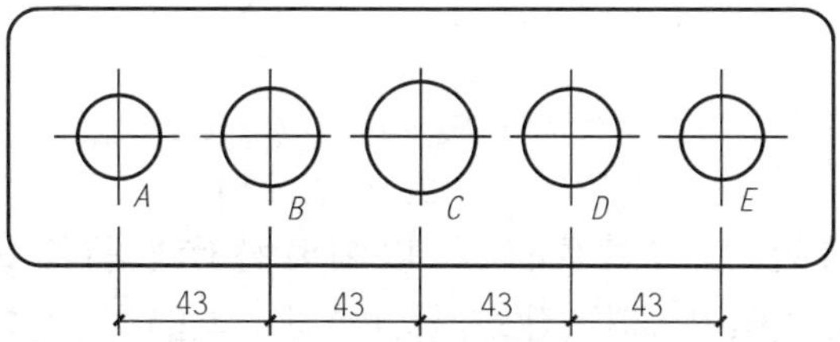

图 2-102 连续标注示例

操作如下：

命令: **DIMLINEAR↙** (先进行线性标注)
指定第一条尺寸界线原点或 <选择对象>: (捕捉点 *A*)
指定第二条尺寸界线原点: (捕捉点 *B*)
指定尺寸线位置或[多行文字(M)/文字(T)/角度(A)/水平(H)/垂直(V)/旋转(R)]:
(指定尺寸线位置)
标注文字 =43
命令: **DIMCONTINUE↙** (调用连续标注命令)
指定第二条尺寸界线原点或[放弃(U)/选择(S)]<选择>: (捕捉点 *C*)
标注文字 =43
指定第二条尺寸界线原点或[放弃(U)/选择(S)]<选择>: (捕捉点 *D*)
标注文字 =43
指定第二条尺寸界线原点或[放弃(U)/选择(S)]<选择>: (捕捉点 *E*)
标注文字 =43
指定第二条尺寸界线原点或[放弃(U)/选择(S)]<选择>: ↙

（结束第一组连续标注或选择下一组连续标注的新基准）
选择连续标注：↙　　　　　　　　　　　　（结束连续标注，结果如图 2-102 所示）

5. 弧长标注(DIMARC)

DIMARC 命令主要用于标注圆弧或多段线圆弧的弧线长度。这是 AutoCAD 2006 新增功能之一。该命令可以通过以下方式来调用：

☆ 下拉菜单：【标注】|【弧长】。

☆ 图标按钮：单击【标注】工具栏（图 2-98）中的 按钮。

☆ 命令行：DIMARC↙。

【例 2-27】 标注如图 2-103 所示圆弧的弧长。

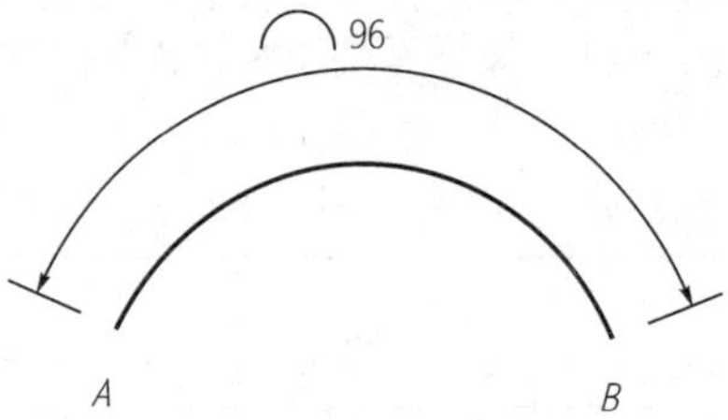

图 2-103 弧长标注示例

首先应为弧长标注设置替代样式，以临时替代当前样式“建筑”。为此，在【标注样式管理器】对话框中，选择“建筑”标注样式，单击【替代】按钮，打开【替代当前样式】对话框，将【符号和箭头】选项卡中的【第一项】和【第二个】均设为【实心闭合】，将【箭头大小】设为 4。使用样式替代标注弧长，无需更改当前标注样式便可临时更改标注系统变量。

注意：只能为当前样式创建标注样式替代，当其他标注样式被设置为当前样式后，用于替代的标注样式被自动删除。也可以在“<样式替代>”上右击，选择【重命名】，将其保存为新的标注样式。

进行弧长标注，操作如下：

命令：**DIMARC↙**　　　　　　　　　　（调用弧长标注命令）
选择弧线段或多段线弧线段：　　　　　　（选择 AB 圆弧）
指定弧长标注位置或[多行文字(M)/文字(T)/角度(A)/部分(P)/引线(L)]：
　　　　　　　　　　　　　　　　　　　（指定尺寸线位置）
标注文字 =96　　　　　　　　　　　　　（系统自动测量标注弧长值）

弧长标注中，弧长符号的位置是在设置尺寸标注样式时由【符号和箭头】选项卡中的【弧长符号】选项组设定的。

6. 半径标注(DIMRADIUS)

DIMRADIUS 命令用于标注圆或圆弧的半径。该命令可以通过以下方式来调用：

☆ 下拉菜单：【标注】|【半径】。

☆ 图标按钮：单击【标注】工具栏(图 2-98)中的按钮。

☆ 命令行：DIMRADIUS↙或DIMRAD↙或DRA↙。

另外，当圆弧或圆的中心位于布局外并且无法在其实际位置显示时，可以使用 DIMJOGGED 命令创建折弯半径标注，以更方便的位置指定标注的原点(这称为中心位置替代)。其中折弯角度是在设置尺寸标注样式时由【符号和箭头】选项卡中的【半径标注折弯】设定的。

7. 直径标注(DIMDIAMETER)

DIMDIAMETER 命令用于标注圆或圆弧的直径。该命令可以通过以下方式来调用：

☆ 下拉菜单：【标注】|【直径】。

☆ 图标按钮：单击【标注】工具栏(图 2-98)中的按钮。

☆ 命令行：DIMDIAMETER↙或 DIMDIA↙或 DDI↙。

【例 2-28】 标注【例 2-19】中图形的尺寸，结果如图 2-71 所示。

由于建筑制图在标注直径和半径时，采用箭头作为尺寸起止符号，所以需要建立附加尺寸标注样式。操作如下：

在【标注样式管理器】对话框中，选择【新建】按钮，在弹出的【创建新标注样式】对话框中，选择【基础样式】为前面创建的名为“建筑”的标注样式，在【用于】框中选择【直径标注】，单击【继续】按钮，打开【新建标注样式：建筑：直径】对话框，在【符号和箭头】选项卡的【箭头】区设置【第一项】和【第二个】均为【实心闭合】，并将【箭头大小】设为 4。单击【确定】按钮，则建立了附加在“建筑”标注样式下专用于标注直径型尺寸的标注样式。同理，可以建立用于标注半径型尺寸的附加标注样式。

下面对图 2-71 所示图形进行尺寸标注。

```
命令：DIMLINEAR↙                                  (进行线性标注)
指定第一条尺寸界线原点或 <选择对象>：<对象捕捉 开>(捕捉左侧圆圆心)
指定第二条尺寸界线原点：                           (捕捉下面圆圆心)
指定尺寸线位置或[多行文字(M)/文字(T)/角度(A)/水平(H)/垂直(V)/旋转(R)]：
                                                  (指定垂直尺寸线位置)
标注文字 =1779
命令：↙                                           (重复线性标注命令)
DIMLINEAR
指定第一条尺寸界线原点或 <选择对象>：(捕捉右侧圆圆心)
```

指定第二条尺寸界线原点：　　　　　　　　　（捕捉下面圆圆心）
指定尺寸线位置或[多行文字(M)/文字(T)/角度(A)/水平(H)/垂直(V)/旋转(R)]：
　　　　　　　　　　　　　　　　　　　　　（指定垂直尺寸线位置）
标注文字 =2630
命令：↙　　　　　　　　　　　　　　　　　（重复线性标注命令）
DIMLINEAR
指定第一条尺寸界线原点或＜选择对象＞：(捕捉左侧圆圆心)
指定第二条尺寸界线原点：　　　　　　　　　（捕捉下面圆圆心）
指定尺寸线位置或[多行文字(M)/文字(T)/角度(A)/水平(H)/垂直(V)/旋转(R)]：
　　　　　　　　　　　　　　　　　　　　　（指定水平尺寸线位置）
标注文字 =3258
命令：**DIMCONTINUE**↙　　　　　　　　　　（进行连续标注）
指定第二条尺寸界线原点或[放弃(U)/选择(S)]＜选择＞：(捕捉右侧圆圆心)
标注文字 =1649
指定第二条尺寸界线原点或[放弃(U)/选择(S)]＜选择＞：↙
选择连续标注：↙　　　　　　　　　　　　　（结束连续标注命令）
命令：**DIMRADIUS**↙　　　　　　　　　　　（进行半径标注）
选择圆弧或圆：　　　　　　　　　　　　　　（拾取外切圆弧）
标注文字 =2845
指定尺寸线位置或[多行文字(M)/文字(T)/角度(A)]：＜对象捕捉 关＞
　　　　　　　　　　　　　　　　　　　　　（指定尺寸线位置）
命令：↙　　　　　　　　　　　　　　　　　（重复半径标注）
DIMRADIUS
选择圆弧或圆：　　　　　　　　　　　　　　（拾取左侧圆弧）
标注文字 =889
指定尺寸线位置或[多行文字(M)/文字(T)/角度(A)]：(指定尺寸线位置)
命令：↙　　　　　　　　　　　　　　　　　（重复半径标注）
DIMRADIUS
选择圆弧或圆：　　　　　　　　　　　　　　（拾取下面圆弧）
标注文字 =1067
指定尺寸线位置或[多行文字(M)/文字(T)/角度(A)]：(指定尺寸线位置)
命令：↙　　　　　　　　　　　　　　　　　（重复半径标注）
DIMRADIUS
选择圆弧或圆：　　　　　　　　　　　　　　（拾取右侧圆弧）
标注文字 =711
指定尺寸线位置或[多行文字(M)/文字(T)/角度(A)]：(指定尺寸线位置)
命令：DIMDIAMETER↙　　　　　　　　　　　（进行直径标注）

选择圆弧或圆：　　　　　　　　（拾取左侧小圆）
标注文字 =889
指定尺寸线位置或[多行文字(M)/文字(T)/角度(A)]:(指定尺寸线位置)
命令：↙　　　　　　　　　　　（重复直径标注）
DIMDIAMETER
选择圆弧或圆：　　　　　　　　（拾取下面小圆）
标注文字=889
指定尺寸线位置或[多行文字(M)/文字(T)/角度(A)]:(指定尺寸线位置)
命令：↙　　　　　　　　　　　（重复直径标注）
DIMDIAMETER
选择圆弧或圆：　　　　　　　　（拾取右侧小圆）
标注文字 =889
指定尺寸线位置或[多行文字(M)/文字(T)/角度(A)]:(指定尺寸线位置,结束标注)

8. 圆心标注(DIMCENTER)

DIMCENTER 命令用于标注圆或圆弧的圆心标记或中心线。该命令可以通过以下方式来调用：

☆ 下拉菜单:【标注】|【圆心标记】。

☆ 图标按钮:单击【标注】工具栏(图 2-98)中的⊕按钮。

☆ 命令行:DIMCENTER↙。

DIMCENTER 命令格式：

命令:DIMCENTER↙
选择圆弧或圆:

选择圆弧或圆后,AutoCAD 根据用户的设置绘制圆心标记。圆心标记的类型和大小是在设置尺寸标注样式时由【符号和箭头】选项卡的【圆心标记】选项组设定的。

9. 角度标注(DIMANGULAR)

DIMANGULAR 命令用于标注圆、圆弧、两条直线或三个点之间的角度尺寸。该命令能够精确地生成并测量对象之间的夹角。如果用户拾取圆弧,则 DIMANGULAR 命令会直接对它进行标注;如果拾取圆,则该圆的圆心被置为顶点,拾取点被置为第一个端点,DIMANGULAR 命令会提示用户给出第二个端点;如果拾取一条线段,DIMANGULAR 命令会提示用户给出第二条线,并把它们的交点作为顶点;系统默认方式为使用三点指定角,先指定顶点,再指定另外两点作为尺寸界线。DIMANGULAR 命令可以通过以下方式来调用：

☆ 下拉菜单:【标注】|【角度】。

☆ 图标按钮：单击【标注】工具栏(图 2-98)中的△按钮。

☆ 命令行：DIMANGULAR↙或 DIMANG↙或 DAN↙。

注意：对于直径、半径和角度标注，如果手动输入尺寸文字(即不按测量值自动输入)，输入直径符号时，应输入“%%c”代替符号“Φ”，输入角度符号时，应输入“%%d”代替符号“°”，半径符号则直接输入“R”。

【例 2-29】 注出如图 2-104 所示圆的直径 φ50 及两直线夹角 30°。

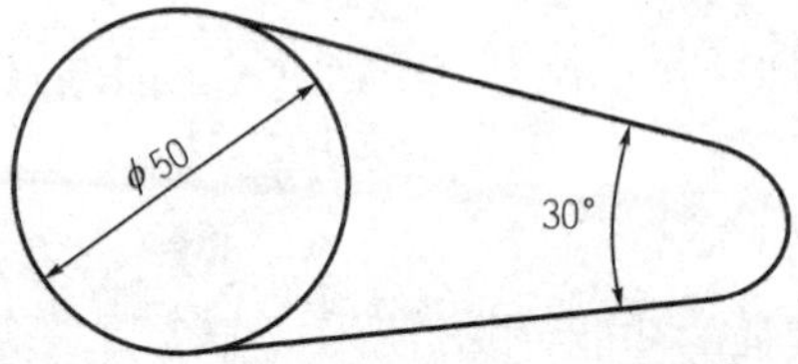

图 2-104　手动输入直径及角度尺寸文字

操作如下：

命令：DIMDIAMETER↙	(标注直径)
选择圆弧或圆：	(拾取圆)
标注文字 =88	(AutoCAD 自动测量所得到的数值)
指定尺寸线位置或[多行文字(M)/文字(T)/角度(A)]：T↙	(选择手动输入数值)
输入标注文字 <88>：%%C50↙	(输入 Φ50)
指定尺寸线位置或[多行文字(M)/文字(T)/角度(A)]：	(指定尺寸线位置)
命令：DIMANGULAR↙	(标注角度)
选择圆弧、圆、直线或 <指定顶点>：	(选择上边公切线)
选择第二条直线：	(选择下边公切线)
指定标注弧线位置或[多行文字(M)/文字(T)/角度(A)]：T↙	(选择手动输入数值)
输入标注文字 <21>：30%%D↙	(输入 30°，缺省值为 AutoCAD 测量值)
指定标注弧线位置或[多行文字(M)/文字(T)/角度(A)]：	(指定尺寸线位置)
标注文字 =21	

10. 坐标标注(DIMORDINATE)

DIMORDINATE 命令用于标注相对于坐标原点的坐标。可以使用当前 UCS 的原点计算每个坐标，也可以在创建坐标标注之前，设置一个不同的原点。通常使 UCS 原点与基准相符。

DIMORDINATE 命令可以通过以下方式来调用：

☆ 下拉菜单：【标注】|【坐标】。

☆ 图标按钮：单击【标注】工具栏(图 2-98)中的按钮。

☆ 命令行：DIMORDINATE↙。

DIMORDINATE 命令格式：

命令：DIMORDINATE↙
指定点坐标：　　　　　　　　（指定需要标注的点）
指定引线端点或[X 基准(X)/Y 基准(Y)/多行文字(M)/文字(T)/角度(A)]：

其中 X 基准坐标标注是沿 X 轴测量一个点与基准点的距离，Y 基准坐标标注是沿 Y 轴测量距离，且坐标标注的文字与坐标引线对齐。

11. 引线标注(LEADER)

绘制工程制图时，经常要用引线来指示一个特征，给出关于它的信息。如对施工、材料、结构等作出说明。与尺寸标注命令不同，引线并不测量距离。

LEADER 命令具有较强的功能，用户使用该命令时拥有多项选项以便在引线末端给出信息。缺省注释为单行文本。但用户可以通过选项进入多行文本编辑，并可以指定引线的类型。

【例 2-30】 用引线注释如图 2-105 所示图形。

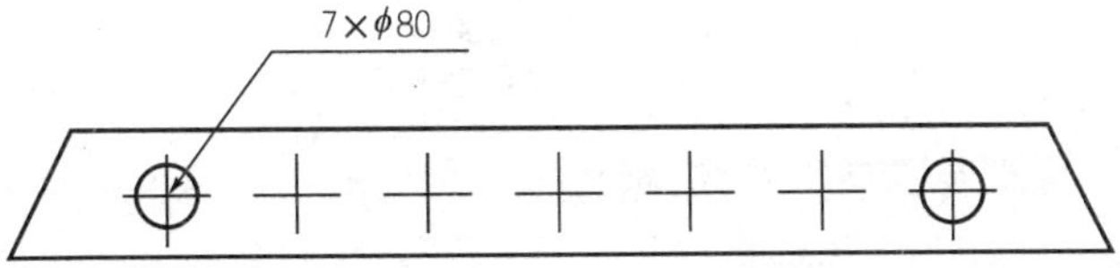

图 2-105　引线注释示例

操作如下：

命令：LEADER↙
指定引线起点：＜对象捕捉 开＞　　　　（捕捉第一个圆的圆心）
指定下一点：　　　　　　　　　　（给出引线末端）
指定下一点或[注释(A)/格式(F)/放弃(U)]＜注释＞：F↙（选择 F 选项）
输入引线格式选项[样条曲线(S)/直线(ST)/箭头(A)/无(N)]＜退出＞：ST↙
　　　　　　　　　　　　　　　　（选择 ST 选项）
指定下一点或[注释(A)/格式(F)/放弃(U)]＜注释＞：↙（结束引线设置）
输入注释文字的第一行或 ＜选项＞：7X%%C80↙（输入注释文字）
输入注释文字的下一行：↙　　　　　（结束注释，结果如图 2-105 所示）

在 AutoCAD 2006 中还提供了一条快速引线命令 QLEADER，它使用起来较 LEADER 命令更快捷简便。QLEADER 命令可以通过以下方式来调用：

☆ 下拉菜单：【标注】|【引线】。

☆ 图标按钮：单击【标注】工具栏(图 2-98)中的按钮。

☆ 命令行：QLEADER↙。

QLEADER 命令格式：

命令：QLEADER↙

指定第一个引线点或[设置(S)]<设置>：

在此提示下，若输入"S↙"或直接回车，则打开【引线设置】对话框，如图 2-106 所示。在该对话框中，可以直观地对引线的注释文本、引线和箭头的格式、引线与注释的位置关系等进行设置。

注意：引线箭头的大小应在设置尺寸标注样式时的【符号和箭头】选项卡中的【箭头】区设置。

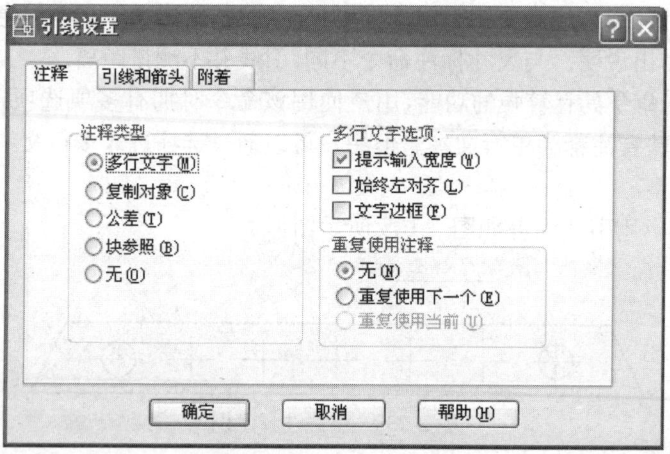

图 2-106 【引线设置】对话框

12. 对象的快速标注(QDIM)

快速标注使用 QDIM 命令快速地创建一系列标注。该命令可以一次性标注多个对象，它特别适合于创建系列基线或连续标注，或者为一系列圆或圆弧创建标注。

快速标注命令可以通过以下方式来调用：

☆ 下拉菜单：【标注】|【快速标注】。

☆ 图标按钮：单击【标注】工具栏(图 2-98)中的按钮。

☆ 命令行：QDIM↙。

QDIM 命令格式：

命令：QDIM↙

关联标注优先级 =端点

选择要标注的几何图形：找到 1 个　　　　(选择要标注的对象)

选择要标注的几何图形：↙　　　　(结束选择)

指定尺寸线位置或[连续(C)/并列(S)/基线(B)/坐标(O)/半径(R)/直径(D)/基准点(P)/编辑(E)/设置(T)]<半径>：

此时，直接回车，AutoCAD 将按当前选项对对象进行快速标注；否则用户可以输入一个选项，完成标注。其中前六项表示要分别创建一系列的连续、并列、基线、坐标、半径、直径标注；“基准点(P)”项用于为基线和坐标标注设置新的基准点；“编辑(E)”项使用户从现有标注中添加或删除标注点；“设置(T)”项为指定尺寸界线原点设置默认对象捕捉。输入“T↙”，将显示提示“关联标注优先级[端点(E)/交点(I)]<端点>:”选择后，程序将返回到上一个提示。

另外，在选择了要标注的对象后，用户还可以右击打开一个快捷菜单，从中选择 QDIM 命令的选项。

13. 标注对象的关联性

AutoCAD 中的尺寸标注，根据系统变量 DIMASO 的设置可以控制尺寸标注与标注对象之间具有关联性或不具有关联性。

当标注的尺寸与被标注的对象具有关联性时，必须把系统变量 DIMASO 的值设置为“开”，若对象被修改，系统将自动调整其位置、方向和测量值。当标注的尺寸与其标注的对象不具有关联性时，则必须把系统变量 DIMASO 的值设置为“关”，这样无论对象如何被修改，标注也不发生改变。

(1) 将非关联性标注改为关联性标注

选择非关联性标注，然后执行 DIMREASSOCIATE 命令，使尺寸标注与标注对象上的某个位置关联。

(2) 将关联性标注改为非关联性标注

选择关联性标注，然后执行 DIMDISASSOCIATE 命令，将尺寸标注与标注对象的关联性标注转换为非关联性标注。

也可以利用系统变量 DIMASSOC 来设置尺寸标注的关联模式，当系统变量 DIMASSOC 的值为 0 时，进行尺寸标注后，所组成尺寸标注的各元素分解成单个对象，它们不再是一个整体；当系统变量 DIMASSOC 的值为 1 时，尺寸标注与标注对象不具有关联性；当系统变量 DIMASSOC 的值为 2 时，标注尺寸与标注对象具有关联性。

2.9.4 尺寸标注的编辑

对于图中已标注的尺寸，可以进行编辑修改。除了前面介绍的 PROPERTIES (对象特性)命令外，AutoCAD 提供了 DIMEDIT(尺寸编辑)命令以及 DIMTEDIT(尺寸文本编辑)命令进行编辑，编辑的内容包括组成尺寸标注的各要素(尺寸线、尺寸界线、尺寸起止符号、标注文字)的颜色、线型、位置、方向、高度以及标注文字的样式等。

1. 利用 DIMSTYLE(或 DDIM)命令修改或替换尺寸标注样式

要对当前标注样式进行修改，或创建标注样式替代，可以利用 DIMSTYLE(或

DDIM)命令打开【标注样式管理器】对话框，然后单击[修改(M)...]或[替代(O)...]按钮，打开【修改标注样式】或【替代当前样式】对话框。在该对话框中可以对尺寸标注样式进行设置。

2. 利用 DIMEDIT 命令编辑尺寸文字和尺寸界线

DIMEDIT 命令用于将尺寸文字替换成新的文字、调整尺寸文字到缺省位置、旋转尺寸文字以及修改尺寸界线相对于尺寸线的倾斜角度。该命令影响标注文字和尺寸界线。

DIMEDIT 命令可以通过以下方式来调用：

☆ 图标按钮：单击【标注】工具栏(图 2-98)中的按钮。

☆ 命令行：DIMEDIT↙。

DIMEDIT 命令格式：

命令：DIMEDIT↙
输入标注编辑类型[默认(H)/新建(N)/旋转(R)/倾斜(O)]＜默认＞：

各选项的含义如下：

☆ 默认(H)：移动标注文字到默认位置，对应下拉菜单【标注】|【对齐文字】|【默认】。

☆ 新建(N)：使用多行文字编辑器修改标注文字。相当于使用 DDEDIT 命令编辑尺寸标注文本。

☆ 旋转(R)：旋转标注文字，对应下拉菜单【标注】|【对齐文字】|【角度】。

☆ 倾斜(O)：调整线性标注尺寸界线的倾斜角度，对应下拉菜单【标注】|【倾斜】。

3. 利用 DIMTEDIT 命令调整标注文本的位置

DIMTEDIT 命令用于沿尺寸线修改尺寸文字的位置。该命令可以通过以下方式来调用：

☆ 下拉菜单：【标注】|【对齐文字】|各选项。

☆ 图标按钮：单击【标注】工具栏(图 2-98)中的按钮。

☆ 命令行：DIMTEDIT↙。

DIMTEDIT 命令格式：

命令：DIMTEDIT↙
选择标注：　　　　　　　　　　　(选择要修改的尺寸标注对象)
指定标注文字的新位置或[左(L)/右(R)/中心(C)/默认(H)/角度(A)]：

各选项的含义如下：

☆ 左(L)：将标注文字移动到靠近左边的尺寸界线处。该选项适用于线性、半径和直径标注。

☆ 右(R):将标注文字移动到靠近右边的尺寸界线处。

☆ 中心(C):将标注文字移动到尺寸界线中心处。

☆ 默认(H):将标注文字移至默认位置。

☆ 角度(A):将标注文字旋转至用户指定的角度。

另外,要更改尺寸标注文字的位置,也可以在选定要调整的尺寸标注对象后,右击,从弹出的快捷菜单中选择【标注文字位置】中合适的选项。

还可以通过移动夹点调整标注的位置。先选中要调整的标注,按住夹点直接拖动光标进行移动。

4. 利用 EXPLODE 命令分解尺寸对象

利用 EXPLODE 命令可将尺寸对象分解为文本、起止符号、尺寸线、尺寸界线等多个对象。尺寸标注被分解后,用户可以单独选择尺寸标注的文本、起止符号、尺寸线、尺寸界线等对象,并单独对其进行编辑。

【例 2-31】 标注【例 2-22】中组合体投影图尺寸,结果如图 2-77 所示。

首先设定尺寸标注样式。设定尺寸标注样式参见"建筑"标注样式设置过程。绘图比例为 1∶1,假设出图比例为 1∶2,因此在【调整】选项卡中的【标注特征比例】区勾选【使用全局比例】,并输入全局比例因子 2。

然后将尺寸标注层设为当前层,将设置好的尺寸标注样式置为当前,进行尺寸标注。

命令:DIMLINEAR↙

指定第一条尺寸界线原点或 <选择对象>:<对象捕捉 开>(捕捉半圆柱正面投影左端点)

指定第二条尺寸界线原点: (捕捉半圆柱正面投影右端点)

指定尺寸线位置或[多行文字(M)/文字(T)/角度(A)/水平(H)/垂直(V)/旋转(R)]:
(指定尺寸线位置)

标注文字 =100

命令:↙

DIMLINEAR

指定第一条尺寸界线原点或 <选择对象>:↙

选择标注对象: (选择四棱柱正面投影底边线)

指定尺寸线位置或[多行文字(M)/文字(T)/角度(A)/水平(H)/垂直(V)/旋转(R)]:
(指定尺寸线位置)

标注文字 =140

命令:↙

DIMLINEAR

指定第一条尺寸界线原点或 <选择对象>：↙

选择标注对象：　　　　　　　　　　　　（选择四棱柱水平投影右边线）

指定尺寸线位置或[多行文字(M)/文字(T)/角度(A)/水平(H)/垂直(V)/旋转(R)]：

（指定尺寸线位置）

标注文字 =30

命令：DIMCONTINUE ↙

指定第二条尺寸界线原点或[放弃(U)/选择(S)]<选择>：

（捕捉三棱柱水平投影右边线的前端点）

标注文字 =40

指定第二条尺寸界线原点或[放弃(U)/选择(S)]<选择>：↙

选择连续标注：↙

命令：QDIM↙

选择要标注的几何图形：找到 1 个　　　　（选择三棱柱正面投影右边线）

选择要标注的几何图形：找到 1 个，总计 2 个（选择半圆柱正面投影右边线）

选择要标注的几何图形：↙

指定尺寸线位置或[连续(C)/并列(S)/基线(B)/坐标(O)/半径(R)/直径(D)/基准点(P)/编辑(E)/设置(T)]<连续>：（指定尺寸线位置）

命令：↙

QDIM

选择要标注的几何图形：找到 1 个　　　　（选择四棱柱的侧面投影后边线）

选择要标注的几何图形：↙

指定尺寸线位置或[连续(C)/并列(S)/基线(B)/坐标(O)/半径(R)/直径(D)/基准点(P)/编辑(E)/设置(T)]<连续>：（指定尺寸线位置，此时结果如图 2-107 所示）

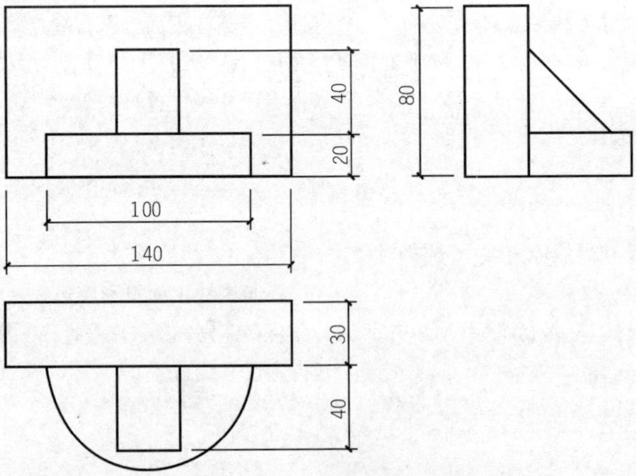

图 2-107　未进行尺寸标注编辑的图形

从图 2-107 看到，半圆柱的正面投影水平方向尺寸应由 100 改为 ϕ100。修改如下：

命令：DIMEDIT↙
输入标注编辑类型[默认(H)/新建(N)/旋转(R)/倾斜(O)]<默认>：N↙
(弹出多行文字编辑器，输入“%%C10”，即 ϕ100，然后单击【确定】按钮。)
选择对象：找到 1 个　　(选择尺寸数字为 100 的尺寸标注对象)
选择对象：↙　　(完成修改。组合体投影图的尺寸标注结果如图 2-77 所示)

2.10 块及其属性

块是一个或多个对象形成的对象集合，这个对象集合可看成是一个单一的对象。用户可以把一些相对固定而又经常使用的图形制作成块，存储在计算机中，需要时再把其调出插入到当前图形中。这样，不仅可以提高绘图的速度，而且可以提高绘图的准确性。用户可以对块执行移动、复制、比例缩放、镜像等操作，但是由于块被作为一个独立的图形对象，因此用户只能对整个块进行编辑，无法修改块中各组成对象。如果确实希望修改块中对象，可以用 EXPLODE 命令先将块分解为组成块的独立对象，然后再进行修改。修改结束后，再把这些对象重定义成块。AutoCAD 会自动根据块修改后的定义，更新该块的所有引用。因此，利用块还可以节省计算机存储空间，便于修改。例如多张图同时引用同一块或一张图中多处引用同一块时，只需修改块文件，各处被引用的块即自动修改，免去逐处修改的麻烦。

另外，利用块的属性还使文字的处理变得更为灵活。例如标题栏及图框是相对固定的图形，但其中的一些文字，如图名、比例、设计者等各张图可能都不同，我们可以利用块属性的概念进行修改，提高绘图的灵活性。

2.10.1 块的生成、存储和使用

引用块可以不必重复绘制同一对象或同一组对象，计算机仅需在创建块时，将图形对象的特性存储一次。在插入块时，根据需要可以改变块的比例和旋转角度。

1. 创建块(BLOCK)

创建块时，第一步是给块下定义。在块定义之前，必须先绘制组成块的对象，然后再通过以下方式来调用创建块命令：

☆ 下拉菜单：【绘图】|【块】|【创建】。

☆ 图标按钮：单击【绘图】工具栏(图 2-37)中的按钮。

☆ 命令行：BLOCK↙或BMAKE↙或B↙。

命令执行后，系统将弹出【块定义】对话框，如图 2-108 所示。其中各选项的意义如下：

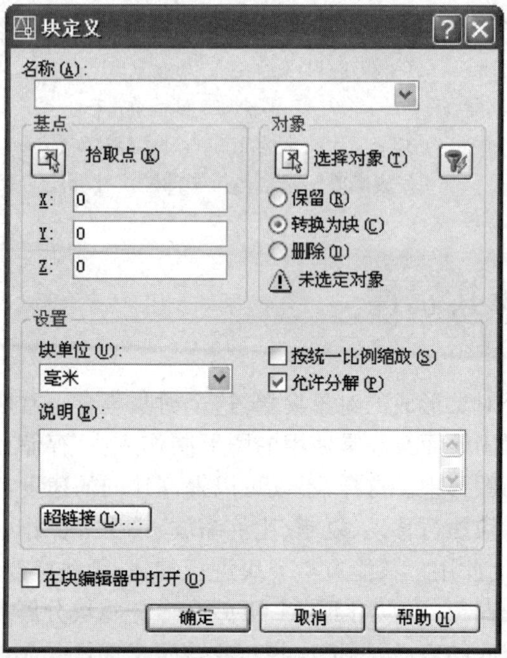

图 2-108 【块定义】对话框

☆【名称】列表框：输入要定义块的名称，单击右侧的下三角按钮，可以列出当前图形中所有块的名称。

☆【基点】选项区：指定基点。可以输入基点的坐标，也可以单击【拾取点】按钮回到图形窗口在图上直接拾取。一般选易于定位的点为基点。创建块时的基准点将成为以后插入块时的插入点，同时它也是块被插入时旋转或缩放的基准点。

☆【对象】选项区：用于确定如何定义块中的对象。其中【选择对象】按钮供用户选择组成块的对象，选择对象时，系统将临时关闭【块定义】对话框，完成对象选取后，重新回到对话框，同时显示选定对象的数目和预览图像；单击按钮，系统将显示【快速选择】对话框，用户可以通过该对话框确定所选择对象的过滤条件；选中【保留】单选按钮，表示创建块以后，将选定的对象保留在图形中；选中【转换为块】单选按钮，表示创建块以后，将选定的对象转换为块；选中【删除】单选按钮，表示创建块以后，从图形中删除选定的对象。

☆【设置】选项区：【块单位】下拉列表用于选择插入块时的缩放单位，一般选"毫米"；【按统一比例缩放】复选框用于指定是否阻止块参照不按统一比例缩放；【允许分解】复选框用于指定块参照是否可以被分解；【说明】文本框用于给块作出说明，可置空。【超链接】按钮，可以打开【插入超链接】对话框，可以将某个超链接与块定义相关联。

☆ 选中【在块编辑器中打开】复选框，则单击【确定】按钮后，可以在块编辑器中打开当前的块定义。

最后，单击【确定】按钮，便完成了创建块操作。

2. 重新定义块

【块定义】对话框中，如果给出的块的名称在当前图形中已经存在，AutoCAD 会出现一个类似于图 2-109 所示的提示信息，询问是否重新定义块。

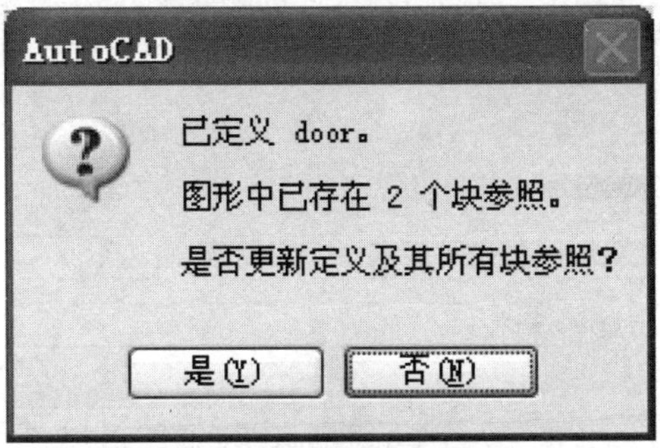

图 2-109　重定义块提示对话框

如果要重新定义块，那么单击提示对话框中的【是】按钮，与该块重名的块将被重新定义。一旦重新生成图形，则图形中的所有使用该名称的块都将被这个新定义的块替换。如果单击【否】按钮，那么 AutoCAD 将取消块定义，需在【块定义】对话框的【名称】列表框中重新定义一个不重名的名称，完成创建块操作。

3. 块的存储(WBLOCK)

当用户使用 BLOCK 命令定义一个块时，该块只是存放在当前图形文件中，只能被存储该块定义的图形文件引用。因此，为了能在其他文件中引用，应把某些经常调用的块单独存放在块文件中。WBLOCK 命令可使用户将块、对象选择集或一个完整的文件写入一个图形文件中，该图形文件便可被其他图形文件引用。

WBLOCK 命令可通过在命令行输入“WBLOCK↙”或“W↙”来调用，命令执行后，系统弹出【写块】对话框，如图 2-110 所示。其中各选项的含义如下：

☆【源】选项区：用户可选择写到图形文件的内容。其中选中【块】单选按钮，指明要存入图形文件的是块，此时用户可从列表中选择已定义的块的名称；选中【整个图形】单选按钮，将当前图形文件看作一个块存储；选中【对象】单选按钮，将选定对象存入文件，此时系统要求指定块的基点、并选择块所包含的对象。

☆【目标】选项区：用户可指定块文件的名称、存储块文件的路径和块文件插入其他图形时所使用的单位。

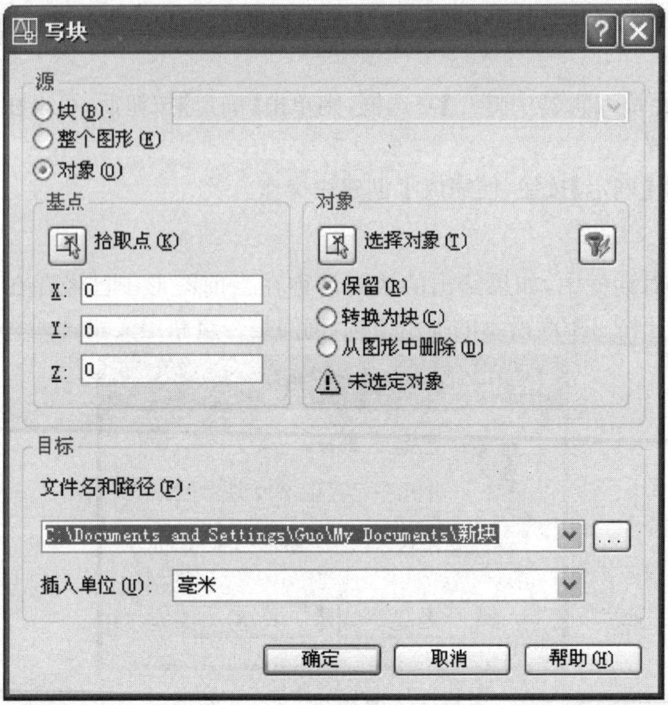

图 2-110 【写块】对话框

在绘制工程图时，常将一些常用而又相对独立的图形元素预先定义成块(如建筑图中的门、窗图例、标高符号、轴线编号等)，存储在独立的图形文件中，需要时插入到图形中。这样可以减少重复绘制同类图形，提高绘图的速度和质量。在建筑工程中，绘制结构施工图和设备施工图时，经常利用建筑施工图“修改”而得到，这也是块文件应用的例子。

4. 设置当前图形的插入基点(BASE)

BASE 命令通过改变系统变量 INSBASE 的值，改变当前图形的插入基点。

BASE 命令通过以下方式来调用：

☆ 下拉菜单:【绘图】|【块】|【基点】。

☆ 命令行:BASE↙。

可以输入基点的坐标值或在屏幕上用鼠标指定基点。向其他图形插入当前图形或将当前图形作为其他图形的外部参照时，此基点将被用作插入基点。

5. 在图形中使用块

创建块或图形文件的目的是为了使用块，在使用过程中，这些块或图形文件均是作为单个的对象放置在图形中。

(1) 插入单个块(INSERT)

用户可以通过以下方式来调用插入单个块命令：

☆ 下拉菜单：【插入】|【块】。

☆ 图标按钮：单击【绘图】工具栏(图 2-37)中的按钮。

☆ 命令行：INSERT↙或I↙。

命令执行后，系统将打开【插入】对话框，如图 2-111 所示。其中各选项的意义如下：

☆【名称】列表框：指定要插入块的名称，或指定要作为块插入的图形文件名。从下拉列表中可选用当前图形文件中已定义的块名；单击【浏览】按钮可选择作为块插入的图形文件名。

☆【插入点】选项区：用于决定插入点的位置。选中【在屏幕上指定】复选框，可直接在屏幕上用鼠标指定插入点；否则，可直接输入插入点坐标。

☆【缩放比例】选项区：指定块在插入时 X、Y、Z 方向的缩放比例。可在屏幕上使用鼠标指定或直接输入缩放比例；选中【统一比例】复选框，可等比缩放，即 X、Y、Z 三个方向上的比例因子相同。比例系数大于 1，放大插入；比例系数在 0 和 1 之间，缩小插入；比例系数为－1，镜像插入。

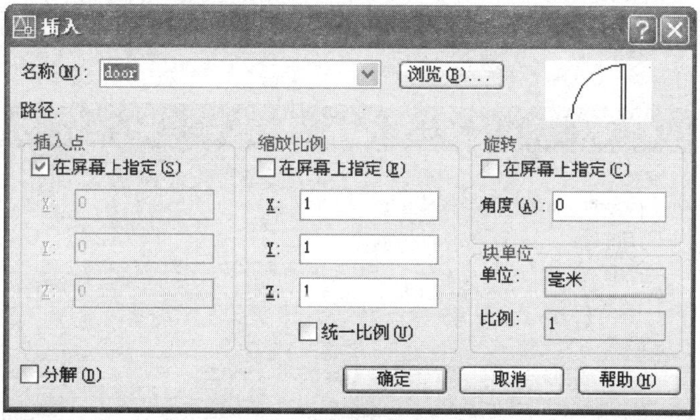

图 2-111 【插入】对话框

☆【旋转】选项区：指定插入块的旋转角度。可在屏幕上指定块的旋转角度或直接输入块的旋转角度。

☆【分解】复选框：决定插入块时是作为单个对象还是分成若干对象。如勾选该复选框，只能指定统一比例因子。

☆【块单位】选项区：显示有关块单位的信息。【单位】文本框用于指定插入块的 INSUNITS 值；【比例】文本框显示单位比例因子，该比例因子是根据块的 INSUNITS 值和图形单位计算的。

(2) 多重插入块(MINSERT)

在 AutoCAD 中，可以用 MINSERT 命令插入块，该命令类似于将阵列命令

ARRAY和块插入命令 INSERT 组合起来，操作过程也类似这两个命令。但ARRAY命令产生的每个目标都是单一对象，而 MINSERT 产生的多个块则是一个整体。

2.10.2 块的属性及其应用

AutoCAD 允许为块附加一些关于该块的文本信息，从而增加块的通用性。这些附加的文本信息就被称为块的属性。块中的文字如果其内容固定不变，可以直接用 TEXT 命令注写；但如果文字样式、字高、位置不变，而内容因不同图形而改变时，就可以定义为图块的属性。先使用 ATTDEF（属性定义）命令注写文字，然后再把它放到块中。这样每次插入块时，可输入不同的文字，提高了应用的灵活性。

要建立带有属性的块，应该先绘制作为块元素的图形，然后定义块的属性，最后同时选中图形及属性，将其统一定义为块或保存为块文件。

1. 定义块属性（ATTDEF）

定义块属性的命令可以通过以下方式来调用：

☆ 下拉菜单：【绘图】|【块】|【定义属性】。

☆ 命令行：ATTDEF↙。

命令执行后，系统将弹出【属性定义】对话框，如图 2-112 所示。其中各选项的意义如下：

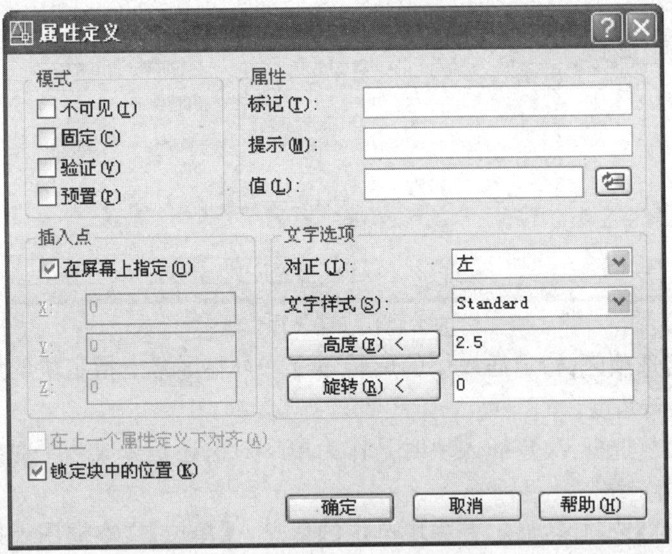

图 2-112 【属性定义】对话框

（1）【模式】选项区：选中【不可见】复选框，则在插入块时，属性值不可见；选中【固定】复选框，则在定义属性时必须输入具体的属性值，在插入块时不会提示具体的属性值，并且不能更改（相当于用 TEXT 命令注写文字）；选中【验证】复选框，则在块插入时检验输入的属性值(提供再次修改的机会);选中【预置】复选框,则在定义属性时指定的默认值将自动赋予该属性(也相当于用 TEXT 命令注写文字)。

(2)【属性】选项区:【标记】编辑框用于给出属性的标识符;【提示】编辑框用于在插入一个带有属性定义的块参照时显示的提示信息;【值】编辑框用于给出属性缺省值,可置空,也可以单击按钮,插入字段。

(3)【插入点】选项区:用于给出属性的插入点,可以在屏幕上指定或直接输入坐标值。

(4)【文字选项】选项区:用于设置属性文本的对齐、文字样式、字高及旋转角度。

(5)【在上一个属性定义下对齐】复选框:如果选中该复选框,则允许将属性标识直接置于上一个属性的下面。

(6)【锁定块中的位置】复选框:锁定块参照中属性的位置。

【例 2-32】 将【例 2-7】所绘制的 A3 图框及标题栏(图 2-49)定义为块并为其定义属性。

首先打开此文件,局部显示标题栏部分,把原来带括号的文字全部删除,因为这些内容不是固定不变的,所以需要定义属性。

(1) 定义块属性

命令:**ATTDEF↙** (打开【属性定义】对话框,如图 2-112)

在【模式】选项组选中【验证】选项;在【属性】选项组中的【标记】框中输入“姓名”,【提示】框中输入“请输入制图者姓名”,【值】框中输入“王明”(缺省用户名);在【文字选项】选项组中,【对正】框中选择【左】,【文字样式】选择已设置好的文字样式“中文”,【高度】框中输入文字高度为 5;在【指定插入点】选项组中选择【在屏幕上指定】复选框;其它选项取默认值。单击【确定】按钮,接着在绘图区域指定需输入制图者姓名的表格左下角为插入点。

命令:**ATTDEF↙** (继续定义其他属性)

在【标记】框中输入“姓名”,在【提示】框中输入“请输入审核者姓名”;【值】框可置空;选中【在上一个属性定义下对齐】复选框,则与上次定义的属性对齐。单击【确定】按钮。

同理,定义其他属性,如校名、图名、图号、比例值等。属性定义后,可通过夹点操作移动文字到满意位置。定义属性后标题栏显示如图 2-113 所示。

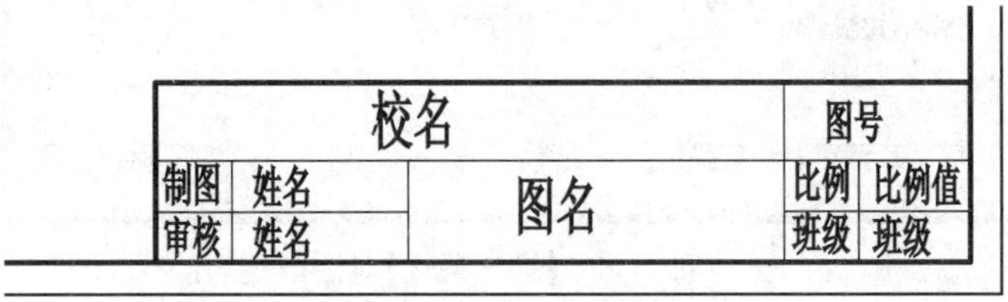

图 2-113 定义属性后的标题栏

(2) 定义并存储块

定义好属性后，调用 WBLOCK 命令，打开【写块】对话框(图 2-110)，选择 A3 图框全部对象为块中的图形元素，拾取图框线左下角点为基点，然后选择存储路径及输入块名称(如“A3 块”)。最后单击【确定】按钮，则整个图形已被定义为块且存储起来。

2. 插入带属性的块

用 INSERT 命令插入带属性的块或图形文件时，其提示和插入一个不带属性的块完全相同，只是在指定插入点后，在命令行增加了属性输入提示，如“请输入制图者姓名＜王明＞:”、“请输入审核者姓名:”等提示。用户可在各种属性提示下输入属性值或接受默认值。

用户可使用系统变量 ATTDIA 控制 AutoCAD 在提示用户输入时，是在命令行显示属性提示(ATTDIA 的值为 0)，还是在对话框中发出属性提示(ATTDIA 的值为1)。

例如，若以对话框属性提示方式插入【例 2-32】定义的块，操作如下：

命令：**ATTDIA**↙
输入 ATTDIA 的新值 ＜0＞：1↙(修改变量值为 1)
命令：**INSERT**↙　　　(打开插入对话框，在该对话框中选择已经定义的块名“A3 块”)
指定插入点或[基点(B)/比例(S)/旋转(R)/预览比例(PS)/预览旋转(PR)]:
(指定插入点，打开如图 2-114 所示的【输入属性】对话框)

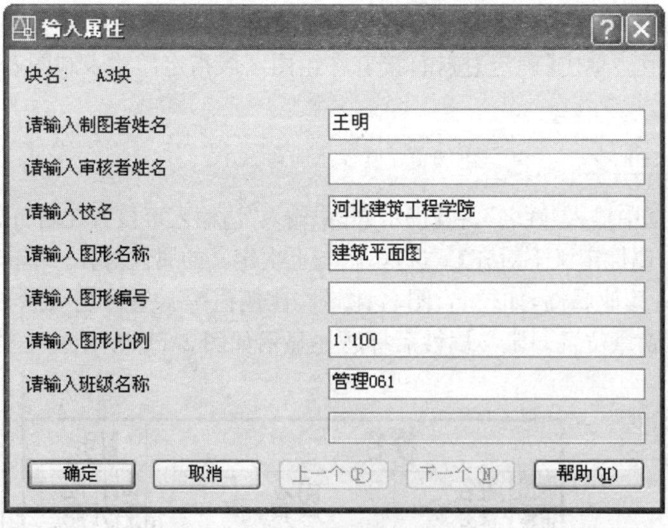

图 2-114 【输入属性】对话框

在该对话框中，输入所需的属性值，单击【确定】按钮，完成插入块操作。

注意：在插入带属性的块时，属性和块不能分解。若选中【插入】对话框中的【分解】选项，则在插入块时，将不再提示输入属性值。此时的属性值将被属性标记所代替。

3. 编辑块属性(EATTEDIT)

EATTEDIT 命令用于编辑块插入上的属性。该命令可以通过以下方式来调用：

☆ 下拉菜单：【修改】|【对象】|【属性】|【单个】。

☆ 图标按钮：单击【修改 II】工具栏(图 2-81)中的按钮。

☆ 命令行：EATTEDIT↙。

EATTEDIT 命令格式：

命令：**EATTEDIT↙**
选择块：　　　　　　　　　　（选择插入到图形中的块，如"A3 块"）

系统将弹出【增强属性编辑器】对话框，如图 2-115 所示。在此可以修改块的属性值、文字选项、属性所在图层及属性的颜色、线型和线宽等特性。单击【确定】按钮完成属性编辑。

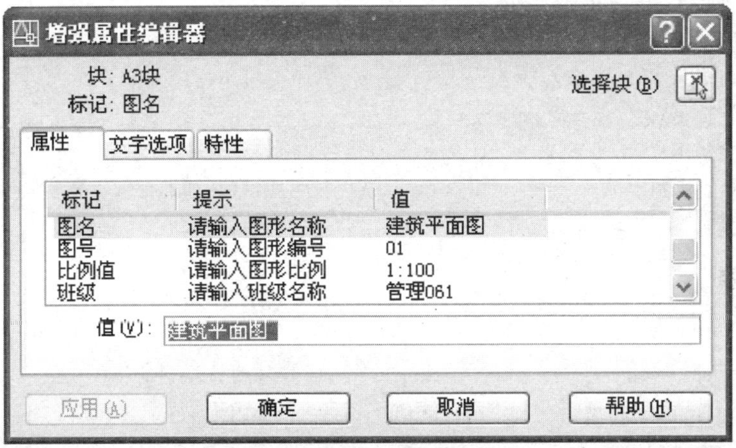

图 2-115 【增强属性编辑器】对话框

4. 编辑块属性的值(ATTEDIT)

ATTEDIT 命令用于编辑插入到图形中特定块的属性值。

ATTEDIT 命令格式：

命令：ATTEDIT↙
选择块参照：　　　　　　　　（选择插入到图形中的块，如"A3 块"）

系统将弹出【编辑属性】对话框，该对话框与【输入属性】对话框(图 2-114)类似。在此对话框中可以修改所选择的属性值。

5. 编辑块的可变属性(-ATTEDIT)

-ATTEDIT 命令用于编辑独立于块的属性值和特性，例如修改所选属性的值、属性文字的位置、高度、倾斜角度、样式、图层、颜色等。该命令可以通过以下方式来调用：

☆ 下拉菜单：【修改】|【对象】|【属性】|【全局】。

☆ 命令行：-ATTEDIT↙。

-ATTEDIT 命令格式：

命令：-ATTEDIT↙
是否一次编辑一个属性? [是(Y)/否(N)]<Y>：

如果用"Y"响应提示，那么 AutoCAD 允许一次编辑一个属性；如果用"N"响应提示，那么 AutoCAD 允许一次编辑多个属性。全局编辑属性只限于用一个字符串替换另一个字符串。如果一次编辑一个属性，可以编辑任何或所有属性。

例如要修改"A3 块"中"校名"的字高，操作如下：

命令：-ATTEDIT↙
是否一次编辑一个属性? [是(Y)/否(N)]<Y>：↙
输入块名定义 <*>：↙
输入属性标记定义 <*>：↙
输入属性值定义 <*>：↙
选择属性：找到 1 个　　　　(选择校名属性值"河北建筑工程学院")
选择属性：↙
已选择 1 个属性.
输入选项[值(V)/位置(P)/高度(H)/角度(A)/样式(S)/图层(L)/颜色(C)/下一个(N)]<下一个>：H↙
指定新高度 <7>：5↙　　　　(修改字高为 5)
输入选项[值(V)/位置(P)/高度(H)/角度(A)/样式(S)/图层(L)/颜色(C)/下一个(N)]<下一个>：↙(完成编辑)

对于符合编辑条件的属性、块名、属性标记和属性值与定义属性的指定名称、标记和属性值全部对应。也可以输入带有通配符(? 或 *)的部分块名、属性标记和属性值，以缩小选择范围。如果用回车键响应块名、属性标记或属性值定义的提示，则块名、属性标记或属性值将不受限制。

6. 块属性管理器(BATTMAN)

块属性管理器用于管理当前图形中块的属性定义。可以在块中编辑属性定义、从块中删除属性以及更改插入块时系统提示用户输入属性值的顺序。

可以通过以下方式打开如图 2-116 所示的【块属性管理器】对话框：

☆ 下拉菜单:【修改】|【对象】|【属性】|【块属性管理器】。

☆ 图标按钮:单击【修改 II】工具栏(图 2-81)中的按钮。

☆ 命令行:BATTMAN↙。

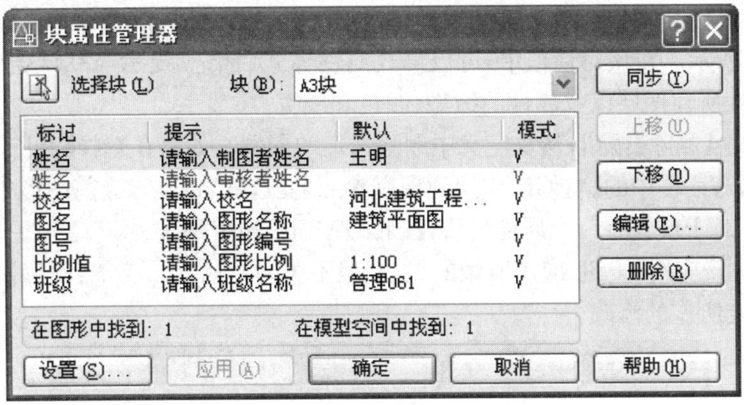

图 2-116 【块属性管理器】对话框

其中各选项的意义如下:

(1) 在属性列表中显示所选块中每个属性的特性。并提示在当前图形中选定块的实例数以及在当前空间(模型空间或布局)中选定块的实例数。

(2) 单击【设置】按钮,打开【设置】对话框,如图 2-117 所示。从中可以自定义【块属性管理器】中属性信息的列出方式。

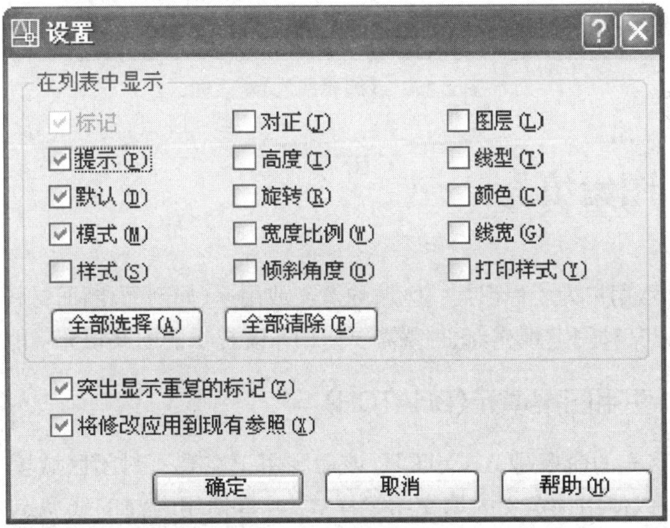

图 2-117 【设置】对话框

(3) 利用【块】下拉列表可以选择要编辑的块。

(4) 单击【同步】按钮,更新具有当前定义的属性特性的选定块的全部实例。此操作不会影响每个块中赋给属性的值。

(5) 在属性列表中选择属性后，单击【上移】或【下移】按钮，可以移动属性在列表中的位置。

(6) 在属性列表中选择某属性后，单击【编辑】按钮，可以打开【编辑属性】对话框，如图 2-118 所示。在该对话框中，可以修改属性模式、标记、提示与默认值，属性的文字选项、属性所在图层以及属性的线型、颜色和线宽。

(7) 单击【删除】按钮，从块定义中删除选定的属性。如果在选择【删除】之前已选择了【设置】对话框中的【将修改应用到现有参照】复选框，将删除当前图形中全部块实例的属性。对于仅具有一个属性的块，【删除】按钮不可使用。

(8) 单击【应用】按钮，应用所做的更改，但不关闭对话框。单击【确定】按钮，关闭对话框，确定所作的修改。

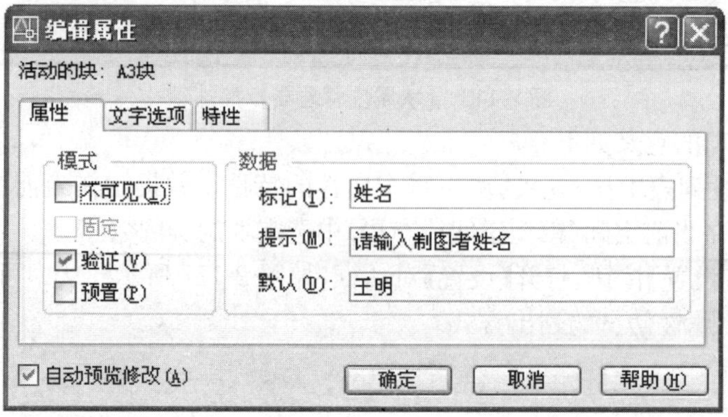

图 2-118 【编辑属性】对话框

2.11 图案填充

很多情况下，用户为了标识某一区域的意义或用途(如剖面、断面材料图例的绘制)，通常需要将其以某种图案填充，此时就需要使用系统提供的图案填充功能了。

2.11.1 使用图案填充(BHATCH)

使用图案填充的命令是 BHATCH，该命令用于在某一封闭区域填充关联或非关联图案，用户可以使用预定义的填充图案样式，或者使用当前的线型定义一个简单的图案样式，还可以创建更加复杂的填充图案。

BHATCH 命令可以通过以下方式来调用：

☆ 下拉菜单：【绘图】|【图案填充】。

☆ 图标按钮：单击【绘图】工具栏(图 2-37)中的按钮。

☆ 命令行：BHATCH↙。

命令执行后，系统将弹出【图案填充和渐变色】对话框，如图 2-119 所示。该对话框提供了【图案填充】和【渐变色】两个选项卡。【图案填充】选项卡包括了【类型和图案】、【角度和比例】、【图案填充原点】、【边界】、【选项】和【继承特性】六个选项区。

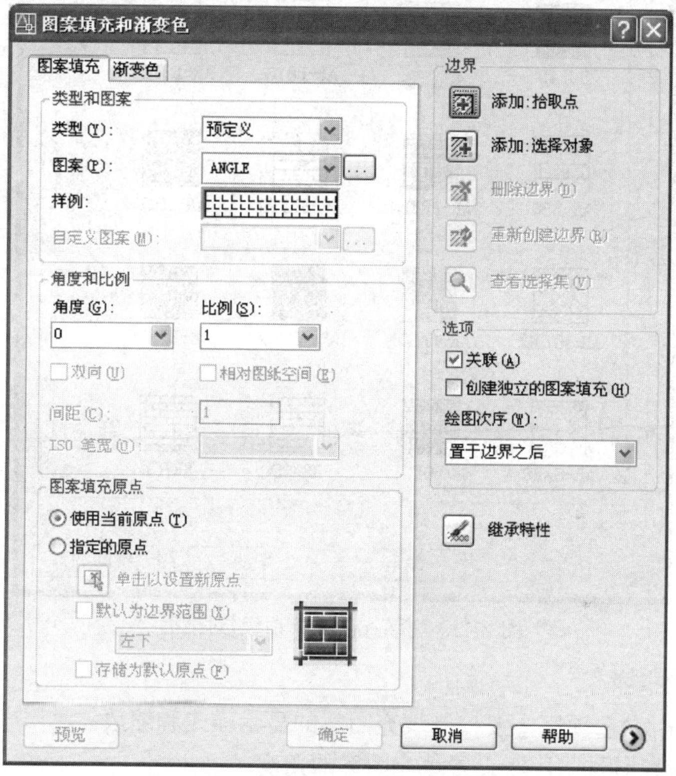

图 2-119 【图案填充和渐变色】对话框

1. 类型和图案

【类型和图案】选项区控制了填充的类型和图案选择。

(1)【类型】下拉列表：设定图案的类型，包括【预定义】、【用户定义】及【自定义】三种类型。其中【预定义】类型是指 AutoCAD 存储在 acad. pat 或 acadiso. pat 文件中的预先定义的图案样式；【用户定义】类型是基于图形中当前线型可由用户创建的直线图案；【自定义】类型提供的图案为来源于其他图案文件(不是 acad. pat)的图案。

(2)【图案】下拉列表：主要控制对填充图案的选择。下拉列表显示可用图案的名称，最近使用的图案列在最上面。单击右侧的按钮，弹出【填充图案选项板】对话框，如图 2-120 所示。在该对话框中可直观地选用所需的图案。

(3)【样例】列表框:用于显示选定图案的预览。

(4)【自定义图案】下拉列表框:列出可用的自定义图案。

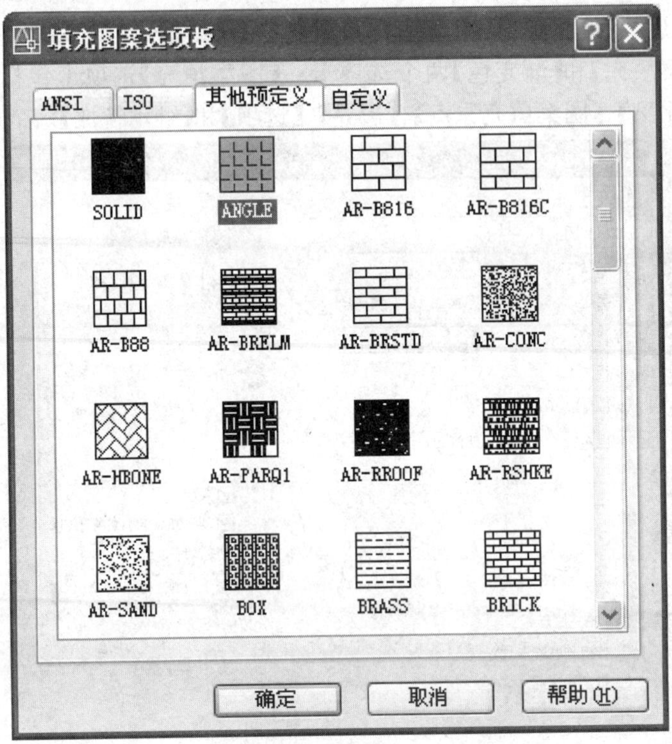

图 2-120 【填充图案选项板】对话框

2. 角度和比例

【角度和比例】选项区主要控制填充图案的显示样式和缩放。

(1)【角度】编辑框:用于设置填充图案的角度。

(2)【比例】编辑框:用于设置填充图案的比例。

(3)【双向】复选框:主要控制当填充图案选择【用户定义】类型时采用的当前线型的线条布置是单向还是双向。

(4)【相对图纸空间】复选框:用相对于图纸空间的单位缩放填充图案。该选项仅在图纸空间里显示为可用,使用它可以很容易地做到以适合于布局的比例显示填充图案。

(5)【间距】文本框:用于调整【用户定义】类型的图案间距。

(6)【ISO 笔宽】下拉列表框:用于设置 ISO 预定义图案的笔宽。

3. 图案填充原点

在创建填充图案时,图案的外观与 UCS 原点有关。在 AutoCAD 2006 版本中,在创建和编辑填充图案时可以指定填充原点。可以使用当前的原点，通过单击一个点来设置新的原点，或利用边界的范围来确定。甚至可以指定这些选项中的一个来做为默认的行为用于以后的填充操作。

默认情况下，填充图案始终相互对齐。但是有时用户可能需要移动图案填充的原点。例如：用砖形图案填充建筑立面图时，希望在填充区域的左下角以完整的砖块开始，如图 2-121 所示。在这种情况下，需要在【图案填充原点】选项区中重新设置图案填充原点。选择【指定的原点】单选框后，单击按钮，用鼠标拾取新原点，或者选择【默认为边界范围】复选框，并在下拉菜单中选择所需点作为填充原点。另外，还可以选择【存储为默认原点】复选框，保存当前选择为默认原点。

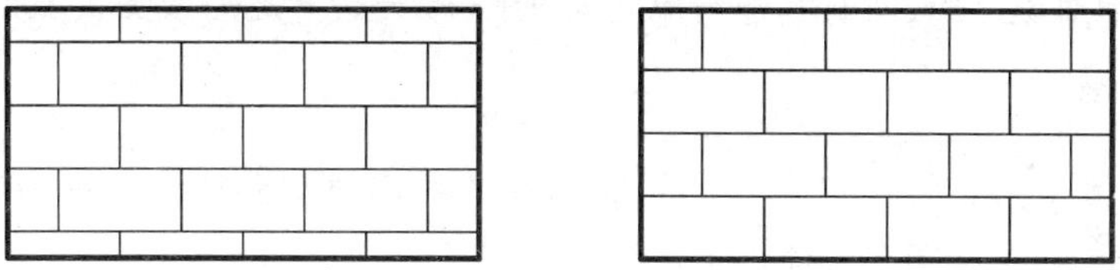

a)默认图案填充原点　　b)新的图案填充原点

图 2-121　改变图案填充原点效果

4. 边界

【边界】选项区用于指定填充图案的边界。用户可以在范围不完全在当前屏幕中的区域中选取一个点来填充。边界选项允许用户添加、删除、重新创建边界以及查看当前边界。

(1)【添加：拾取点】按钮：通过拾取某一要填充图案的区域内部一点的方法来确定填充图案的边界。可连续拾取不同的图形区域。

(2)【添加：选择对象】按钮：通过选择要填充图案的图形对象的方法来确定填充图案的边界。可连续选取不同的图形对象。

(3)【删除边界】按钮：用于从边界定义中删除以前添加的任何边界对象。

(4)【重新创建边界】按钮：用于围绕选定的图案填充或填充对象创建多段线或面域，并使其与图案填充对象相关联(可选)。

(5)【查看选择集】按钮：暂时关闭对话框，使用当前的图案填充或填充设置显示当前定义的边界。

对于未封闭的图形，可以通过【添加：选择对象】方式选择边界，完成填充。但【添加：拾取点】方式不能选择这种边界。

5. 选项

【选项】选项区中用于控制填充图案的特性。

(1)【关联】复选框：用于控制填充图案与边界关联或非关联。关联图案填充随边界的更改自动更新；而非关联图案填充则不会随填充边界的更改而自动更新。

(2)【独立的图案填充】复选框：用于创建分离的填充图案。如果需要在图形中的多个区域使用相同的填充属性，如果一次将所有的区域都选中填充，可以出现多个填充对象，在不影响其他填充图案的情况下可以对某一填充图案进行修改和删除。这样一次操作等于以前版本中的多次操作。

(3)【绘图次序】下拉列表：主要为图案填充或填充指定绘图次序。图案填充可以放在所有其他对象之后、所有其他对象之前、图案填充边界之后或图案填充边界之前。

6. 继承特性

【继承特性】按钮将已存在的关联图案的图案类型和特性设置为当前的图案和特性。但是，非关联图案和属性无法继承。

对话框中，按下

按钮，AutoCAD 暂时关闭对话框，使用户能预览填充的结果。预览结束后，右击返回到【图案填充和渐变色】对话框，可对图案、边界进行修改。

7. 孤岛

在进行图案填充时，位于一个已定义好的填充区域内的封闭区域称为孤岛。在AutoCAD 2006 中对于孤岛的设置，可以通过单击【图案填充和渐变色】对话框(图2-119)右下角的按钮伸展该对话框访问高级选项。伸展后的对话框如图 2-122 所示。

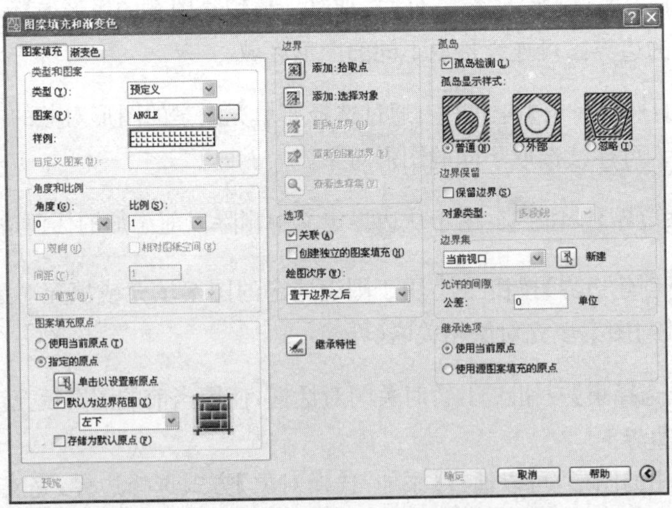

图 2-122 伸展后的【图案填充和渐变色】对话框

在伸展出的高级选项中包括孤岛、边界保留、边界集设置等。

(1)【孤岛】选项区用于选择孤岛检测样式。其中【孤岛检测】选项控制 BHATCH 命令对孤岛的填充方式。AutoCAD 提供了三种不同的填充方式:【普通】、【外部】和【忽略】。

(2)【边界保留】选项区可指定是否将边界保留为对象,并确定应用于这些对象的对象类型。其中【保留边界】复选框控制是否将填充边界以对象的形式保留;【对象类型】下拉列表控制新边界对象的类型(多段线或面域),此选项仅当选中【保留边界】时才可用。

(3)【边界集】选项区用于设置通过【添加:拾取点】定义图案填充区域时,BHATCH 命令是在所有图形元素上查找边界还是在选定的图形元素上查找边界。用户可为其定义检查集,对于复杂图形可节省边界查找时间,从而加快 BHATCH 命令的执行。

(4)【允许的间隙】选项区设置将对象用作图案填充边界时可以忽略的最大间隙。默认值为 0,即指定对象必须封闭区域而没有间隙。按图形单位输入一个值(0～5000)以设置将对象用作图案填充边界时可以忽略的最大间隙。任何小于等于指定值的间隙都将被忽略,并将边界视为封闭。

在图案填充的操作中,除了通过对话框设置外,有部分功能还可以在确定填充边界后,右击,从弹出的快捷菜单中选择相应的选项来完成。

2.11.2 使用渐变色填充(GRADIENT)

AutoCAD 2006 不仅提供了各种图案填充,还提供了渐变色填充。在制图中可以利用该填充方式加强方案图的表现效果。GRADIENT 命令可以通过以下方式来调用:

☆ 选择【图案填充和渐变色】对话框(图 2-119)中的【渐变色】选项卡。

☆ 下拉菜单:【绘图】|【渐变色】。

☆ 图标按钮:单击【绘图】工具栏(图 2-37)中的按钮。

☆ 命令行:GRADIENT↙。

命令执行后,系统将弹出【图案填充和渐变色】对话框的【渐变色】选项卡,如图2-123 所示。

其中,【单色】和【双色】单选框用来选择填充颜色是单色还是双色;可以通过单击颜色选项右侧的...按钮,在弹出的【选择颜色】对话框中选择所需的颜色;滑动条可以调节颜色的深浅;并有九种渐变的方式可供选择;【居中】复选框控制颜色渐变居中;【角度】值控制颜色渐变的方向。

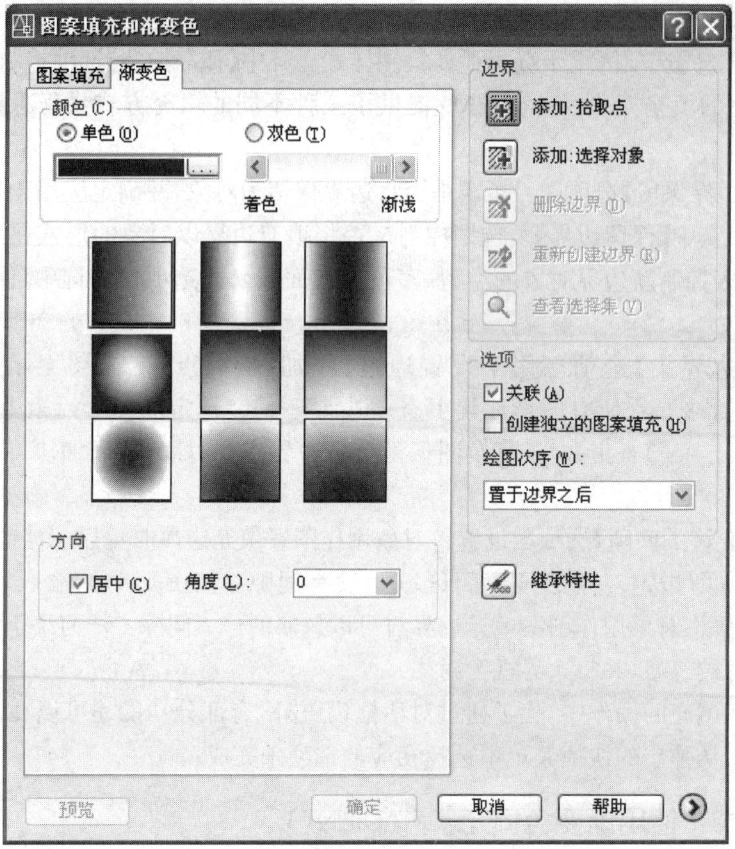

图 2-123 【图案填充和渐变色】对话框的【渐变色】选项卡

2.11.3 色块填充、多次填充及填充图案的显示控制

1. 色块填充

在绘图时,当需要对某些区域填充不同的色块时,可选用名为"SOLID"的图案进行填充,其填充色为当前层所用颜色。例如在绘制建筑剖面图时,钢筋混凝土材料在断面较窄不易画出图例线时用涂黑来表示,这时就可以对该区域填充黑色色块。

2. 多次填充

在绘图时,有时所需要的图案是由已有多个图案组合而成的,这时可用多次填充的方法获得。例如,钢筋混凝土的材料图例,如图 2-124a),在预设的图案中无法找到,但它是由已有的两个图案"ANSI31"[图 2-124b)]和"AR-CONC"[图2-124c)]组成的。因此可用两次填充的方法分别填充这两种图案,从而得到钢筋混凝土的材料图例。注意填充时应分别调整其比例值,图案比例的大小可由观察确定。

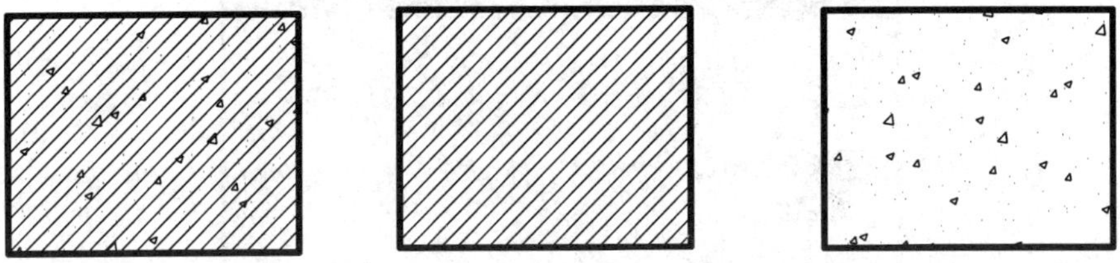

a)钢筋混凝土材料图例　　b)填充ANSI31图案　　c)填充AR-CONC图案

图 2-124　多次填充

3. 填充图案的显示控制

当图中填充图案太多,影响显示速度或影响操作时,可用 FILL 命令将填充图案暂时隐藏起来,当 FILL 的模式处于"ON"的状态时,图案可见;当 FILL 的模式处于"OFF"的状态时,图案不可见。在改变了 FILL 的显示模式后,应执行一次 REGEN(重生成)命令。

具体操作如下:

命令:FILL↙
输入模式[开(ON)/关(OFF)]<ON>:OFF↙
命令:REGEN↙
正在重生成模型。

在使用图层控制图案填充的可见性时,不同的控制方式会使图案填充与其边界的关联关系发生变化。

当图案填充所在的图层被关闭后,图案与其边界仍保持着关联关系。即修改边界后,填充图案会根据新的边界进行自动调整;当图案填充所在的图层被锁定或者被冻结后,图案与其边界脱离关联关系。即边界修改后,填充图案不会根据新的边界自动调整位置。

2.11.4　创建填充边界(BOUNDARY)

图案填充的边界除了由前面所述的定义方法外,还可以单独进行边界定义。创建填充边界命令为 BOUNDARY,该命令通过以下方式来调用:

☆ 下拉菜单:【绘图】|【边界】。

☆ 命令行:BOUNDARY↙。

命令执行后,弹出【边界创建】对话框,如图 2-125 所示。该对话框与【图案填充和渐变色】对话框中的高级选项区域有相似之处,各个选项的含义和使用也是相同的。只是命令结束后,它只创建边界而不创建填充。

图 2-125 【边界创建】对话框

2.11.5 编辑图案填充(HATCHEDIT)

当用户填充完图案后,有可能需要修改图案、修改图案边界或修改其关联性。利用图案编辑命令(HATCHEDIT)可以很方便地修改图案、比例、旋转角度和关联性等设置,而且还可以修改、删除及重新创建边界。当然也可以用 PROPERTIES(对象特性)命令来修改填充图案的参数。HATCHEDIT 命令可以通过以下方式来调用:

☆ 下拉菜单:【修改】|【对象】|【图案填充】。

☆ 图标按钮:单击【修改 II】工具栏(图 2-81)中的按钮。

☆ 快捷菜单:选定图案填充对象后,从右击快捷菜单中选择【编辑图案填充】选项。

☆ 命令行:HATCHEDIT↙。

命令执行后,系统将弹出【图案填充编辑】对话框,该对话框与【图案填充和渐变色】对话框的内容相似,只是某些选项被禁止使用。

图案是一个单独对象。用户可以使用 EXPLODE 命令分解一个已存在的关联图案。分解后的图案不再是单一对象,而是一组组成图案的线。因此也就无法使用 HATCHEDIT 命令来编辑它了。

2.12 查询图形信息

在 AutoCAD 中,任何图形对象均是由不同形状的线段组成的。对于这些线段自然就包含线段的长度、线段间的夹角以及由线段所围成区域的面积等特性。

2.12.1 查询距离(DIST)

DIST 命令为透明命令，用于测量两点间的距离、两点虚构线在 XY 平面内的倾角及与 XY 平面的夹角(对于三维空间)、两点间的 X、Y、Z 增量或坐标变化。该命令可以通过以下方式来调用：

☆ 下拉菜单:【工具】|【查询】|【距离】。

☆ 图标按钮:单击如图 2-126 所示【查询】工具栏中的按钮。

图 2-126 【查询】工具栏

☆ 命令行:DIST↙。

DIST 命令格式：

命令：DIST↙
指定第一点：　　　　　　　　(捕捉第一个点)
指定第二点：　　　　　　　　(捕捉第二个点)
距离 =445,XY 平面中的倾角 =30， 与 XY 平面的夹角 =0
X 增量 =387， Y 增量 =219， Z 增量 =0

2.12.2 查询面积(ARER)

ARER 命令用于测量对象及所定义区域的面积和周长。该命令可以通过以下方式来调用：

☆ 下拉菜单:【工具】|【查询】|【面积】。

☆ 图标按钮:单击【查询】工具栏(2-126)中的按钮。

☆ 命令行:ARER↙。

ARER 命令格式：

命令：AREA↙
指定第一个角点或[对象(O)/加(A)/减(S)]：

该命令包含 4 个选项，分别如下：

(1) 第一个角点:默认项为计算由指定点定义的面积和周长。执行该默认项，即给出第一点后，AutoCAD 继续提示如下：

指定下一个角点或按 ENTER 键全选：

确定所有点后，按回车键进行计算。则 AutoCAD 提示出以输入点为顶点的多边形的面积与周长。如果不闭合这个多边形，将假设从最后一点到第一点绘制了一条直线，然后计算所围区域中的面积。计算周长时，该直线的长度也会计算在内。

(2) 对象(O):如果输入"O↙"，则计算选定对象的面积和周长。可以计算圆、椭圆、样条曲线、多段线、多边形和面域等的面积。

如果选择开放的多段线或样条曲线，AutoCAD 将假设从最后一点到第一点绘制了一条直线，然后计算所围区域中的面积。计算周长时，将忽略该直线的长度。

(3) 加(A)：如果输入“A↙”，则打开“加”模式。使用“加”模式计算各个定义区域和对象的面积、周长，也计算所有定义区域和对象的总面积。

(4) 减(S)：如果输入“S↙”，则打开“减”模式。使用“减”模式从总面积中减去指定面积。

2.12.3 查询对象特性(LIST)

LIST 命令用于列表显示对象特性。该命令可以通过以下方式来调用：

☆ 下拉菜单：【工具】|【查询】|【列表显示】。

☆ 图标按钮：单击【查询】工具栏(图 2-126)中的按钮。

☆ 命令行：LIST↙。

LIST 命令格式：

命令：LIST↙
选择对象：找到 1 个　　　　（选择要列表显示特性的对象，如圆）
选择对象：↙　　　　　　　　（结束选择，以下为所选圆的特性）
　　　　CIRCLE　图层：0
　　　　　　　　空间：模型空间
　　　　　　　　颜色：5(蓝色) 线型：BYLAYER
　　　　　　　　线宽：0.25 毫米
　　　　　　　　句柄 =477
　　　　　　　　圆心点，X=138　Y=660　Z=0
　　　　　　　　半径　64
　　　　　　　　周长　405
　　　　　　　　面积　13060

2.12.4 查询点坐标(ID)

ID 命令用于显示图形中某一点的位置坐标。该命令可以通过以下方式来调用：

☆ 下拉菜单：【工具】|【查询】|【点坐标】。

☆ 图标按钮：单击【查询】工具栏(图 2-126)中的按钮。

☆ 命令行：ID↙。

命令执行后，用户在图形中指定需要显示坐标的点，AutoCAD 显示出该点的 X、Y、Z 坐标。

小　结

本章介绍了 AutoCAD 的二维绘图基础，包括 AutoCAD 的基本操作、绘图环境的设置、常用绘图命令、常用编辑命令、夹点操作以及文本的标注、尺寸的标注、块及其属性、图案填充和图形信息的查询。

其中 AutoCAD 的基本操作包括图形文件的操作、命令的输入、坐标的使用、辅助绘图工具的使用、图形显示操作、选择操作和绘图操作流程。绘图环境的设置包括图形界限、图形单位、图层、显示性能、文件保存等的设置以及文字样式和标注样式的设置。文本标注包括文本的注写及编辑。尺寸标注包括各种尺寸的标注及编辑。块及属性包括块及属性的定义、使用及编辑。图案填充包括图案的填充及编辑。

通过本章的学习，读者应了解绘图操作流程的每一环节，掌握常用命令的使用方法和技巧。熟练掌握这些内容，就可以完成大部分常见的平面图形的绘制。

习　题

1. 简答题

(1) 为何在状态栏的【对象捕捉】按钮选中的情况下，出现特殊点无法捕捉的现象？这时应该如何进行捕捉？

(2) 自动追踪分为哪两种？如何使用自动追踪功能？

(3) 动态输入的三个组件是什么？

(4) 在 AutoCAD 2006 中选择对象的方法有哪些？如何使用“窗选”和“交叉窗选”方式选择对象？

(5) 当屏幕出现暂时无法移动时，怎么办？

(6) 图层的特性主要包括哪些？如何设置？如何加载其他线型？

(7) 圆在放大时，出现多边形的情况怎样解决？

(8) 为何用点的等分时，没有出现点？

(9) 在 AutoCAD 2006 中，如何创建文字样式？在输入汉字时为何出现“?”，怎样解决？

(10) 利用夹点可以执行哪些操作？

(11) STRETCH、LENGTHEN、EXTEND 命令有些类似，但有区别，简述他们之间的区别。

(12) 对象修圆角与倒角时，可以设置哪些参数？

(13) 在 AutoCAD 2006 中如何设置图案填充？图案填充的三种方式分别是什么？

(14) 在设置建筑制图的标注样式时应该如何设置？逐一说明各设置项。

(15) 如果希望修改尺寸标注内容，可以使用什么方法？

(16) 对图形进行尺寸标注时，通常应遵循哪些步骤？

(17) 简述创建和使用带属性块的方法。

2. 操作题

(1) 利用绝对坐标和相对坐标绘制如图2-127所示图形。

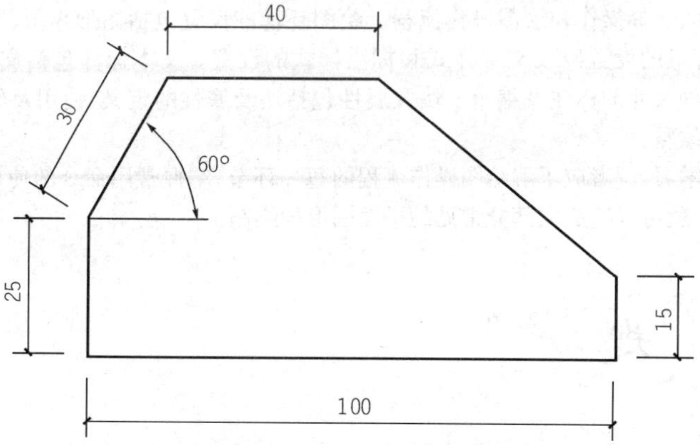

图2-127 坐标练习

(2) 设置图形范围，创建图层，适当调整非连续线型的全局比例因子，利用绘图、编辑命令绘制如图2-128所示图形。

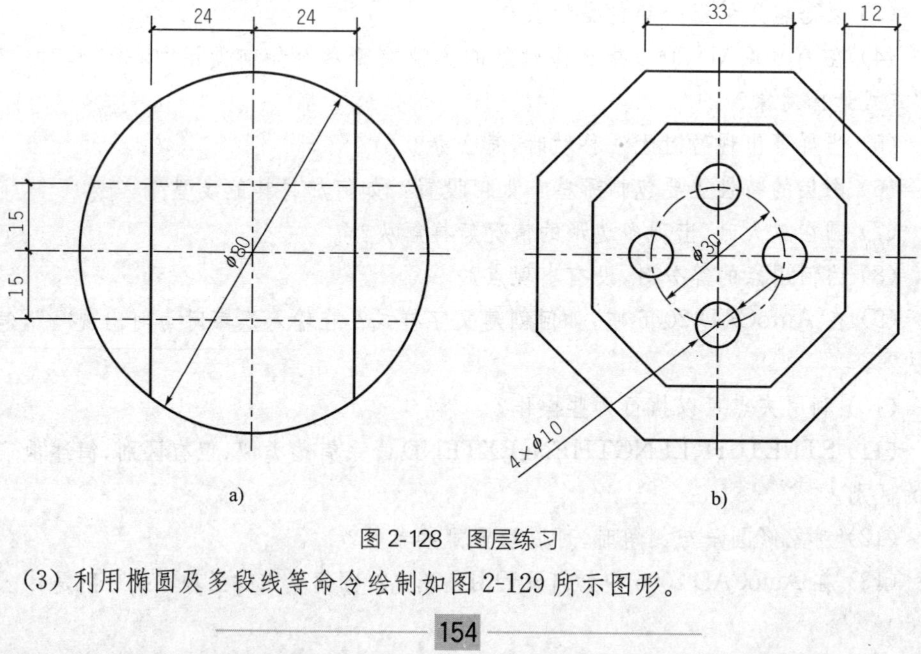

图2-128 图层练习

(3) 利用椭圆及多段线等命令绘制如图2-129所示图形。

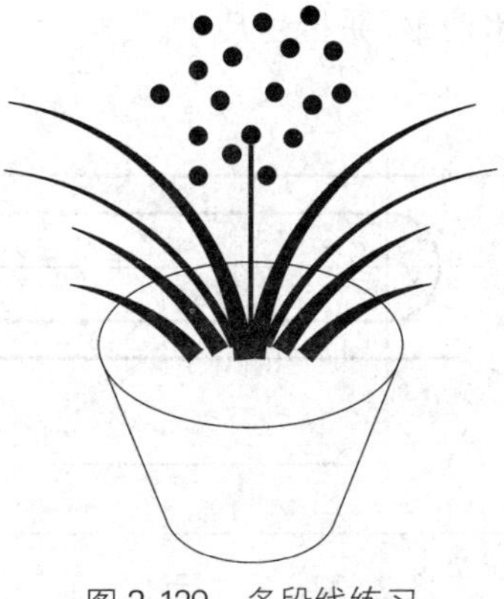

图 2-129 多段线练习

(4) 利用多线命令绘制如图 2-130 所示图形。

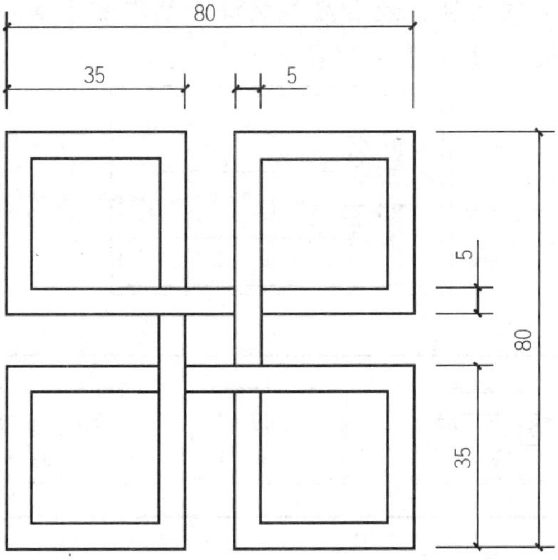

图 2-130 多线练习

(5) 利用复制、比例缩放等编辑命令及图案填充绘制如图 2-131 所示图形。

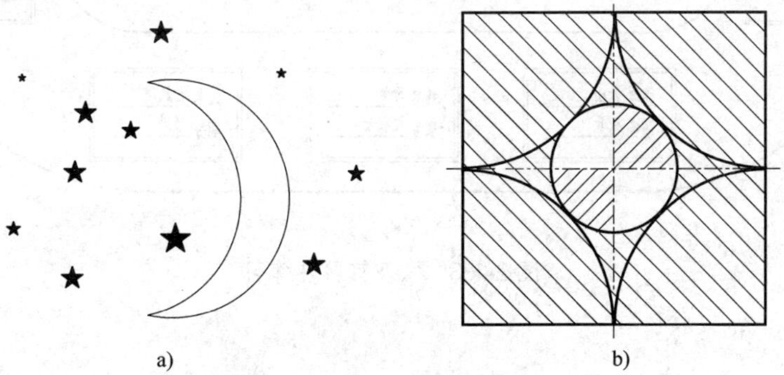

图 2-131 编辑、图案填充命令练习

(6) 绘制如图 2-132 所示图形,并标注尺寸。

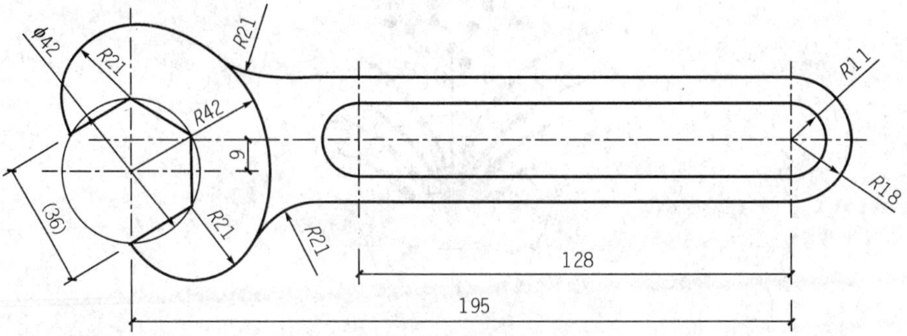

图 2-132　尺寸标注练习

(7) 绘制如图 2-133a)所示的卡片,然后将其定义成块,同时要求分别在姓名、职务的对应位置定义相应的属性。最后插入该块若干次到会议桌,如图 2-133b)所示。其中,属性的标记名、提示、默认值由读者自己确定。

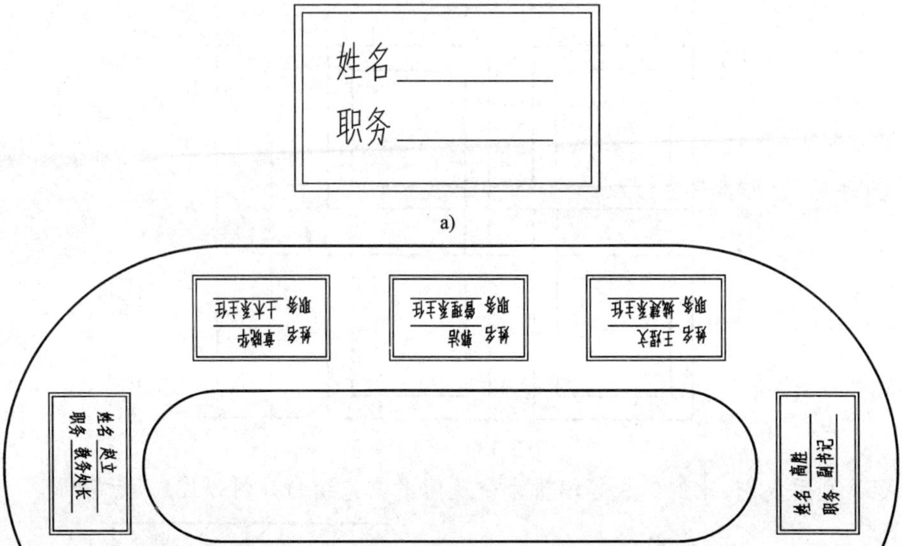

a)

b)

图 2-133　块及其属性练习

第 3 章 创建建筑样图文件

如果用户从创建一张新图开始绘制图形，那么，与样板图形相关的设置会被自动载入自制样板图实际上就是把经常使用的相同惯例和设置通过创建或自定义样板文件保存起来，使得每次启动它时，都直接获得这些特定的设置，以便节省时间。虽然AutoCAD 2006 中自带有一系列标准的样板图，如 AutoCAD 默认的样板文件是 acad-iso. dwt，其启动设置值为：图界（0.00，0.00，），（420.00，297.00），图层是白色（或黑色）具有实线线型的 0 层，等等。但由于样板文件中的相关设置值不符合我国的建筑制图标准和绘图习惯，一般需重新设置。

在建筑图形的绘制中，样板图文件的设置包括：

☆ 设置绘图单位和精度；

☆ 设置图形界限；

☆ 设置图层与线型；

☆ 创建图块；

☆ 设置文字样式；

☆ 设置标注样式；

☆ 绘制图框和标题栏。

本章，以 A2 图为例，创建相应的样板图形文件。

3.1 设置绘图环境

用户在开始绘图时首先要规划图形的绘图环境，其内容包括设置图形的绘图单位、图形界限、图形的图层和线型。

3.1.1 设置绘图单位类型和精度

(1) 单击“格式” 菜单中“单位”，或调用 ddunits 命令，弹出如图 3-1 所示的“控制单位”对话框。

(2) 在“图形单位”对话框中设置长度单位与角度单位。我国建筑工程绘图习惯使用十进制,故在“控制单位”对话框的“长度”栏选“小数”,“角度”栏中选择“十进制”。

(3) 在“精度”与“精密度”的列表框中调整其长度与角度的精度。建筑工程绘图一般使用毫米为单位,精度设为 0。

(4) 在“图形单位”对话框中,单击“方向”按钮用来确定角度的零度方向与正方向。一般以正东方向为零度,逆时针方向为正,如图 3-2 所示。

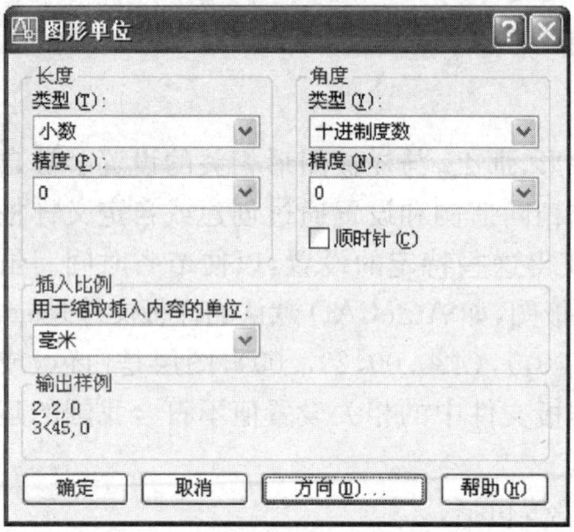

图 3-1 “图形单位”对话框

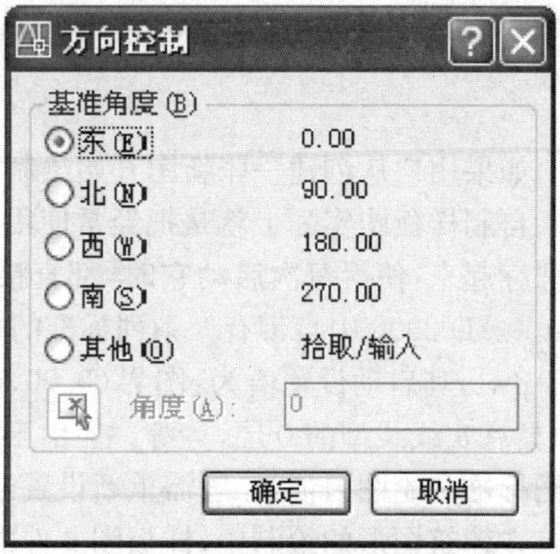

图 3-2 “方向控制”对话框

3.1.2 设置图形界限

AutoCAD 的一大优点是可以使用户按 1∶1 的比例绘图,不像手工绘图那样要根据图纸大小,按不同比例绘图,一般工程图纸规格有 A0、A1、A2、A3、A4,若按 1∶1 绘图,为使硬拷贝按比例绘制在相应的图纸上,关键的是设置好图形界限,表 3-1 提供的数据是按 1∶50,1∶100 出图,图形编辑区按 1∶1 绘图的图形界限,设计时可根据实际出图比例选用相应的图形界限。

图纸规格和图形编辑区按 1∶1 绘图的图形界限对照表 表 3-1

图纸规格	A0(mm×mm)	A1(mm×mm)	A2(mm×mm)	A3(mm×mm)	A4(mm×mm)
实际尺寸	841×1189	594×841	420×594	297×420	210×297
比例(1∶50)	42050×59450	29700×42050	21000×29700	14850×21000	10500×14850
比例(1∶100)	84100×118900	59400×84100	42000×59400	29700×42000	21000×29700

具体操作如下:

(1) 单击【格式】菜单中【图形界限】调用 limits 命令,输入左上角界限与右下角界限值。

命令：LIMITS
重新设置模型空间界限：
指定左下角点或［开(ON)/关(OFF)］<**0,0**>：　　（输入左上角界限）
指定右上角点 <420,297>：**59400,42000**　　（输入右下角界限）

(2) 打开界限检查状态。

命令：LIMITS
重新设置模型空间界限：
指定左下角点或［开(ON)/关(OFF)］<0,0>：**on**

(3) 用 ZOOM ALL 命令使绘图区图形重新生成，并使绘图界限充满显示区。

命令：ZOOM
指定窗口角点，输入比例因子 (nX 或 nXP)，或［全部(A)/中心点(C)/动态(D)/范围(E)/上一个(P)/比例(S)/窗口(W)］<实时>：A
正在重生成模型。

3.2 创建并设置图层

在建筑绘图中，为了便于对图形的控制，通常将不同类型的对象分在不同图层上进行绘制。对于建筑平面图可以规划为表 3-2 所示的图层，并设置相应的颜色、线型、线宽。

图层、颜色、线型、线宽设置　　表 3-2

层　名	颜　色	线　型	线　宽	图 层 控 制
图框	白色	实线	0.35	开、打印
辅助线	白色	实线	0.25	开、打印
文字	白色	实线	0.25	开、打印
尺寸	白色	实线	0.25	开、打印
窗	青色	实线	0.25	开、打印
门	绿色	实线	0.25	开、打印
柱	蓝色	实线	0.25	开、打印
轴线	黄色	点划线	0.25	关闭、不打印
墙	红色	实 线	0.35	开、打印

具体操作步骤如下：

(1) 单击图 3-3“图层特性对话框”顶端的（新建）按钮，图层列表框中显示名为“图层 1”的新层。

(2) 连续单击“图层特性对话框”顶端的(新建)按钮,可创建9个新图层。

(3) 选中图层1,单击两次其名称“图层1”,当图层名称为可编辑状态时,此时键入“轴线”,则“图层1”被“轴线”所代替;即将该图层设为轴线层。

(4) 按照类似方法将其余几个图层命名为“图框”、“辅助线”、“文字”、“尺寸”、“窗”、“门”、“柱”、“墙”,其结果如图3-3所示。

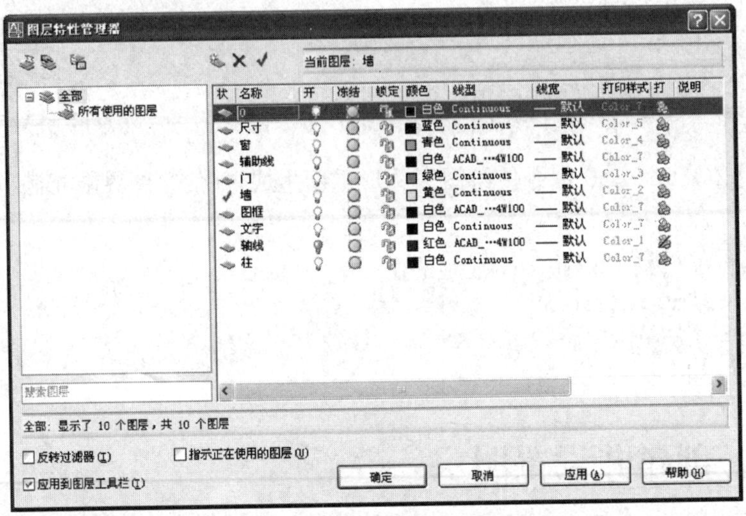

图3-3　图层设置结果

(5) 选中“轴线”层,单击其颜色特性图标,在打开“选择颜色”对话框选中红色,单击“确定”按钮,即将轴线层的颜色特性设为红色。

(6) 在“轴线”层,单击其线型特性图标,在打开“选择线型”对话框,在该对话框中单击“加载”按钮,打开“线型管理器”对话框,单击【加载】按钮,出现“加载或重载线型”对话框。在此对话框中选择所要装载的线型。单击“ACAD_ISO04W100”线型名,再单击“确定”按钮,返回“选择线型”对话框,在该对话框中选中“ACAD_ISO04W100”线型,单击“确定”按钮即可。

(7) 在“轴线”层,单击其开/关特性图标,使其呈样式,即关闭该图层。

(8) 在“轴线”层,单击其可打印性特性图标,使其呈样式,即不打印该图层上的对象。

(9) 读者可按类似的方法,完成其余图层的绘制。

3.3　创建图块

建筑图中有很多门、窗、柱、轴线编号和标高符号其样式相同,仅仅是尺寸上的差别，将它们创建出图块，保存在样图文件中。以样板文件为模板的新文件，在图形绘制过程中无需重新绘制与图块样式相同的对象，只需在需要时插入即可。这样大大可以节省绘图时间，提高绘图效率。

在创建图块的步骤：

(1) 将当前层转换为 0 层；

(2) 将当前颜色和当前线型设置为随层(byLayer)；

(3) 绘制图块对象；

(4) 定义图块的属性(不带属性的图块此步省略)；

(5) 定义图块。

注意：由于各施工图中需要创建的图块对象各不相同，具体图块的创建在以后各章节中介绍。

3.4 设置文字和尺寸标注样式

3.4.1 设置文字标注样式

在建筑绘图中，一般使用仿宋字体，但有时图也附加有参数表，可先设置 3 种字体：仿宋、宋体和黑体。选择【格式】中的【文字样式】命令可得到如图 3-4 所示的对话框，在对话框设置字型、字高以及宽度比例因子等参数。

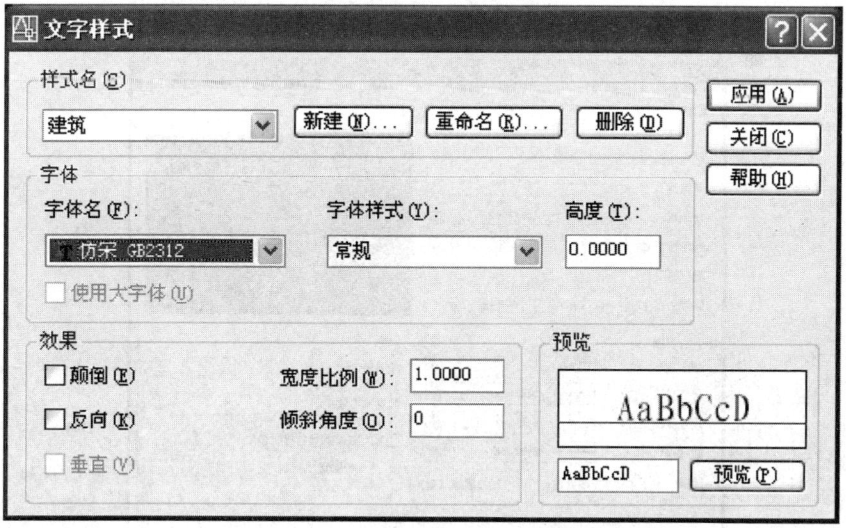

图 3-4 “文字样式”对话框

3.4.2 设置尺寸标注样式

尺寸标注样式的设置是正式标注前的一项十分重要的工作，其内容包括线条和箭头、文字、调整、主单位、换算单位、公差等6项内容。

尺寸标注样式中各参数的设置值应与图形的整体比例相协调。现行建筑设计规范对尺寸、文字的标注作了相应的规定，但大多给定了一些参数的范围，用AutoCAD绘图进行该项设置时，必须给出具体的数据，图3-5～3-10给出了尺寸变量的设置建议值，其中，整体比例系数视出图比例而定，如按1∶100出图，则整体比例系数为100，以此类推。

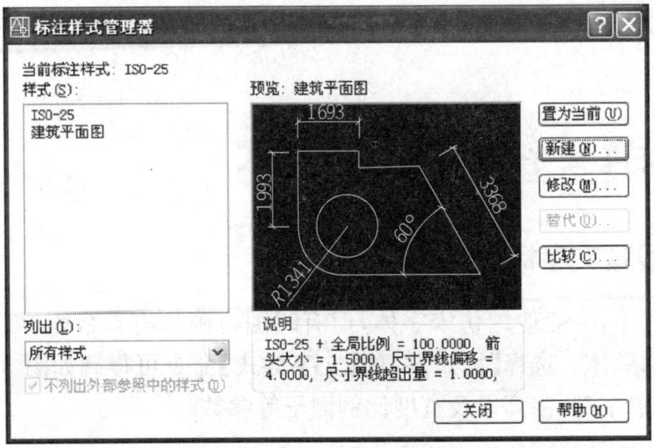

图3-5　尺寸样式设置界面

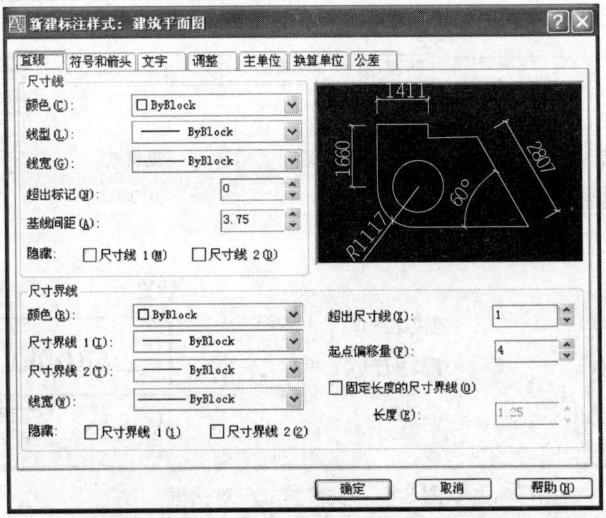

图3-6　尺寸线、直线与箭头变量设置值

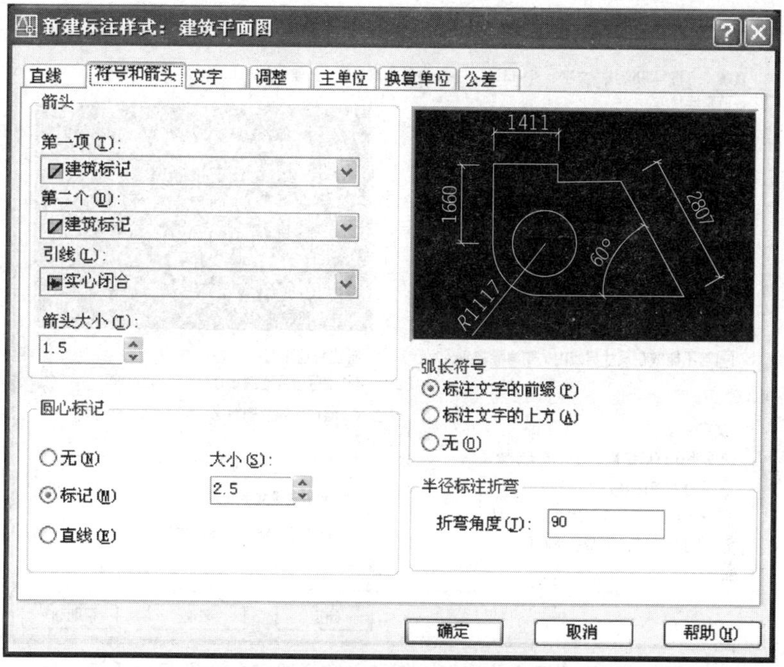

图 3-7 符号与箭头变量设置值

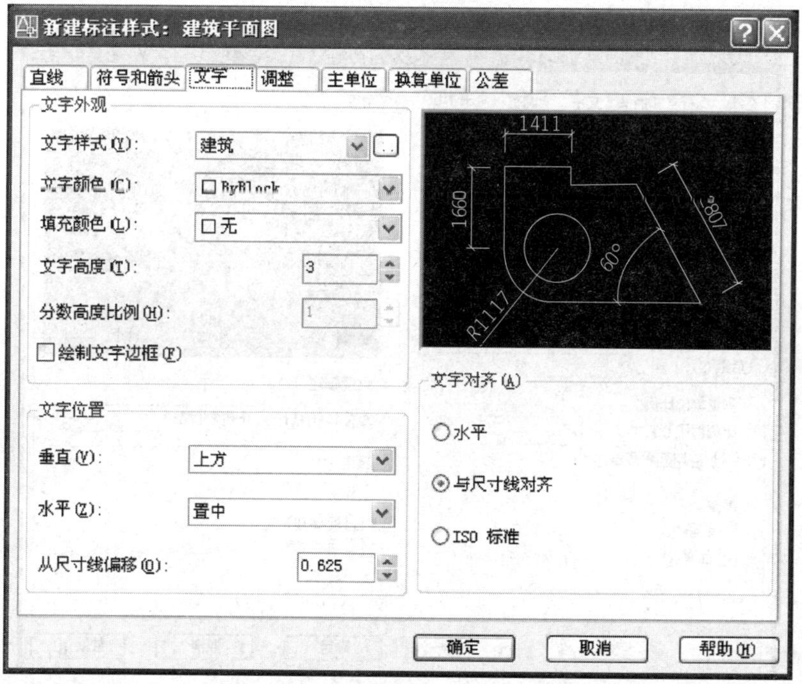

图 3-8 尺寸文字的字体字高和位置设置

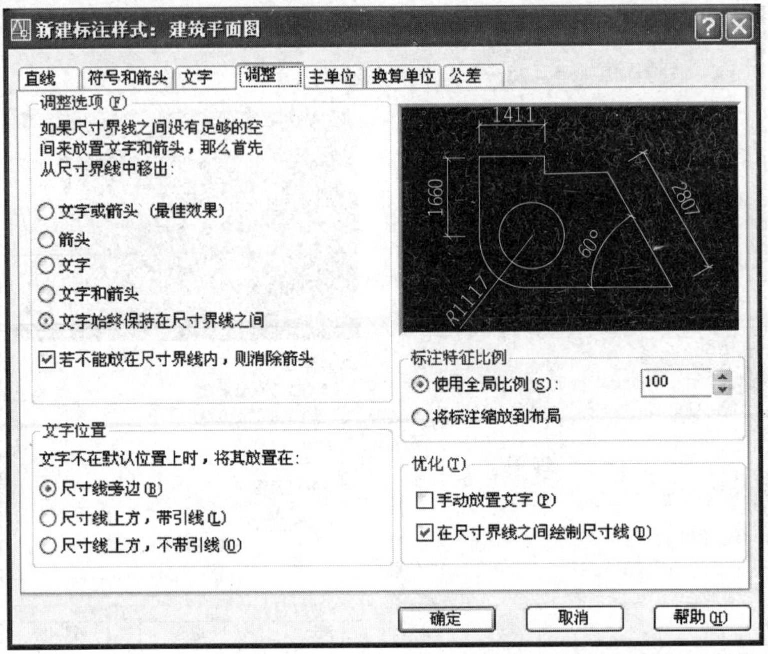

图 3-9　尺寸标注的特征比例和文字位置等参数设置对话框

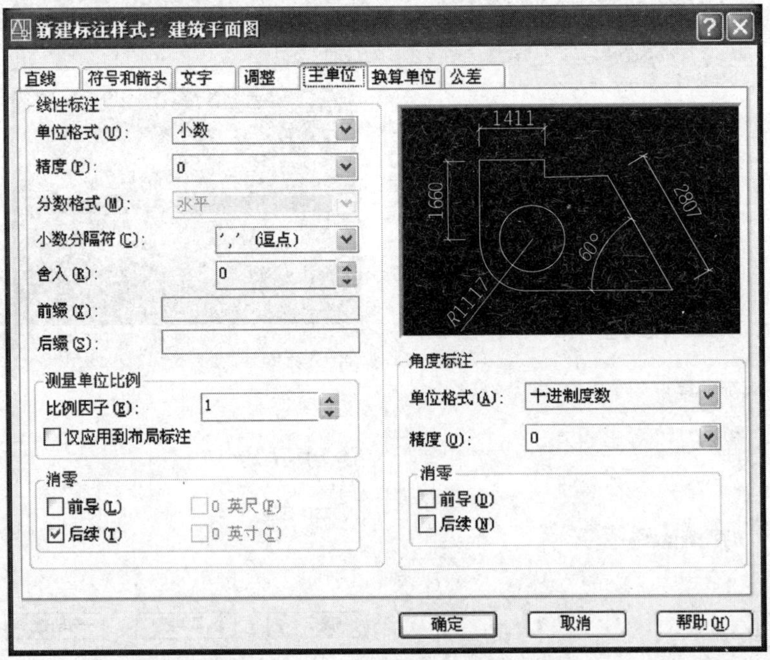

图 3-10　尺寸标注的单位及精度设置

3.5 绘制图框与标签栏

为了合理使用图纸和便于装订、保管,《建筑制图标准》对图纸幅面大小定出了5种不同的基本幅面,如表3-3所示,图框幅面如图3-11所示。

图纸幅面和图框尺寸 表3-3

尺寸代号 \ 图幅代号	A0	A1	A2	A3	A4
$L\times B$(mm×mm)	1189×841	841×594	594×420	420×297	297×210
c	10			5	
a	25				

其中,B、L分别为图纸的短边和长边,a、c为图框线到幅面线之间的宽度。图纸幅面一般可采用横式,即长边横向,如图3-11所示。

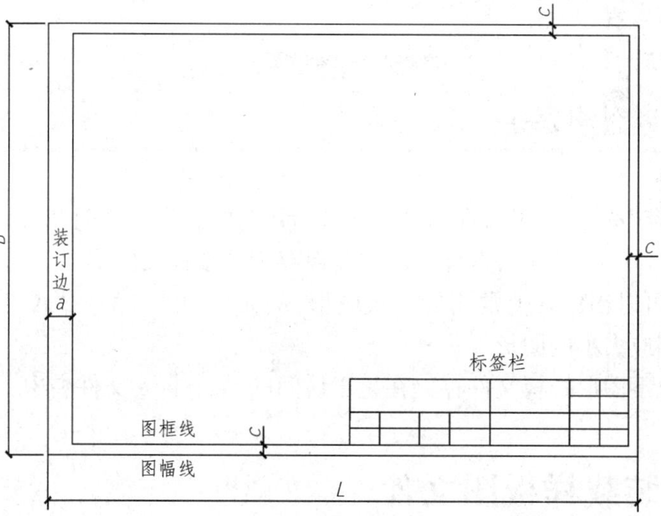

图3-11 图框幅面

利用AutoCAD 2006绘制建筑工程图时,应执行国家关于图幅的规定,以便制作出符合国家制图标准的工程图纸。其绘制方法见第2章中的【例2-7】,绘制完成后,可以将图框和标签栏做成属性块。更加需要进行插入,插入时可以改变X和Y方向的图框尺寸,得到相应的图纸幅面。

3.6 创建样板图形文件

选择“文件”菜单下“另存为(A)…”选项，弹出“图形另存为”对话框，如图 3-12 所示。在“文件类型(T)”的下拉列表中选“AutoCAD 图形样板(＊.dwt)”。在“文件名(N)”编辑框输入文件名：A2。

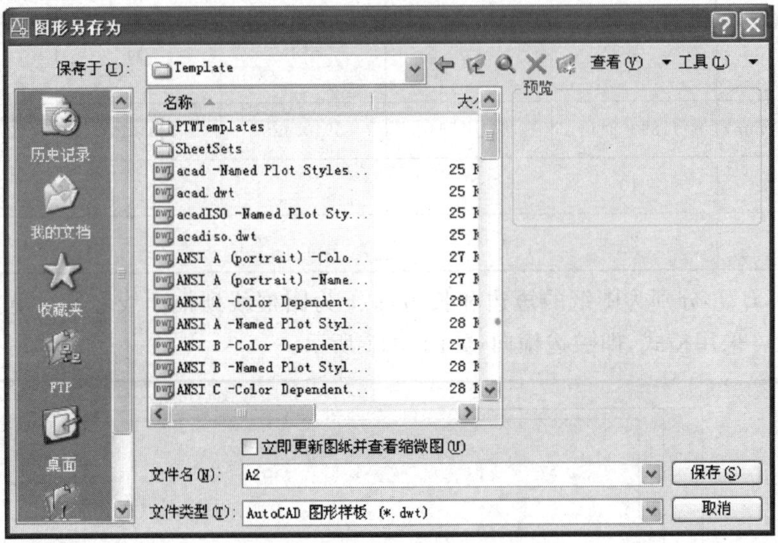

图 3-12 “图形另存为”对话框

单击“保存”按钮，即可保存为样板文件，系统弹出“样板说明”对话框，在编辑框中输入描述文字，单击“确定”，这样当前图就保存为一个样板图形。

类似地，可以创建其他常用的样板图形，例如，“A0”、“A1”、“A3”和“A4”，等，分别用作绘制相应大小的图形。

默认情况下图形样板文件存储在易于访问的 template 文件夹中。

3.7 装载样板图文件

选择“文件”菜单下“新建(N)”选项，弹出“选择样板”对话框(如图 3-13)，在“搜索(I)”的下拉列表中选所需图形样板的路径，在“文件类型(T)”的下拉列表中选“图形样板(＊.dwt)”。在“文件名(N)”编辑框输入文件名：A2。在右侧的预览框里即出现了“A2”的预览图形。单击“打开”按钮，即可打开样板文件“A2.dwt”。

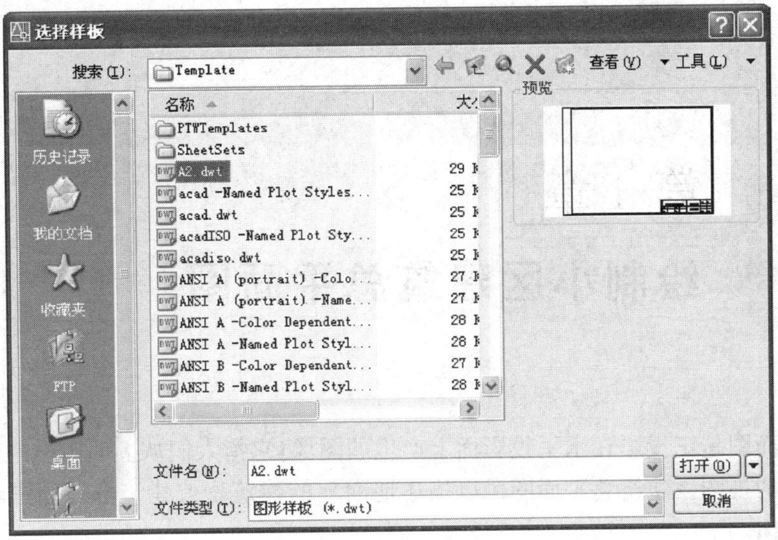

图 3-13 “选择样板文件”对话框

小 结

通过创建样板图文件,可以都直接获得这些特定的设置如绘图单位和精度、图形界限、图层、图块、文字样式、标注样式以及图框和标题栏等,大大提高绘图效率。本章介绍了样板图文件的创建和使用方法,读者可以在上机练习掌握。

习 题

1. 简答题

(1) 为什么要创建样图文件? 会给绘图带来哪些方便?

(2) 试述创建样图文件的方法和步骤。

(3) 试述 A1 图纸幅面的大小和图框尺寸是如何规定的。

(4) AutoCAD 样图文件的扩展名是什么?

2. 操作题

绘制 A1 图框和相应的标题栏,并创建对应的样图文件。

第 4 章 绘制小区建筑总平面图

总平面图是正投影在水平投影面上产生的图像，它指人们从上面俯瞰建筑物或景象所获得的视图。建筑总平面图用以描述地面上的建筑物或建筑群在周围环境中的位置和方向。

本章导读：

(1) 总平面图的表示内容和要求；

(2) 绘制建筑总平面图的方法和步骤。

4.1 总平面图的图示内容和一般要求

(1) 图名、比例。

(2) 应用“总图”图例来表明新建区、扩建区或改建区的总体布置。

(3) 确定新建或扩建工程的具体位置，一般根据原有房屋或道路来定位，并以 m 为单位，标注定位尺寸。新建成的建筑物和构筑物或较大的公共建筑或厂房时，往往用坐标来确定每一建筑物及道路转折关系位置。当地形起伏较大的地区，还应画出地形等高线。

(4) 注明新建房屋底层室内地面和室外整平地面的绝对标高。

(5) 画上风向频率玫瑰图及指北针，有时也可以只画单独的指北针。

4.2 绘制建筑总平面图的方法和步骤

用 AutoCAD 2006 绘制建筑总平面图的具体步骤如下：

(1) 将建筑物所在位置的地形图以块的形式插入到当前图形中，然后用 SCALE

命令缩放地形图使其大小与实际地形相吻合。

(2) 绘制新建建筑物周围的原有建筑、道路和绿化等内容。

(3) 在地形图图中绘制新建建筑物轮廓。若已有建筑物的平面图,可将该平面图复制到总平面图中,删除不必要的线条,仅保留平面图的外形轮廓线即可。

(4) 标注必要的尺寸。

(5) 完成必要的文字说明。

4.3 绘图实例

本章通过绘制一小区建筑总平面图(图 4-1),介绍使用 AutoCAD 2006 绘制建筑总平面图的方法和步骤。

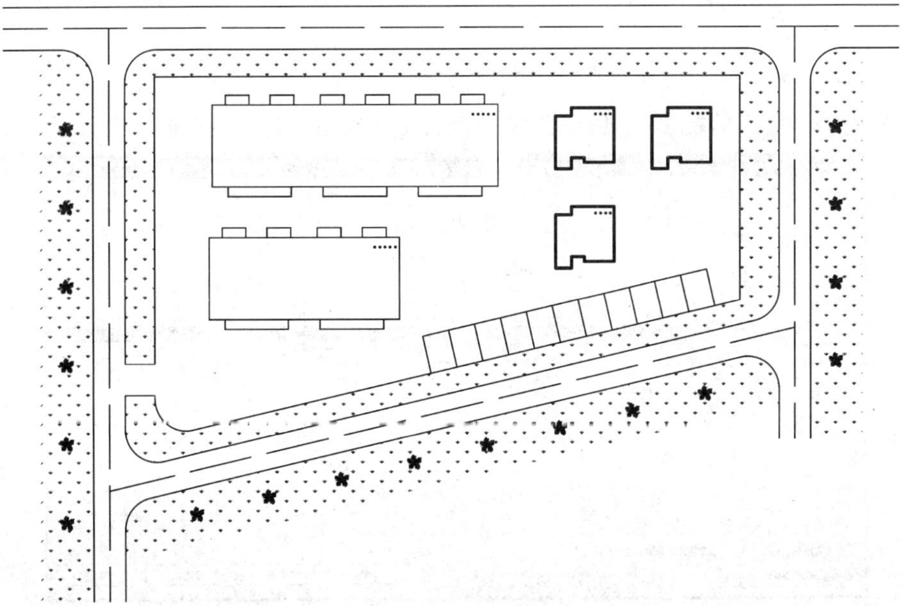

图 4-1 小区建筑总平面图

4.3.1 设置绘图环境

用户在开始绘图时首先要规划图形的绘图环境,其内容包括设置图形的绘图单位、图形界限和设置图形的图层、线型和线宽。

1. 新建图形文件

在启动 AutoCAD 2006 或新建图形时,可以在【启动】对话框(图 2-4)或【创建新图形】对话框(图 2-6)中使用向导设置新建图形的单位、角度、角度测量、角度方向和绘图区域。对于已经创建了的图形,可以使用 UNITS 命令来设置图形单位,使用 LIMITS 命令来设置图形界限。

2. 建筑绘图单位类型和精度的设置

我国建筑工程绘图习惯使用十进制,建筑工程绘图一般使用 mm 为单位,精度设为 0。一般以正东方向为零度,逆时针方向为正。

3. 图形界限的设置

单击【格式】菜单中【图形界限】调用 LIMITS 命令,输入左上角界限与右下角界限值

命令:LIMITS
重新设置模型空间界限:
指定左下角点或[开(ON)/关(OFF)]<0,0>: (输入左上角界限)
指定右上角点 <420,297>:**210000,148500** (输入右下角界限)

4. 图层创建与颜色、线型和线宽设置

为便于对图形的控制,本例中图层、颜色、线型按图 4-2 的要求进行设置。

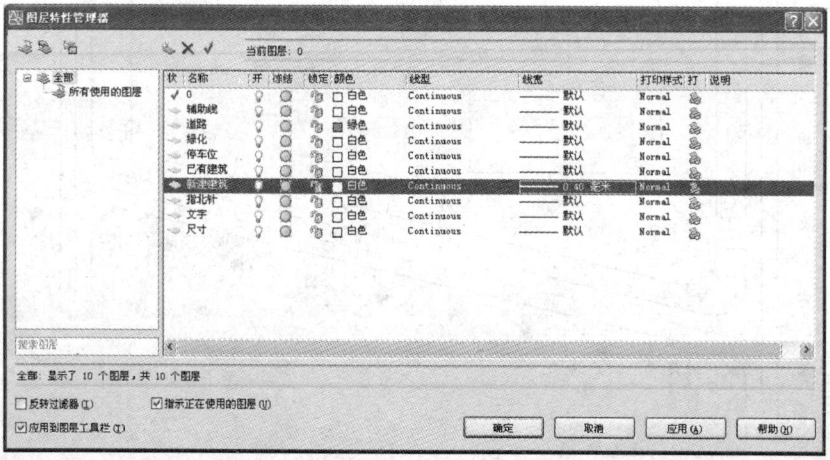

图 4-2 "图层特性管理器"对话框

5. 保存文件

用存盘命令保存文件。选取菜单中的文件,点取存盘,即弹出"保存文件"的对话框,在其文件名对应的文本框中输入"建筑总平面图.dwg",在"保存于"的列表框中选择其盘符与路径。

4.3.2 绘制定位辅助线

为确定小区内各建筑物和构造物的相当位置,需要先绘制小区的定位辅助线。小

区建筑的定位尺寸如图 4-3 所示，具体步骤如下：

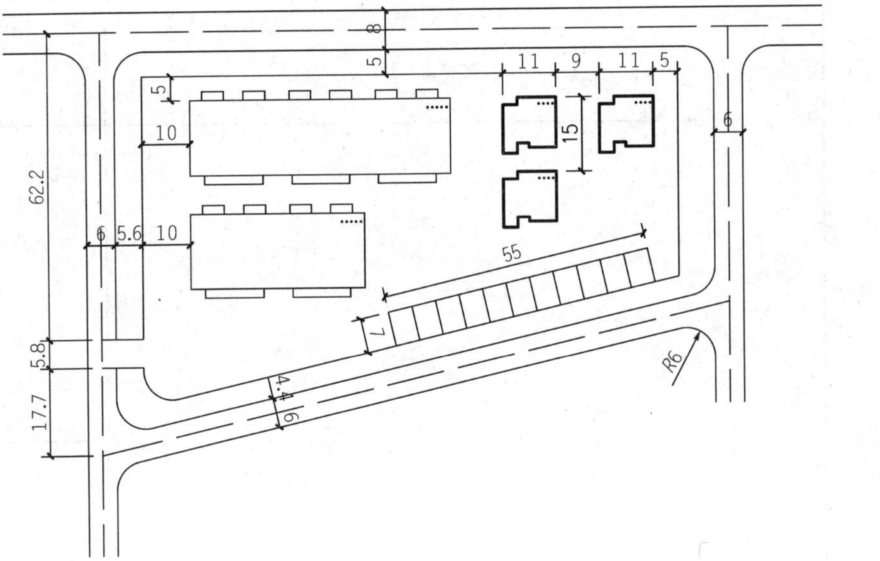

图 4-3 小区建筑的定位尺寸

(1) 在【对象特性】工具栏的【图层控制】下拉列表框中选择【辅助线】选项，把该层设为当前层。

(2) 使用【绘图】|【直线】命令一条水平线的一条垂直线，其操作步骤如下：

命令：LINE 指定第一点：
指定下一点或［放弃(U)］：**@170000,0**
指定下一点或［放弃(U)］：
命令：LINE 指定第一点：
指定下一点或［放弃(U)］：**@0,106000**
指定下一点或［放弃(U)］：

(3) 选择【修改】|【偏移】命令，将水平线和垂直线分别偏移 130m 和 85.7m 生成另两条道路定位辅助线。

命令：OFFSET↙
指定偏移距离或［通过(T)］＜3280＞：130000
选择要偏移的对象或 ＜退出＞：
指定点以确定偏移所在一侧：
选择要偏移的对象或 ＜退出＞：
……

(4) 使用【修改】|【旋转】命令，将下部辅助线逆时针旋转 13°，得到下部道路的定位线。

上述操作完成后图形如图 4-4 所示。

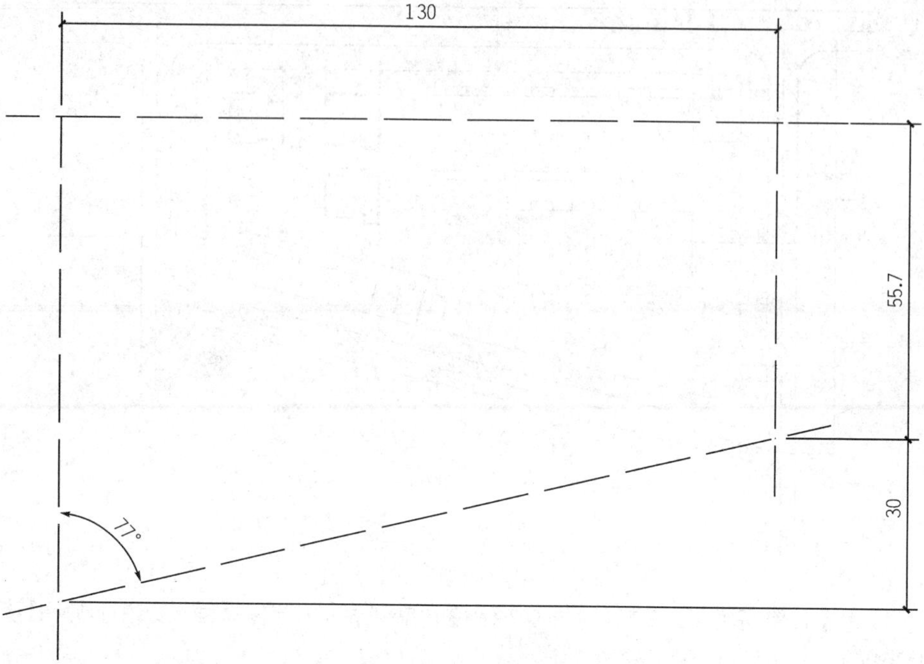

图 4-4　定位辅助线

4.3.3　绘制小区外围道路

外围道路可以使用“多线”命令和将辅助定位线偏移复制进行绘制，本例采用偏移复制进行绘制，具体操作如下：

(1) 在【对象特性】工具栏的【图层控制】下拉列表框中选择【道路】选项，把该层设为当前层。

(2) 使用【修改】|【偏移】命令绘制道路轮廓线。

命令：OFFSET
当前设置：删除源＝否　　图层＝源　　OFFSETGAPTYPE＝0
指定偏移距离或［通过(T)/删除(E)/图层(L)］＜240.00＞：**L**　（选择图层选项）
输入偏移对象的图层选项［当前(C)/源(S)］＜源＞：**C**　（设置复制对象层为当前层）
指定偏移距离或［通过(T)/删除(E)/图层(L)］＜240.00＞：**4000**
选择要偏移的对象，或［退出(E)/放弃(U)］＜退出＞：　（选择水平定位线）
选择要偏移的对象，或［退出(E)/放弃(U)］＜退出＞：　（选择水平定位线）
指定要偏移的那一侧上的点，或［退出(E)/多个(M)/放弃(U)］＜退出＞：
（指定定位线下方任意点）
………

(3) 使用【修改】|【修剪】命令绘制道路交叉部分的线段删除。

(4) 使用【修改】|【圆角】命令绘制道路相交部分的线段进行倒圆角,圆角半径为 6000mm。

```
命令：FILLET
当前设置:模式=修剪,半径=400.00
选择第一个对象或[放弃(U)/多段线(P)/半径(R)/修剪(T)/多个(M)]：r 指定圆角半径
<400.00>:6000
选择第一个对象或[放弃(U)/多段线(P)/半径(R)/修剪(T)/多个(M)]：
选择第二个对象,或按住 Shift 键选择要应用角点的对象：
………
```

操作完成后的结果如图 4-5 所示。

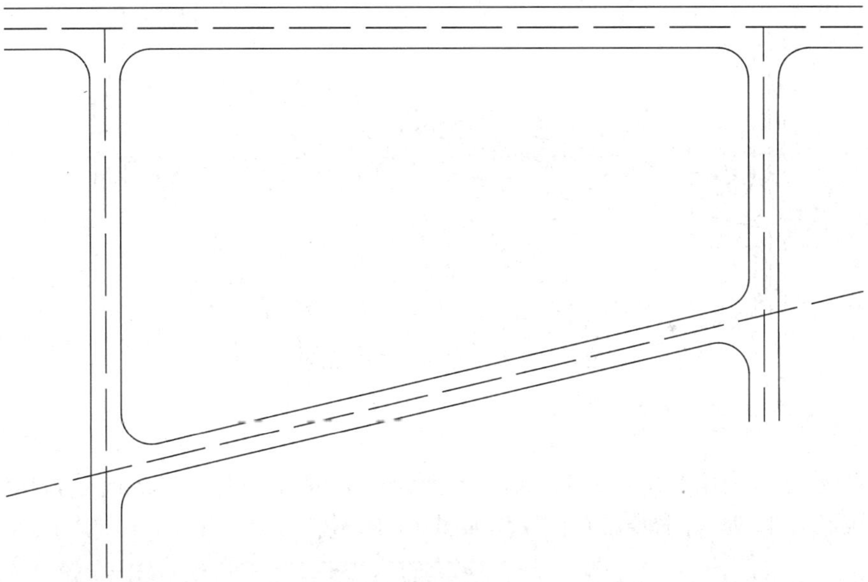

图 4-5　小区外围道路完成后的图形

4.3.4　绘制小区大门和绿化带

1. 绘制绿化带轮廓

(1) 创建"绿化"图层,把该层设为当前层。

(2) 使用【修改】|【偏移】命令绘制绿化带轮廓线。

(3) 使用【修改】|【修剪】命令将其交叉部分的线段删除。

2. 绘制小区大门

(1) 使用【修改】|【偏移】命令将水平定位线分别 62200mm 和 68000mm。

(2) 使用【修改】|【修剪】命令将其交叉部分的线段删除。

3. 填充绿化带

使用【绘图】|【图案填充】命令填充绿化带，图案选择“GRASS”，比例设定为 100，如图 4-6 所示。

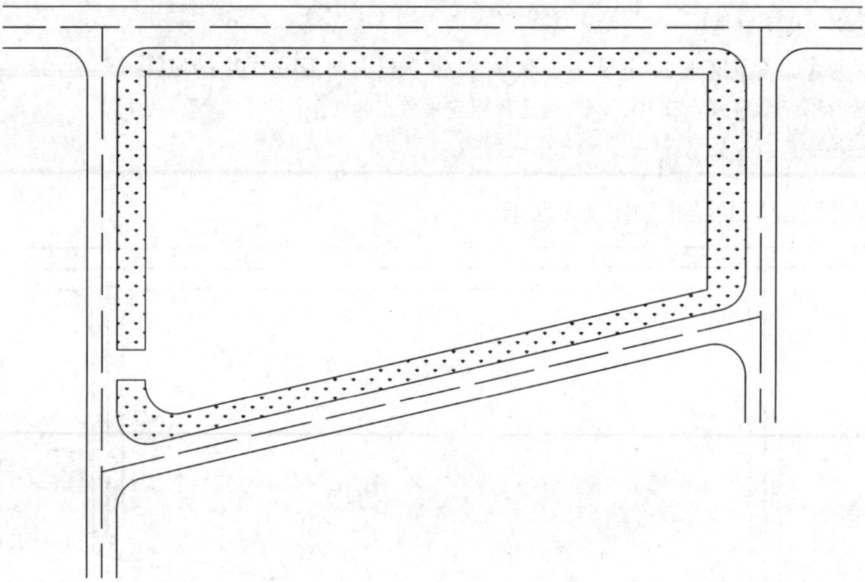

图 4-6　小区大门和绿化带绘制后的图形

4.3.5　绘制停车位

本例中小区内停车位共有 11 个，其尺寸为长 7000mm、宽 5000mm。绘制时可以使用“矩形”、“阵列”等命令。具体操作如图 4-7 所示。

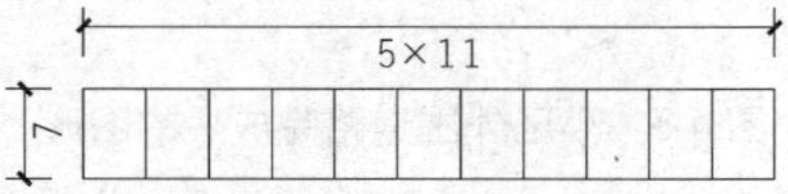

图 4-7　停车位尺寸

(1) 创建“停车位”图层，把该层设为当前层。

(2) 使用【绘图】|【矩形】命令绘制停车位轮廓线。

命令：RECTANG

指定第一个角点或［倒角(C)/标高(E)/圆角(F)/厚度(T)/宽度(W)］:

指定另一个角点或［面积(A)/尺寸(D)/旋转(R)］: **@55000,7000**

(3) 使用【修改】|【分解】命令将矩形分解成单个的线段。

(4) 使用【修改】|【阵列】命令将矩形宽度线复制生成停车位的分隔线。在图4-8所示的对话框中,设定行数为"1",列数为"11",列偏移距离为"5000mm"。结果如图 4-7所示。

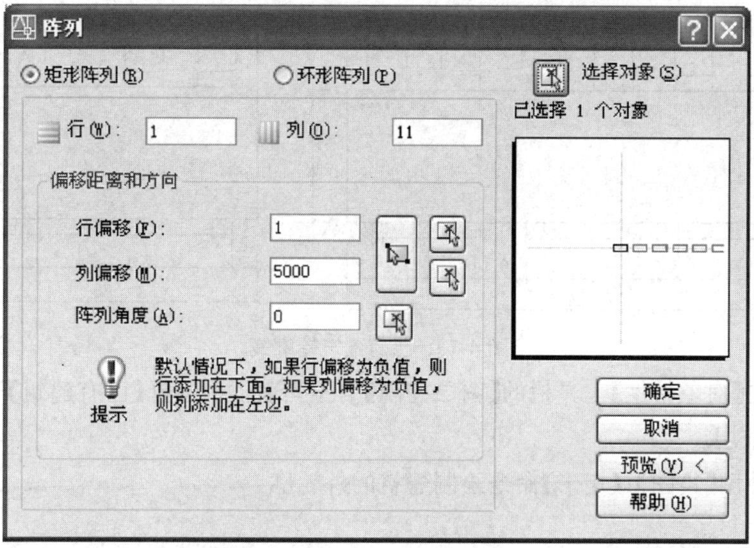

图 4-8 "矩形阵列"对话框

(5) 使用【修改】|【旋转】命令将绘制好停车位旋转 13°,并移动到对应的位置。上述命令完成后的图形如图 4-9 所示。

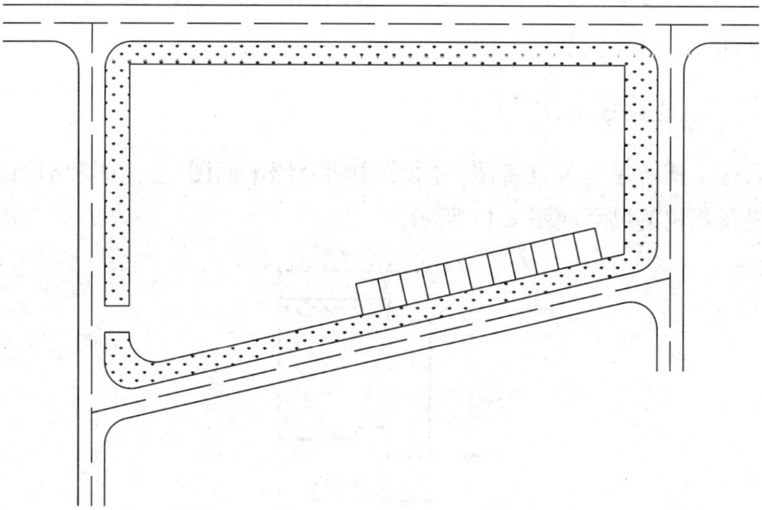

图 4-9 停车位绘制完成后的图形

4.3.6 绘制小区已有建筑

本例中小区的已有建筑为两栋住宅，如图4-10所示。以A栋住宅为例，说明其具体操作步骤。

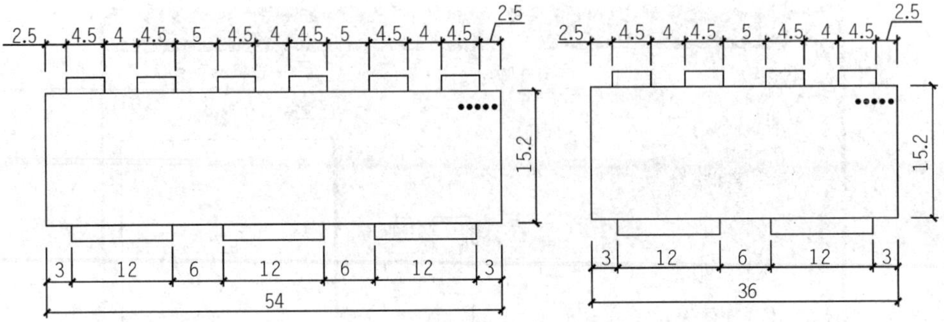

图4-10　已有建筑轮廓线

(1) 在【对象特性】工具栏的【图层控制】下拉列表框中选择【已有建筑】选项，把该层设为当前层。

(2) 使用【绘图】|【矩形】命令绘制建筑的外轮廓

命令：RECTANG
指定第一个角点或[倒角(C)/标高(E)/圆角(F)/厚度(T)/宽度(W)]：
指定另一个角点或[面积(A)/尺寸(D)/旋转(R)]：**@54000,15200**

(3) 使用【绘图】|【矩形】命令阳台和雨篷的轮廓线，并使用"复制"命令进行复制到相应的位置。

4.3.7 绘制新建建筑

小区内有3栋新建建筑，在后面的章节中将介绍平面图、立面图和剖面图的绘制，其外轮廓线及其相关尺寸如图4-11所示。

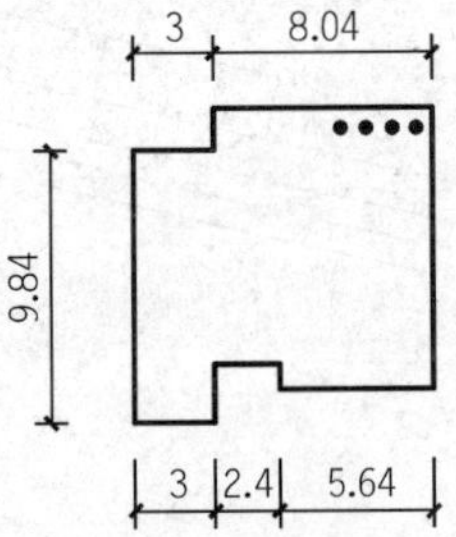

图4-11　新建建筑

(1) 使用“直线”命令或“多段线”命令绘制别墅的外轮廓线，并给定线宽 0.7mm。

(2) 使用“创建块”命令将已绘制的图形创建为图块其块名为“单体别墅”。

(3) 使用“插入块”命令将图块插入到小区平面图中对应的位置，如图 4-12 所示。

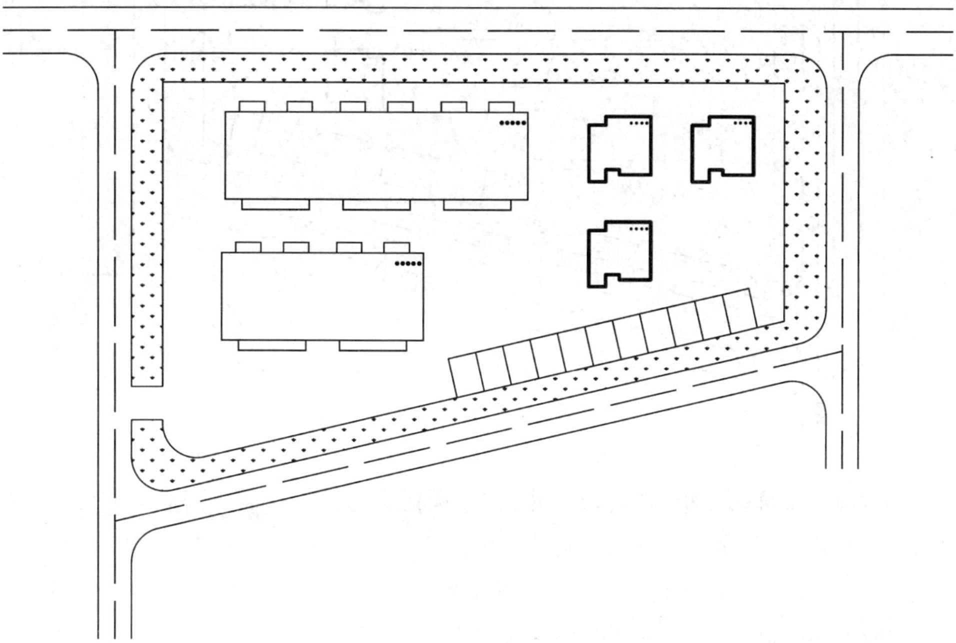

图 4-12 新建建筑绘制后的图形

4.3.8 绘制道路外侧的绿化带和树木

1. 绘制绿化带轮廓

(1) 创建“绿化”图层，把该层设为当前层。

(2) 使用【修改】|【偏移】命令绘制绿化带轮廓线。分别将道路的边线向绿化带的一侧偏移 10000mm。

2. 绘制树木

(1) 创建“树木”图层，并将其设置为当前层。

(2) 使用【修改】|【偏移】命令绘制种植树木辅助线。分别将道路的边线向绿化带的一侧偏移 5000mm。

(3) 使用【绘图】|【定数等分(Divide)】命令将种植树木辅助线按种植树木数进行等分。如图 4-13 所示。

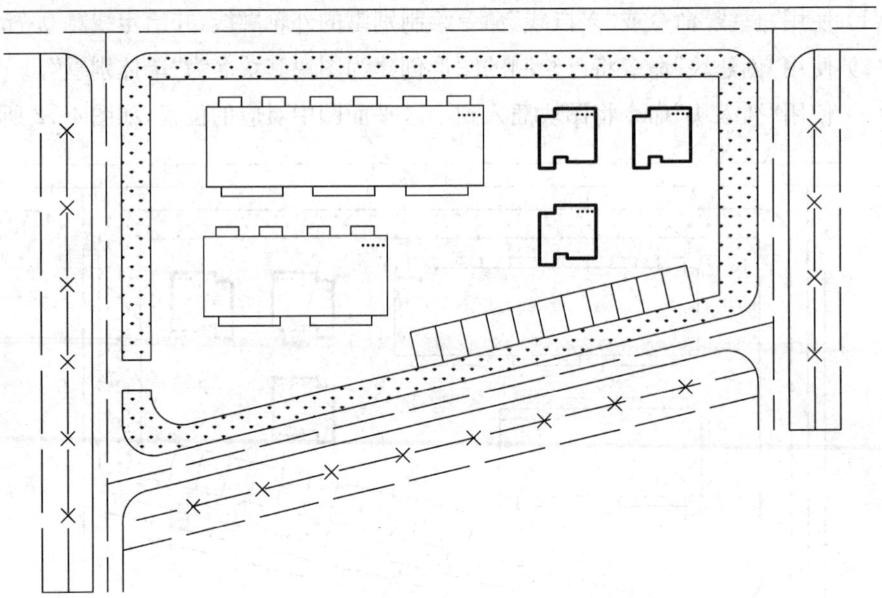

图 4-13　树木定位

(4) 打开“工具选项板窗口”,从“建筑”选项板中选择“树”插入到对应的位置。

(5) 使用“复制”命令复制其他树木。

注意:将“对象捕捉”设置为“节点”自动方式。

3. 填充绿化带

(1) 使用【绘图】|【图案填充】命令填充绿化带,图案选择“GRASS”,比例设定为 100。

(2) 绿化带和树木绘制完成后的图形如图 4-15 所示。

4.3.9　绘制指北针

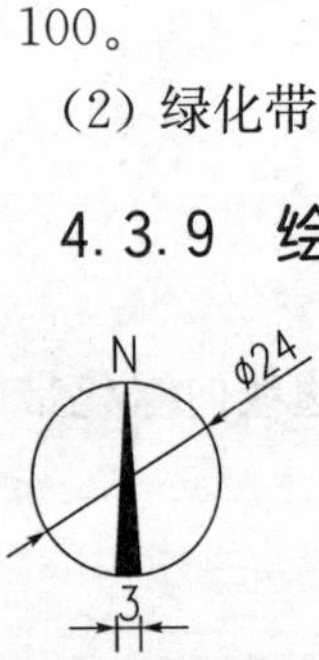

图 4-14　指北针

指北针(图 4-14)是表示建筑物方位的标志。是总平面图上重要的图形对象之一。使用 AutoCAD 绘制时可以使用如下操作。

(1) 创建“指北针”图层,并将其设置为当前层。

(2) 使用【绘图】|【圆】命令绘制外圆。按照出图比例将圆的直径放大。

命令:CIRCLE 指定圆的圆心或 [三点(3P)/两点(2P)/相切、相切、半径(T)]:
指定圆的半径或 [直径(D)] <6000.00>:d 指定圆的直径 <12000.00>:

(3) 使用【绘图】|【直线】命令绘制一条辅助线,并将辅助线顺时针旋转 3.6°,得到指针的左轮廓线。

(4) 使用【修改】|【镜像】命令将旋转后的辅助线镜像复制，得到指针的右轮廓线。

(5) 使用【绘图】|【图案填充】命令填充指针，图案选择“solid”。如图 4-15 所示。

4.3.10 文字和尺寸标注

完成小区平面图绘制后，需要在图中添加必要的文字和尺寸说明如“小区建筑总平面图 1∶500”。标注后图形如图 4-15 所示。

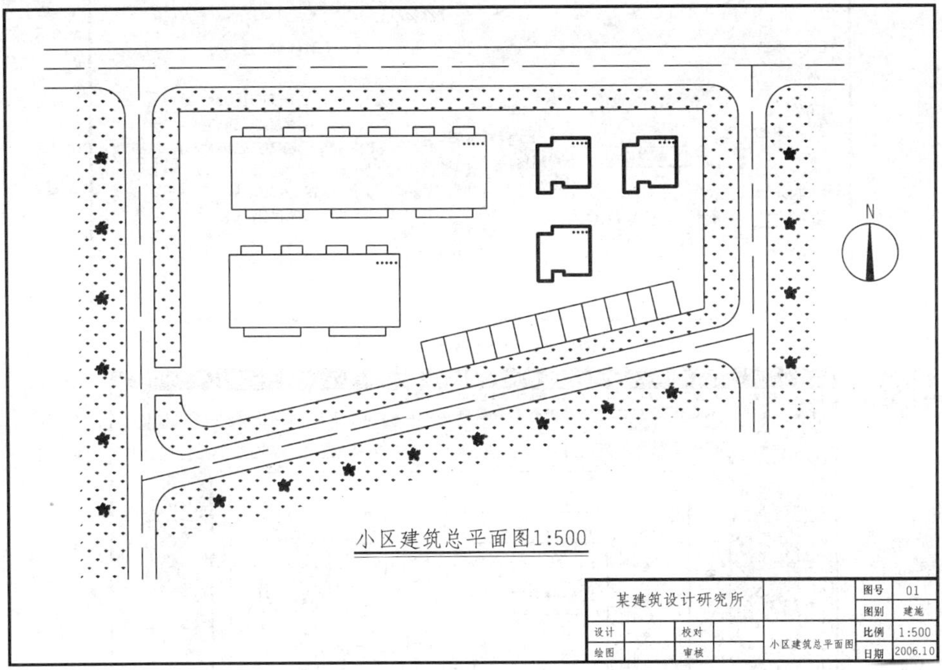

图 4-15 绿化带、树木和指北针绘制完成后的图形

4.4 图形输出

绘制完平面图后，可以把图形切换至【布局】选项卡进行打印。具体步骤如下：

(1) 选择 0 层为当前层。

(2) 单击【布局 1】选项卡，切换至图纸空间并弹出如图 4-16 所示的【页面设置-布局 1】对话框，从中设置【布局设置】和【打印设备】两个选项卡。具体布局设置方法见第 11 章。

(3) 配置完【打印设备】和【布局设置】选项卡后，单击【确定】按钮，显示如图4-17 所示的视口。

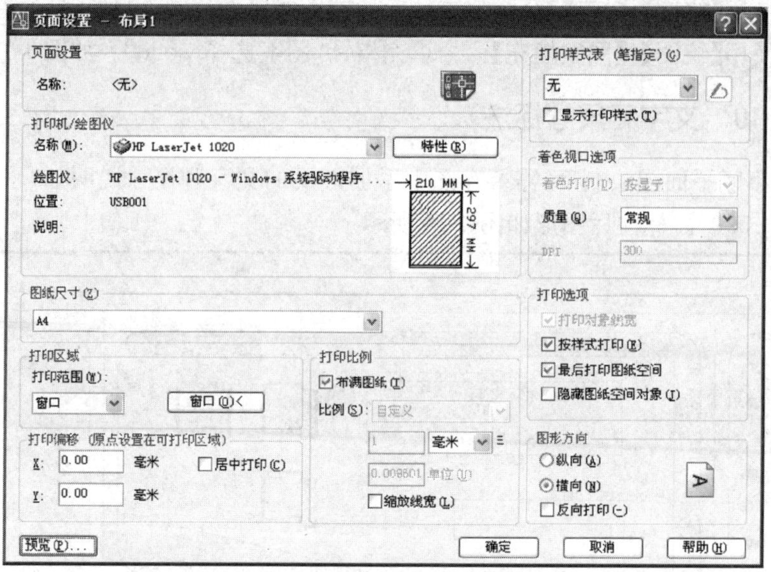

图 4-16 “页面设置-布局 1”对话框

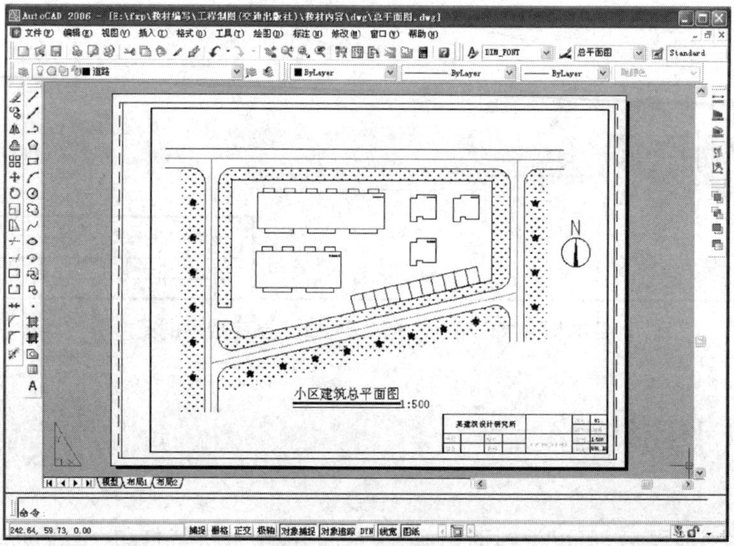

图 4-17 布局效果

小 结

本章按照建筑设计规范和建筑制图要求，讲述使用 AutoCAD 绘制建筑总平面图的方法、步骤与技巧。

习 题

1. 简答题

(1) 试述总平面图的图示内容和一般要求

(2) 试述绘制建筑总平面图的方法和步骤

2. 上机练习

用 AutoCAD 2006 绘制本章的小区总平面图。

第5章 绘制建筑平面图

建筑平面图实际上是房屋的水平剖视图(除屋顶平面图外),也就是假想用一水平平面经门窗洞口处将房屋剖开,移去切平面以上的部分,对切平面以下的部分用正投影法得到的投影图,简称为平面图。它用以表达建筑物的平面形状、大小和房间的布置,以及墙、柱、门窗等构配件的位置、尺寸、材料和做法等。

一般情况下,房屋有几层,就应绘制出几个平面图,并在图的下方正中标注相应的图名,如"底层平面图"、"二层平面图"、"屋顶平面图"等。当房屋中间若干层的平面布局、构造完全相同或仅有局部不同时,可用一个平面图表示,称为"标准层平面图",对于局部的不同之处,可另绘局部平面图。建筑平面图是施工过程中,房屋的定位放线、砌墙、设备安装、装修以及编制预算、备料等的重要依据。

5.1 建筑平面图的图示内容

建筑平面图内应包括剖切面和投影方向可见的建筑构造、构配件以及必要的尺寸、标高等。

(1) 图名、比例。平面图常用的比例为1∶50、1∶100、1∶200。

(2) 纵横定位轴线及其编号。

(3) 各房屋的组合、分隔和名称,墙、柱的断面形状及尺寸等。

(4) 门、窗的布置及其型号。

(5) 楼梯梯段的形状、梯段的走向和级数。

(6) 其他构件如台阶、花台、阳台、雨篷等的位置、形状和尺寸,以及厨房、厕所、盥洗间等的固定设施的布置等。

(7) 平面图中应标注的尺寸和标高。

(8) 详图索引符号。

(9) 底层平面图中应表明剖面图的剖切位置、剖视方向及编号，表示房屋朝向的指北针。

(10) 屋顶平面图中应表示出屋顶形状、屋面排水情况及屋面以上的构筑物或其他设施，如天沟、女儿墙、屋面坡度及方向、楼梯间、水箱间、天窗、上人孔、消防梯等。

5.2 画法特点及要求

1. 比例

建筑物是庞大和复杂的形体，绘图时必须采用各种不同的比例。绘制平面图常用1∶50、1∶100、1∶200的比例，实际工程中常用1∶100的比例。

2. 定位轴线

定位轴线是施工定位、放线的重要依据。凡是承重墙、柱子等主要承重构件都应画出轴线来确定其位置。定位轴线采用细点划线表示，并予以编号。轴线的端部画细实线圆圈。平面图上定位轴线的编号宜标注在图的下方与左侧，横向编号采用阿拉伯数字，从左至右顺序编写，竖向编号采用大写拉丁字母，自上而下顺序编写。大写拉丁字母中的I、O、Z不得作为轴线编号，以免与数字混淆。

3. 图线

建筑平面图中的图线应粗细有别，层次分明。被剖切到的墙、柱的断面轮廓线用粗实线(b)绘制，门的开启线用中实线(0.5b)，其余可见轮廓线用细实线(0.35b)，尺寸线、标高符号、定位轴线的圆圈、轴线等用细实线和细点划线绘制。其中，b的大小可根据不同情况选取适当的线宽组，如表5-1所示。

线宽比和线宽对照表 表5-1

线宽比	线宽组(mm)					
b	2.0	1.4	1.0	0.7	0.5	0.35
0.5b	1.0	0.7	0.5	0.35	0.25	0.18
0.35b	0.7	0.5	0.35	0.25	0.18	

4. 图例

由于平面图一般采用1∶50、1∶100、1∶200的比例绘制，所有门、窗等应采用国标规定的图例来绘制，而相应的具体构造用较大比例的详图表达。常用构造及配件图例可参阅相关的建筑制图书籍或国家标准。

5. 尺寸标注

在建筑平面图中，所有外墙一般应标注 3 道尺寸，最外面一道是外包尺寸，表明建筑物的总长度和总宽度。中间一道是轴线尺寸，表明开间和进深的尺寸，最里面一道是表示门窗洞口、墙垛、墙厚等详细尺寸。内墙必须注明与轴线的关系、墙厚、门窗洞口尺寸等。

此外，首层平面图上还要表明室外台阶、散水等尺寸。各层平面图还应表明墙上留洞的位置、大小洞底标高。

6. 详图索引符号

一般在屋顶平面图附近配以檐口、女儿墙泛水、雨水口等构造详图，以配合平面图的识读。凡需绘制详图的部位，均应画上详图索引符号。详图符号的圆圈应画成直径 14mm 的粗实线圆。索引符号的圆和水平直径均以细实线绘制，圆的直径一般为 10mm。

5.3 绘制方法与步骤

一般建筑平面图的绘制步骤如下：

(1) 设置绘图环境；

(2) 绘制定位轴线及柱网；

(3) 创建图块(如门、窗、柱、轴线编号等)；

(4) 基本图形的绘制和编辑(如墙体线、开门窗洞、插入门窗等)；

(5) 绘制各个建筑细部(如楼梯等)；

(6) 尺寸和文字标注；

(7) 打印出图。

5.4 绘图实例

本文通过绘制一栋别墅的建筑平面图(图 5-1)，介绍使用 AutoCAD 2006 绘制建筑平面图的方法和步骤。

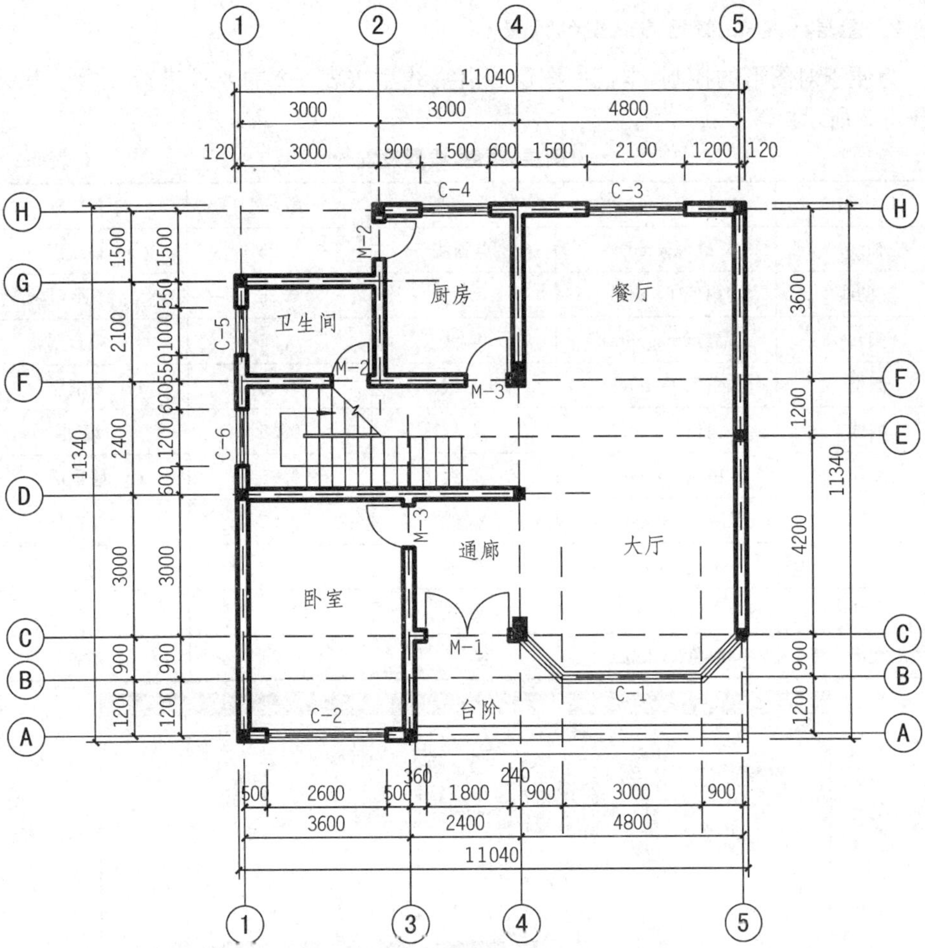

图 5-1　建筑平面图

5.4.1　设置绘图环境

用户在开始绘图时首先要规划图形的绘图环境，其内容包括设置图形的绘图单位、图形界限和设置图形的图层和线型。

1. 新建文件

启动计算机，正确引导操作系统，双击桌面上 AutoCAD 2006 图标，进入 AutoCAD 2006 系统界面，单击【文件】菜单中【新建】命令或单击【标准工具栏】中按钮，弹出【选择样板】对话框，选择【A2. dwt】作为样板文件，建立一个新的图形文件。

说明：使用样板文件 A2. dwt 作为新图形文件的模板，平面图要求的绘图环境和样板文件中相同的部分无需重新设置。

2. 图层的建立、颜色与线型的设置

为便于对图形的控制，本例中图层、颜色、线型按表 5-2 的要求进行设置。其结果如图 5-2 所示。

图层、颜色、线型设置　　表 5-2

层　名	颜　色	线　型	线　宽	备　注
轴线	红色（red）	点画线	0.25	轴线层
辅助线	白色（white）	实 线	0.25	辅助线层
阳台	品红（magenta）	实 线	0.25	阳台层
图框	白色（white）	实 线	0.25	图框层
墙线	白色（white）	实 线	0.35	墙 层
屋顶	白色（white）	实 线	0.25	屋顶层
门	绿色（green）	实 线	0.25	门层
窗	青色（cyan）	实 线	0.25	窗层
尺寸	白色（white）	实 线	0.25	尺寸层
文字	白色（white）	实 线	0.25	文字层

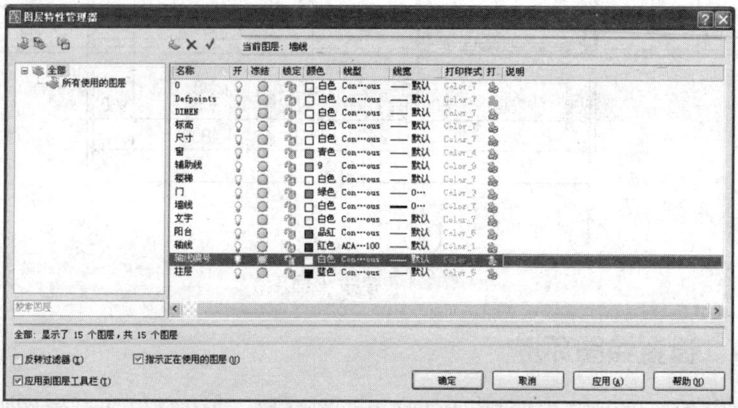

图 5-2　图层建立、颜色与线型设置结果

5.4.2　绘制轴线

(1) 将“轴线”层置为当前层。

(2) 用 LTSCALE 命令设定合适的线型比例，如 100，使点画线显示合适形状。

命令：LTSCALE↙

输入新线型比例因子 <1.00>：**100**↙

正在重生成模型。

(3) 用平移复制(OFFSET)命令绘制水平和垂直方向轴线。

注意:打开正交模式画出最左边的竖直轴线和最下边的水平轴线,再用 OFFSET 命令按轴线间的距离在竖直和水平方向复制出相应的轴线,最后用 TRIM 命令把轴线修剪到所需长度,修剪时可画一水平或垂直辅助线作修剪边界线。操作过程步骤如下:

(4) 使用【直线】命令在图框内左侧与下侧的适当位置绘制 2 条轴线,如图 5-3 中的轴线Ⓐ,①。

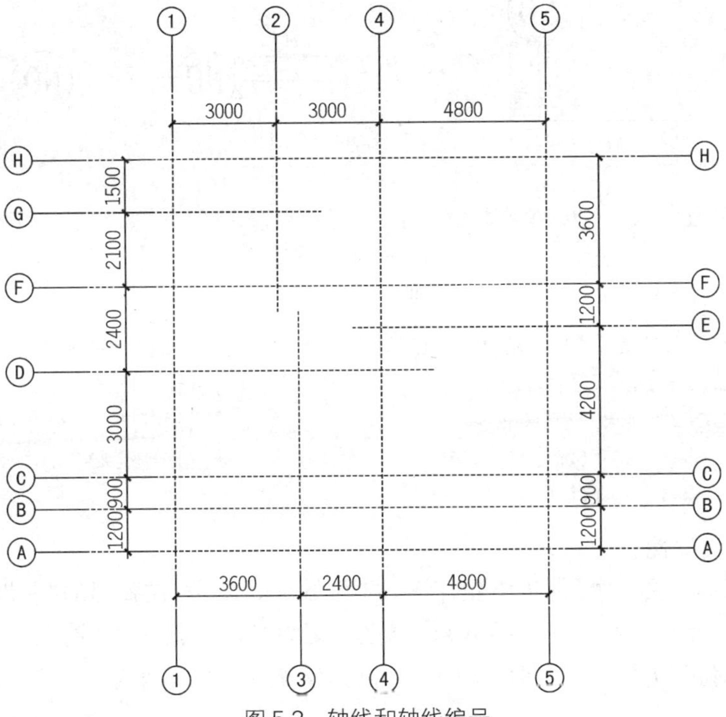

图 5-3 轴线和轴线编号

(5) 用平移复制(OFFSET)命令绘制垂直方向轴线。

命令:<u>OFFSET</u>
当前设置:删除源=否 图层=源 OFFSETGAPTYPE=0
指定偏移距离或[通过(T)/删除(E)/图层(L)] <通过>:1200
(输入平移复制距离 1200)
选择要偏移的对象,或[退出(E)/放弃(U)] <退出>: (选择轴线 A)
指定要偏移的那一侧上的点,或[退出(E)/多个(M)/放弃(U)] <退出>:
(点取上侧,得到轴线 B)
选择要偏移的对象,或[退出(E)/放弃(U)] <退出>:
……

连续使用 OFFSET 命令可以偏移复制出其他辅助轴线,其结果如图 5-3 所示。

5.4.3 绘制轴线编号

1. 创建轴线编号属性块

平面图中的轴线编号如图 5-4 所示，首先在绘图区绘制出轴线编号图形，定义轴线编号的属性，并创建为图块。具体操作如下：

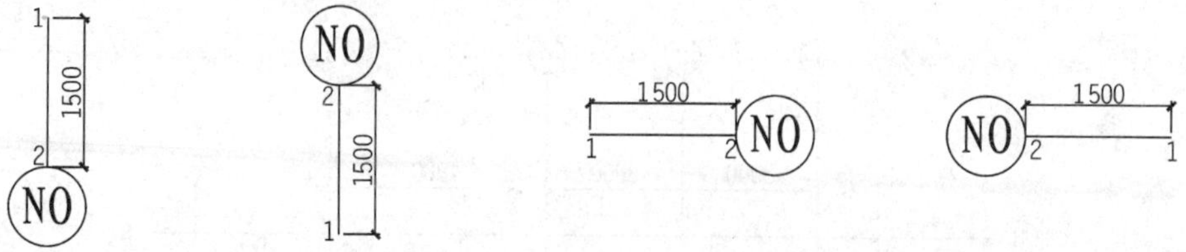

a) 垂直轴号(下)　b) 垂直轴号(上)　c) 水平轴号(右)　d) 水平轴号(左)

图 5-4　轴线编号

(1) 在 0 层上建立对象——垂直轴号(下)。

命令：CIRCLE 指定圆的圆心或［三点(3P)/两点(2P)/相切、相切、半径(T)］：
指定圆的半径或［直径(D)］：400　(输入圆的半径)
命令：LINE 指定第一点：qua　(捕捉圆的四分之一点 2)
指定下一点或［放弃(U)］：@0,1500　(得到点 1)
指定下一点或［放弃(U)］：

(2) 定义属性。

单击标准工具栏中【创建块】图标，调用“block”命令，在弹出的“属性定义”对话框(图 5-5)。拾取“圆心”作为插入点，属性标记为“NO”，提示为“输入轴线编号”，文字选项中“对正”为“中间”(即放入圆的中间)，字高为“300”，角度为“0”。按“确定”后门块被定义。

注意：定义块属性时，【属性定义】对话框中【插入点】是指文字的插入点，本例中选择圆心点作为插入点。

(3) 创建轴线编号属性块。

单击标准工具栏中【创建块】图标，调用“block”命令，在弹出的“块定义”对话框。在名称栏中输入块名“轴线编号”，拾取线段的端点“1”作为基点，选取包括属性 NO 在内的 3 个对象作为建块对象，按“确定”后门块被定义。

说明：其他轴线编号图块的创建与垂直轴号(下)图块的创建相同。创建图块时，基点的选择十分重要，因为将图块插入时，是以此基点为基准点进行插入。

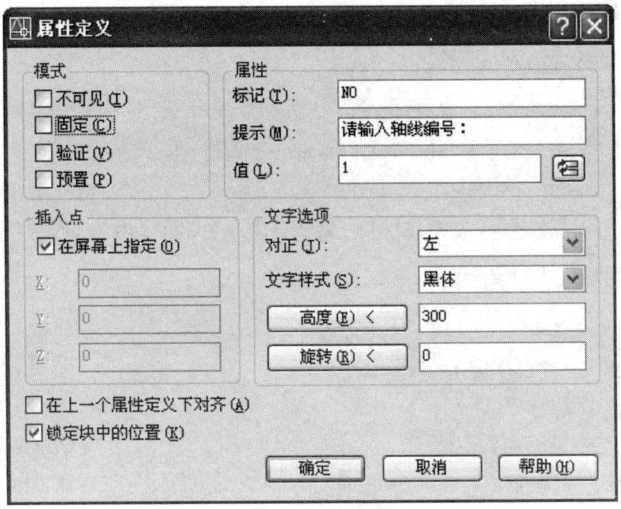

图 5-5　轴线编号(水平)属性定义对话框

2. 插入轴线编号

注意：绘制完轴线后，及时插入轴线编号(图块)为后续绘图定位提供方便。

命令：INSERT

指定插入点或[基点(B)/比例(S)/X/Y/Z/旋转(R)/预览比例(PS)/PX/PY/PZ/预览旋转(PR)]：

输入属性值

输入轴线编号：<1>：1

………

命令：INSERT

指定插入点或[基点(B)/比例(S)/X/Y/Z/旋转(R)/预览比例(PS)/PX/PY/PZ/预览旋转(PR)]：

输入属性值

输入轴线编号：<1>：A

………

用同样的方法插入其他方向的轴线编号，其结果如图 5-3 所示。

5.4.4　绘制柱

本例中柱的尺寸大多数为 240mm×240mm(如图 5-6)，可以使用“矩形”或“正多边形”进行绘制。绘制后创建为“柱”图块，以便在需要的地点插入。

图 5-6　柱

1. 在0层上建立对象——柱

(1) 绘制240×240的矩形。

命令：RECTANG
指定第一个角点或[倒角(C)/标高(E)/圆角(F)/厚度(T)/宽度(W)]：
(点取矩形的对角点1)
指定另一个角点或[面积(A)/尺寸(D)/旋转(R)]：@**240,240** (得到对角点4)

(2) 绘制柱的辅助对角线。

命令：LINE 指定第一点： (捕捉图5-6中的点1)
指定下一点或[放弃(U)]： (捕捉图5-6中插入点4)
指定下一点或[放弃(U)]：
命令：LINE 指定第一点： (捕捉图5-6中的点2)
指定下一点或[放弃(U)]： (捕捉图5-6中插入点3)
指定下一点或[放弃(U)]：

(3) 绘制填充柱。

命令：SOLID 指定第一点： (捕捉图5-6中的点1)
指定第二点： (捕捉图5-6中的点2)
指定第三点： (捕捉图5-6中的点3)
指定第四点或＜退出＞： (捕捉图5-6中的点4)

2. 创建柱图块

单击标准工具栏中【创建块】图标，调用“block”命令，在弹出的“块定义”对话框。在名称栏中输入块名“柱块”，拾取线段13与线段24的交点作为基点，选择填充柱作为建块对象，按“确定”后门块被定义。

3. 插入柱

(1) 将当前层转换为柱层。

(2) 插入点捕捉轴线的交点。

在“插入”对话框中的“名称”下拉列表中选择块名【柱】块，插入点在屏幕上指定，缩放比例X方向为1，Y方向为1。

命令：INSERT
指定插入点或
[基点(B)/比例(S)/X/Y/Z/旋转(R)/预览比例(PS)/PX/PY/PZ/预览旋转(PR)]：B
指定基点： (指定柱块的基点)
指定插入点： (指定柱块在绘图区的插入点)
………

使用同样的方法，将柱块插入到指定的位置，插入所有柱后的图形如图 5-7 所示。

注意：插入图块时，可以重新指定块的基点，然后再指定图块的插入点。这对于要求图块使用不同的基点进行插入时，带来很大的方便。这是 AutoCAD 2006 的新增功能。

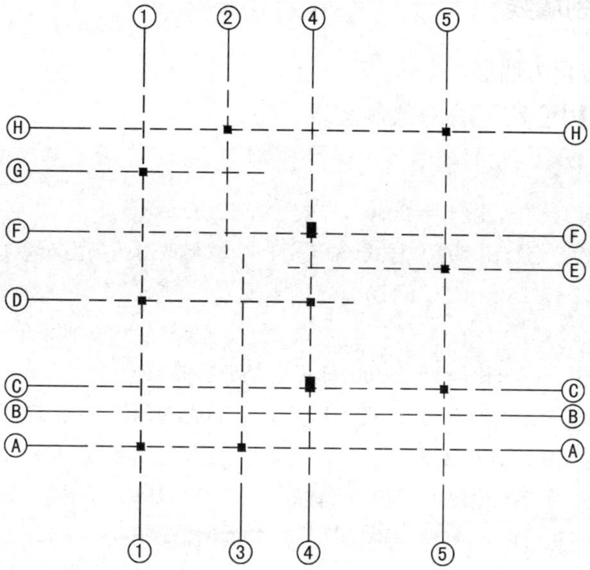

图 5-7　插入柱后的图形

5.4.5　绘制门、窗定位辅助线

(1) 将"辅助线"层置为当前层。

(2) 画出所有门窗处的定位辅助线，如图 5-8 所示。

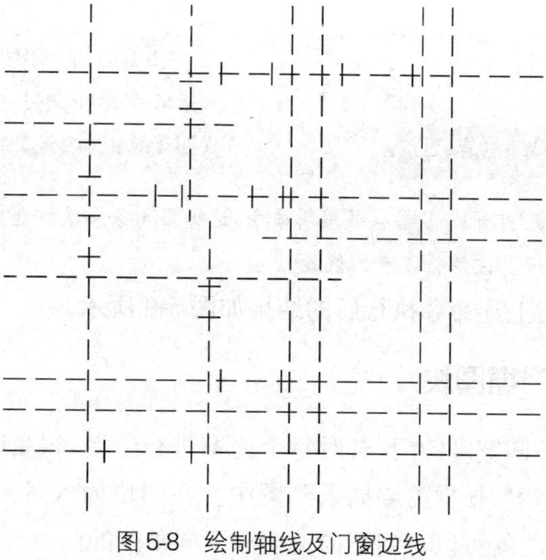

图 5-8　绘制轴线及门窗边线

技巧：先绘制出所有门窗边线，在画墙线时可把墙线画至门、窗边线与轴线的相交处，免去打断墙线的麻烦。

5.4.6 绘制墙线

(1) 当前层转化为墙层。

(2) 用【绘图】中【多线】命令绘制墙线。

命令：MLINE↙
当前设置：对正 = 上，比例 = 20.00，样式 = STANDARD
指定起点或 [对正(J)/比例(S)/样式(ST)]：J　　(修改对正类型)
输入对正类型 [上(T)/无(Z)/下(B)] <上>：Z
　　(偏移量为 0，使墙的中线和轴线重合)
当前设置：对正 = 无，比例 = 20.00，样式 = STANDARD
指定起点或 [对正(J)/比例(S)/样式(ST)]：S　　(调整两线之间的宽度)
输入多线比例 <20.00>：**240**　　(设定墙宽为 240)
当前设置：对正 = 无，比例 = 240.00，样式 = STANDARD
指定起点或 [对正(J)/比例(S)/样式(ST)]：<对象捕捉 开>
　　(捕捉轴线交点为第一点)
指定下一点：　　(依次给出墙线各点，或回车结束命令)

(3) 关闭"辅助线"层，使辅助线不显示。

(4) 调用 MLEDIT 命令打开【多线编辑工具】对话框，选择【T 形打开】工具，在命令行出现提示：

选择第一条多线：　　(拾取 T 形相交墙线中一条线)
选择第二条多线：　　(拾取 T 形相交另一个墙线中一条线)
选择第一条多线 或 [放弃(U)]：　　(回车结束命令，或继续编辑另一交接处)

说明：使用 T 形打开或 T 形合并编辑命令，选择第 1 条多线和选择第 2 条多线时，只要将拾取多线中的 1 条线即可。注意拾取点的位置。

将辅助线关闭后上述命令执行后的结果如图 5-9 所示。

5.4.7 创建门窗图块

在平面图中有不同宽度的门，若对每个门窗进行绘制，很费时费力。一般将绘制的门窗创建成图块，然后根据需要插入到图中。在图块插入时只要改变 X，Y 方向的缩放比例和旋转角度，就可以得到不同宽度和不同角度的门。

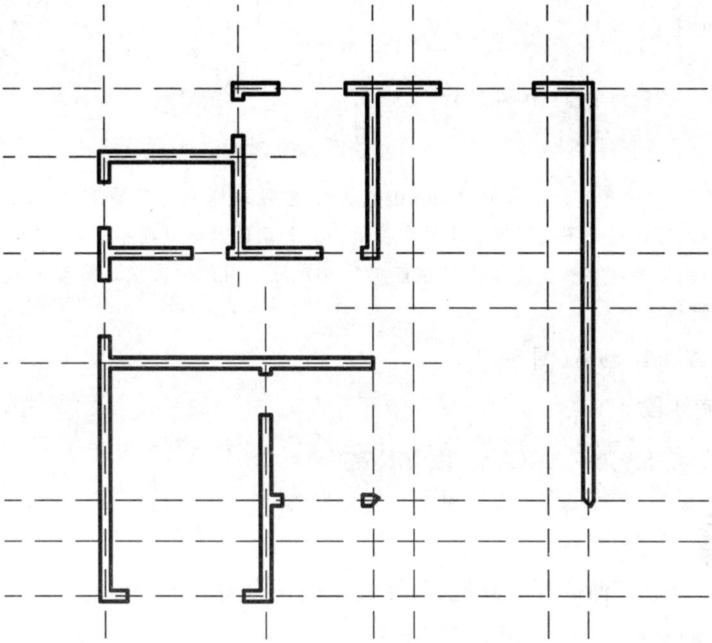

图 5-9　编辑后的墙线

1. 在 0 层绘制门(图 5-10)

命令：LINE　　(画线段 *a*)
指定第一点：　　(在绘图区某位置点取点 1)
指定下一点或［放弃(U)］：@0,1000
指定下一点或［放弃(U)］：
命令：ARC　　(画弧 *b*)
指定圆弧的起点或［圆心(C)］：　　(捕捉点 2 为圆弧的起点)
指定圆弧的第二个点或［圆心(C)/端点(E)］：c
指定圆弧的圆心：　　(捕捉点 1 指定圆弧的圆心)
指定圆弧的端点或［角度(A)/弦长(L)］：a
指定包含角：－90　　(给定圆弧的圆心角)

2. 创建"门"图块

单击【绘图】菜单中【块】子菜单中【创建块】调用"block"命令，调用后在"块定义"对话框。在名称栏中输入块名"门"，拾取"1"点作为基点，选择直线和弧作为建块对象，按"确定"后门块被定义。

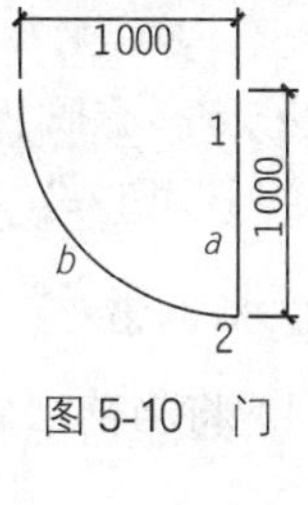

图 5-10　门

命令：BLOCK
指定插入基点：　　　　　　　　　　　　　　　（捕捉插入点 1）
选择对象：指定对角点：找到 2 个　　　　　　　（选取线段 a 与弧 b）
选择对象：

注意：门块的宽度设置为 1000mm 作为基准，在图块插入时只要改变 X，Y 方向的缩放比例和旋转角度，就可以得到不同宽度和不同角度的门。如门的开启方向不同，只要在给定 X，Y 方向的缩放比例时，根据其对称性在缩放比例值前加负号即可。因此门图块只要建立一个。这一点望读者在操作时进行体会。

3. 在 0 层上绘制窗（图 5-11）

（1）绘制线段 a

命令：LINE 指定第一点：（在绘图区某位置点取点 1）
指定下一点或［放弃(U)］：**@1000,0**
指定下一点或［放弃(U)］：

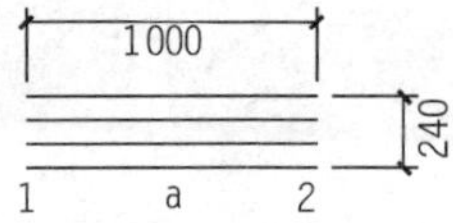

图 5-11　窗

（2）使用“偏移”命令复制其他三条线段，偏移距离为 80mm。

4. 创建窗图块

单击【绘图】菜单中【块】子菜单中【创建块】调用“block”命令，在弹出的“块定义”对话框。在名称栏中输入块名“窗块”，拾取“1”点作为基点，选择建块对象，按“确定”后门块被定义

技巧：窗块的长度以 1000mm 作为基准，宽度为 240mm（为墙的厚度），在图块插入时只要改变 X 方向的缩放比例和旋转角度，就可以得到不同长度和不同角度的窗。

5.4.8　插入门、窗

1. 插入门 M—1

（1）将当前层转化为门层。

（2）插入门 M—1。

在“插入”对话框中的“名称”下拉列表中选择块名“门”块，插入点在屏幕上指定，缩放比例 X 方向为 0.9，Y 方向为 0.9。

命令：INSERT
指定插入点或［基点(B)/比例(S)/X/Y/Z/旋转(R)/预览比例(PS)/PX/PY/PZ/预览旋转(PR)］：（指定门垛的交点）

2. 插入窗

（1）将当前层转换为窗层。

(2) 插入窗块。

在"插入"对话框中的"名称"下拉列表中选择块名"窗"块，插入点在屏幕上指定，缩放比例 X 方向为 1.8，Y 方向为 1。

命令：INSERT
指定插入点或［比例(S)/X/Y/Z/旋转(R)/预览比例(PS)/PX/PY/PZ/预览旋转(PR)］:

说明：其他窗户的插入按上述方法进行。注意正确输入 X、Y 方向的缩放比例、旋转角度。

插入门、窗后的图形如图 5-12 所示。

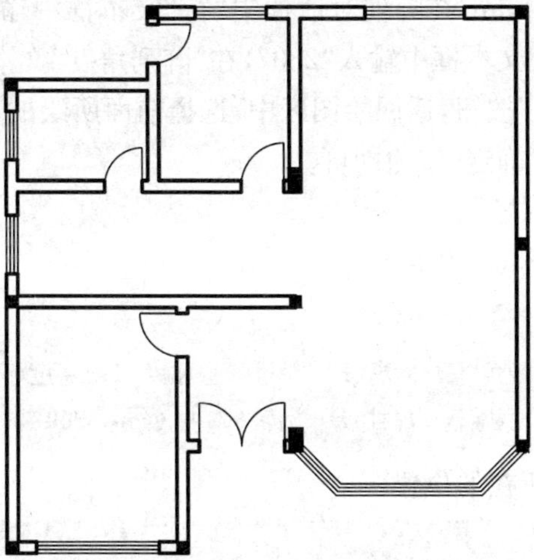

图 5-12　插入门、窗、柱后的图形

5.4.9　创建楼梯

创建如图 5-13 所示的楼梯平面图，具体操作步骤如下：

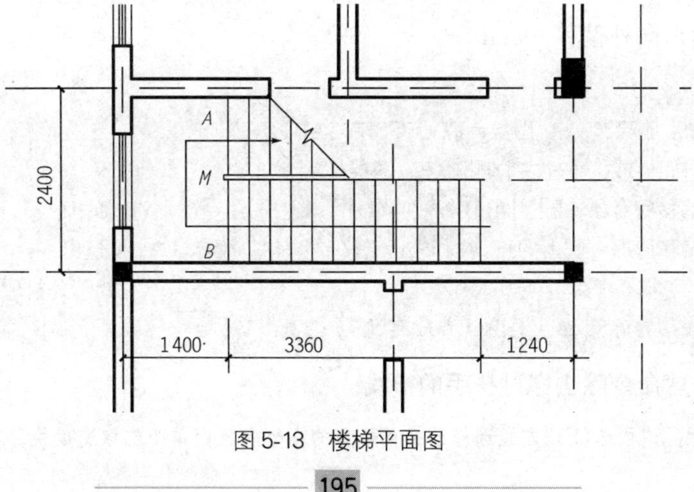

图 5-13　楼梯平面图

(1) 将【楼梯】层设置为当前层。

(2) 绘制端线 AB。

命令：<u>LINE</u>	
指定第一点：	(选择墙线和轴线的交点 A)
指定下一点或[放弃(U)]：	(选择墙线和轴线的交点 B)
指定下一点或[放弃(U)]：	(按 Enter 键)

(3) 用【修改工具栏】中【阵列】命令绘制楼梯踏步线

① 已知踏步宽 280mm，在阵列对话框中“行”文本框中输入“13”，在“列”文本框中输入“1”，在“行偏移”文本框中输入“280”，在“阵列角度”文本框中输入“0”。

② 单击“选择对象”按钮，返回绘图区中，选择前面所绘的直线，按<Enter>键返回“阵列”对话框，单击“确定”按钮即可。

(4) 绘制上下楼梯扶手。

① 绘制一个 60×3360 的矩形。

命令：<u>RECTANG</u>
指定第一个角点或 [倒角(C)/标高(E)/圆角(F)/厚度(T)/宽度(W)]：
指定另一个角点或 [面积(A)/尺寸(D)/旋转(R)]：**@60,3360**

② 将矩形移动到所在的位置。

命令：<u>MOVE</u>	
选择对象：找到 1 个	(选择上面所画矩形)
选择对象：	(按 Enter 键)
指定基点或 [位移(D)] <位移>：	(选择矩形短边中点 M)
指定第二个点或 <使用第一个点作为位移>：	(选择线段 AB 中点)

③ 将矩形向外偏移 60mm。

命令：<u>OFFSET</u>	
当前设置：删除源＝否 图层＝源 OFFSETGAPTYPE＝0	
指定偏移距离或 [通过(T)/删除(E)/图层(L)] <3360>：60	
选择要偏移的对象，或 [退出(E)/放弃(U)] <退出>：	(选择矩形)
指定要偏移的那一侧上的点，或 [退出(E)/多个(M)/放弃(U)] <退出>：	(在矩形外拾取一点)
选择要偏移的对象，或 [退出(E)/放弃(U)] <退出>：	

④ 用修剪命令除去穿过扶手的横线。

技巧：用“栏选(F)”方式选择选择要修剪的多个对象比单个选取速度快。

(5) 用【绘图工具栏】中【多段线】命令绘制上下箭头和折断线。

命令：PLINE
指定起点：<对象捕捉 开>
当前线宽为 0
指定下一个点或［圆弧(A)/半宽(H)/长度(L)/放弃(U)/宽度(W)］：
指定下一点或［圆弧(A)/闭合(C)/半宽(H)/长度(L)/放弃(U)/宽度(W)］：
指定下一点或［圆弧(A)/闭合(C)/半宽(H)/长度(L)/放弃(U)/宽度(W)］：
指定下一点或［圆弧(A)/闭合(C)/半宽(H)/长度(L)/放弃(U)/宽度(W)］：w
指定起点宽度 <0>：50　　　　(指定箭头的起点宽度 50mm)
指定端点宽度 <50>：0　　　　(指定箭头的端点宽度 0)
指定下一点或［圆弧(A)/闭合(C)/半宽(H)/长度(L)/放弃(U)/宽度(W)］：
(指定箭头的终点)
指定下一点或［圆弧(A)/闭合(C)/半宽(H)/长度(L)/放弃(U)/宽度(W)］：
……

(6) 用修剪命令剪去折断线右边的踏步线。

楼梯绘制后的图形如图 5-14 所示。

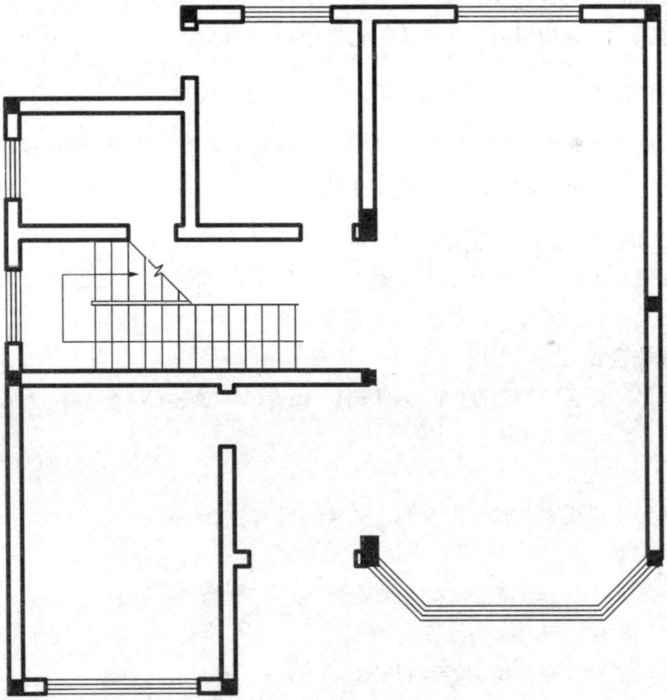

图 5-14　楼梯绘制后的平面图

5.4.10　尺寸标注

1. 尺寸标注样式的设置

在样板文件(A2.dwt)中，已按建筑图绘制的要求设置了尺寸标注样式。

2. 尺寸标注

(1) 将“尺寸”层设置为当前层。

(2) 用线性标注和连续标注命令标注第一道尺寸线。

命令：DIMLINEAR
指定第一条尺寸界线原点或 ＜选择对象＞：
指定第二条尺寸界线原点：
指定尺寸线位置或
[多行文字(M)/文字(T)/角度(A)/水平(H)/垂直(V)/旋转(R)]：
标注文字 = 500
命令：DIMCONTINUE
指定第二条尺寸界线原点或 [放弃(U)/选择(S)] ＜选择＞：
标注文字 = 2600
指定第二条尺寸界线原点或 [放弃(U)/选择(S)] ＜选择＞：
……

连续指定下一条尺寸界线原点，即可标注出其他对象的尺寸如500、300、900、3000、900。

(3) 标注水平方向下部的第二道尺寸线。

命令：DIMLINEAR
指定第一条尺寸界线原点或 ＜选择对象＞：
指定第二条尺寸界线原点：
指定尺寸线位置或
[多行文字(M)/文字(T)/角度(A)/水平(H)/垂直(V)/旋转(R)]：
标注文字 = 3600
命令：DIMLINEAR
指定第二条尺寸界线原点或 [放弃(U)/选择(S)] ＜选择＞：
标注文字 = 2400
指定第二条尺寸界线原点或 [放弃(U)/选择(S)] ＜选择＞：
标注文字 = 4800
指定第二条尺寸界线原点或 [放弃(U)/选择(S)] ＜选择＞：
……

(4) 标注水平方向下部的第三条尺寸线。

命令：DIMLINEAR
指定第一条尺寸界线原点或 <选择对象>：
指定第二条尺寸界线原点：
指定尺寸线位置或
[多行文字(M)/文字(T)/角度(A)/水平(H)/垂直(V)/旋转(R)]：
标注文字 = 11040

说明：其他方向尺寸标注方法同上，具体操作步骤省略。

尺寸标注后的图形如图 5-15 所示。

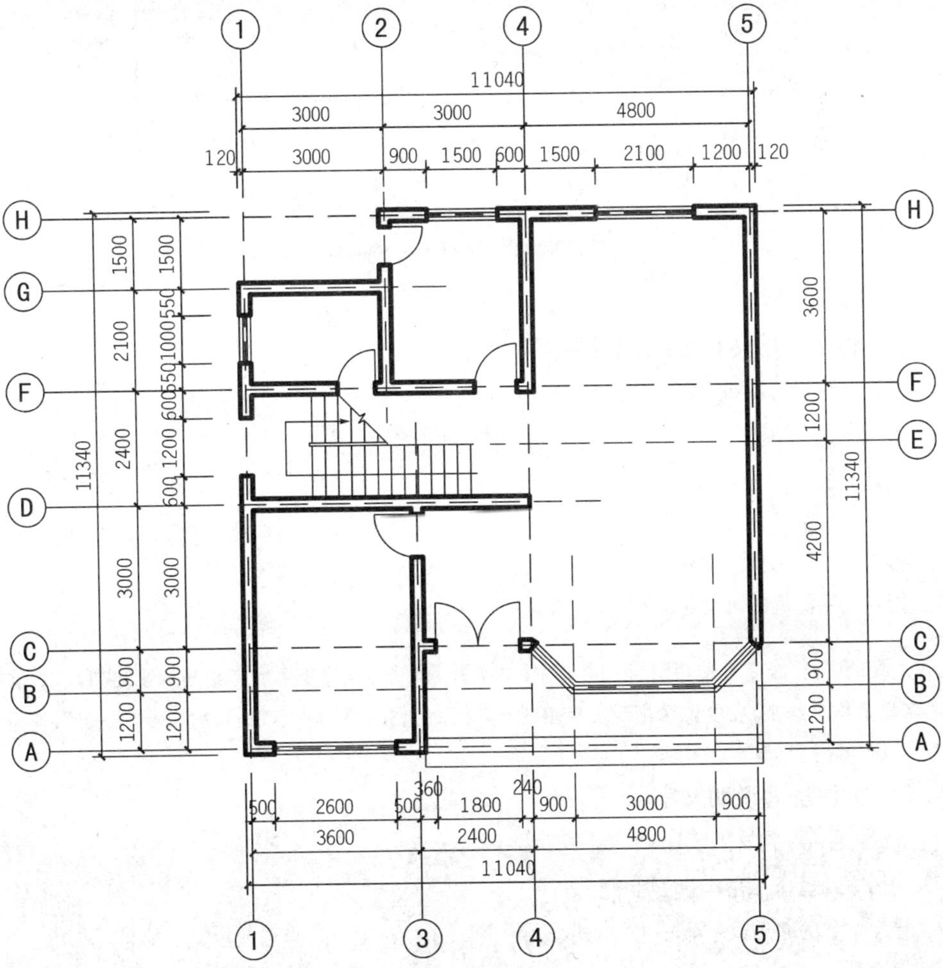

图 5-15　尺寸标注后的图形

5.4.11 文字标注

1. 设置文字标注样式

在图 5-16“文字样式”对话框，选择样式名，设置字型、字高以及宽度比例因子等效果参数。

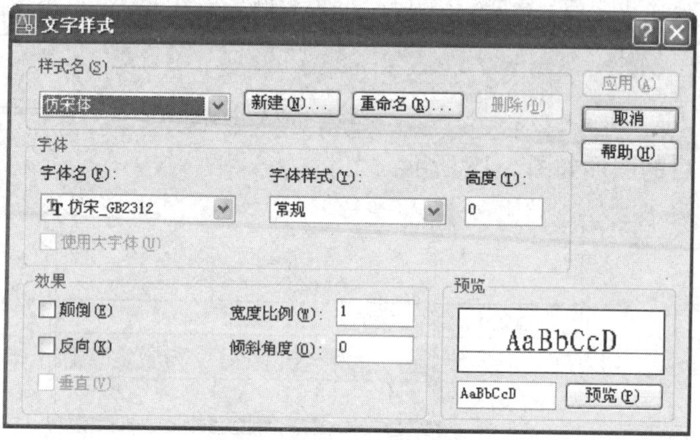

图 5-16 “文字样式”对话框

2. 标注文字

(1) 将当前层转化为【文字】层。

(2) 标注门、窗文字说明。

命令：<u>DTEXT</u>

当前文字样式：仿宋体 当前文字高度：600

指定文字的起点或［对正(J)/样式(S)］：　　(点取放置文字的起始点)

指定高度 <600>：**300**　　(输入字高 300)

指定文字的旋转角度 <0>：　　(输入倾斜角度)

说明：该命令可使用【绘图】菜单中【文字】|【单行文字】命令或直接输入别名“DT”。在命令文字提示信息结束，在绘图区出现文字编辑框，输入标注文字的内容，如门的名称“M—1”，使用此命令可以创建对门、窗文字说明。

(3) 标注房间说明文字。

命令：<u>DTEXT</u>

当前文字样式：仿宋体 当前文字高度：400

指定文字的起点或［对正(J)/样式(S)］：　　(点取放置文字的起始点)

指定高度 <400>：500　　(输入字高)

指定文字的旋转角度 <0>：　　　　　　　　　　（输入倾斜角度）

在绘图区出现文字编辑框，输入标注文字的内容，如 厨房、通廊、大厅、餐厅、厨房、卫生间等内容。

技巧：可以使用【复制】命令复制已经标注的文字，然后使用“ddedit”命令或在绘图区双击需修改的文字，此时，该文字处于可编辑状态，对该文字进行修改即可。

至此，建筑平面图绘制已经完成，最终结果如图 5-1 所示。

5.5 图形输出

绘制完平面图后，可以把图形切换至【布局】选项卡进行打印。具体步骤同第 4 章的 4.4。其布局效果如图 5-17 所示。

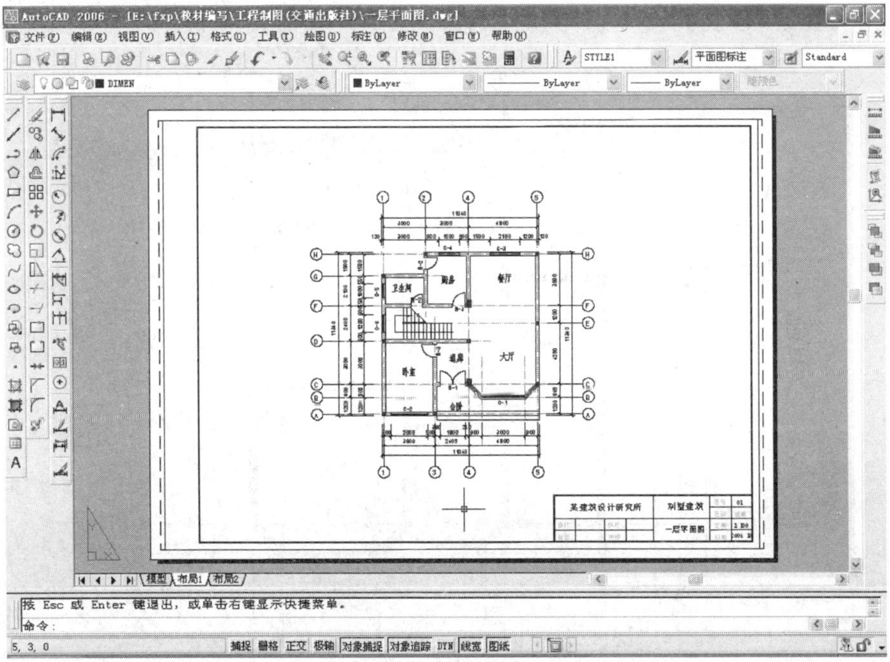

图 5-17　布局效果

小　结

本章结合建筑设计规范和建筑制图要求，详细讲述了使用 AutoCAD 2006 绘制建筑平面图的方法、步骤与技巧。通过本章内容的学习，可以进一步学习前文中所介绍的 AutoCAD 的绘图环境设置、基本操作命令和辅助工具。让读者了解到绘制工程图纸一定设计好绘图思路和操作步骤，掌握一定的操作技巧，可以大大提高绘图的效率。

习　题

1. 简答题

(1) 建筑平面图是如何形成的？应包括那些内容？

(2) 建筑平面图中的图线有什么要求？

(3) 建筑平面图中尺寸标注有什么要求？

(4) 试述建筑平面图绘制方法与步骤。

2. 上机练习

用 AutoCAD 2006 绘制图 5-18 中的二～四层平面图。

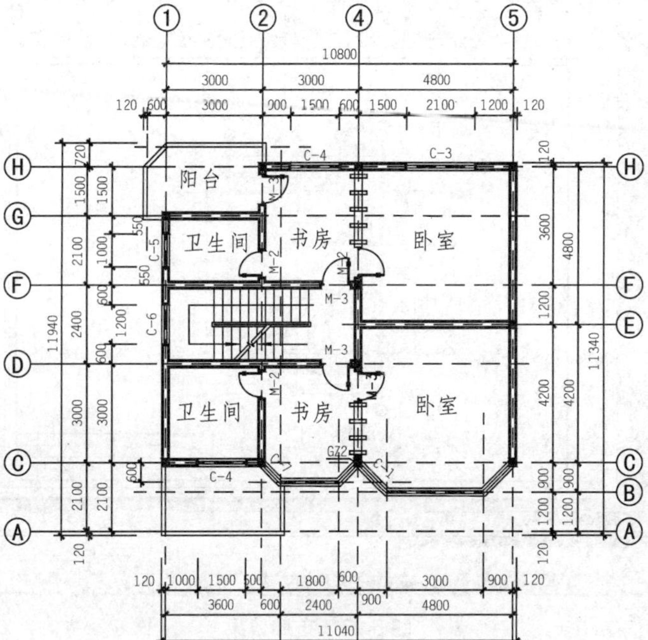

二层平面图1:100

图 5-18

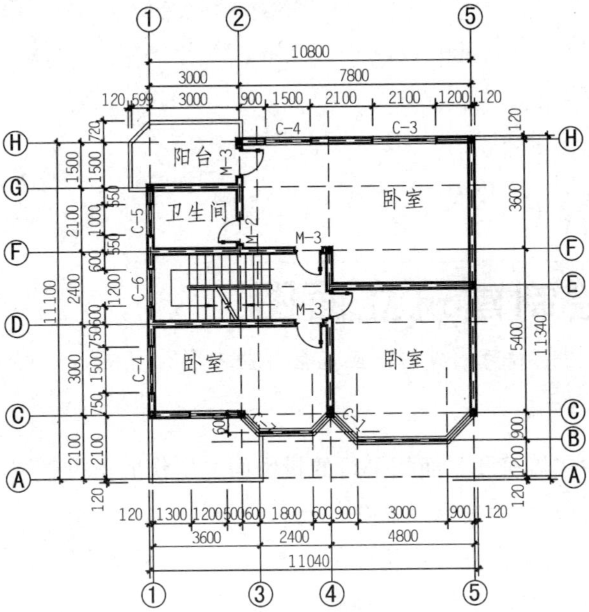

三层平面图1:100

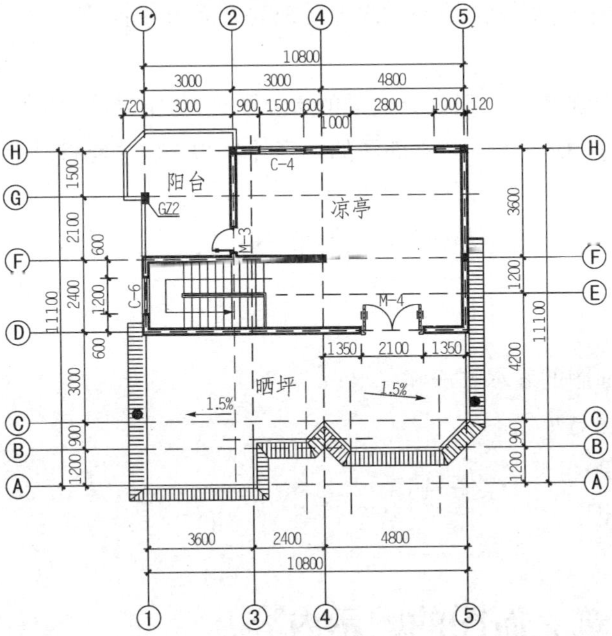

四层平面图1:100

图 5-18 二～四层平面图

第 6 章 绘制建筑立面图

建筑立面图是在与房屋立面相平行的投影面上所作的正投影图，简称立面图。它主要反映房屋的外貌、立面装修及做法。

房屋有多个立面，通常把反映房屋的主要出入口及反映房屋外貌主要特征的立面图称为正立面图，其余的立面图相应地称为背立面图和侧立面图。有时也可按房屋的朝向来为立面图命名，如南立面图、北立面图、东立面图和西立面图等。有定位轴线的建筑物，一般宜根据立面图两端的轴线编号来为立面图命名，如①～⑨立面图，④～⑤立面图等。

立面图是设计师表达立面设计效果的重要图纸，是指导施工图的基本依据。在绘制建筑立面图之前，应首先了解立面图的内容、图示方法，才能将设计意图和设计内容准确地表达出来。

本章按照建筑设计规范和建筑制图要求，通过实例详细介绍建筑立面图的绘图方法和步骤。

本章导读：

(1) 建筑立面图的表示方法和要求；

(2) 绘制方法与步骤；

(3) 绘图实例；

(4) 图形输出。

6.1 建筑立面图的图示内容

建筑立面图内应包括投影方向可见的建筑外轮廓线和建筑构造、构配件、墙面做法以及必要的尺寸和标高等。

(1) 图名、比例。立面图常用的比例为1∶50、1∶100、1∶200,通常采用与平面图相同的比例。

(2) 立面图两端的定位轴线及其编号。

(3) 房屋在室外地坪线以上的全貌。门、窗的形状和位置及其开启方向,其他构配件(如台阶、花台、雨篷、阳台、屋顶、檐口、雨水管等)的形式和位置。

(4) 用图例或文字或列表说明外墙面、阳台、雨篷、窗台、勒脚和墙面分格线等的装修材料、色彩和做法。

(5) 外墙各主要部位的标高,如室外地面、台阶、阳台、窗台、门窗顶、雨篷、檐口、屋顶等处完成面的标高,以及必须标注的局部尺寸。

(6) 详图索引符号。

6.2 绘制方法与步骤

建筑立面图的设计一般是在完成平面图的设计之后进行的。用AutoCAD绘制建筑立图有两种基本方法:传统方法和模型投影法。

传统方法:是指选定某一投影方向,根据建筑形体的情况,直接利用AutoCAD的二维绘图命令绘制建筑立面图。这种绘图方法简单、直观,准确,只需以完成的平面图为基础,但是绘制的立面图是彼此相互分离的,不同方向的立面用必须独立绘制。

模型投影法:这种方法是根据所创建的建筑物外表三维线框模型或实体模型,然后选择不同视点方向观察模型并进行消隐处理,即得到不同方向的建筑立面图。这种方法的优点是,它直接从三维模型上提取二维立面信息,一旦完成建模工作,就可生成任意方向的立面图。

本章以传统方法讲述绘制立面图的方法和步骤。一般建筑立面图的绘制步骤如下:

(1) 设置绘图环境。

(2) 绘制地坪线、定位辅助线。

(3) 绘制各层的楼面线、楼面或女儿墙的轮廓、建筑外墙轮廓等。

(4) 绘制立面门窗洞口、阳台、楼梯间、墙身及暴露在外墙外面的柱子等可见的轮廓。

(5) 绘制门窗、雨水管、外墙分割线等立面细部。

(6) 标注尺寸及标高,添加索引符号及必要的文字说明等内容。

6.3 绘图实例

本章通过绘制一栋别墅的建筑平面图(图 6-1),介绍使用 AutoCAD 2006 绘制建筑立面图的方法和步骤。

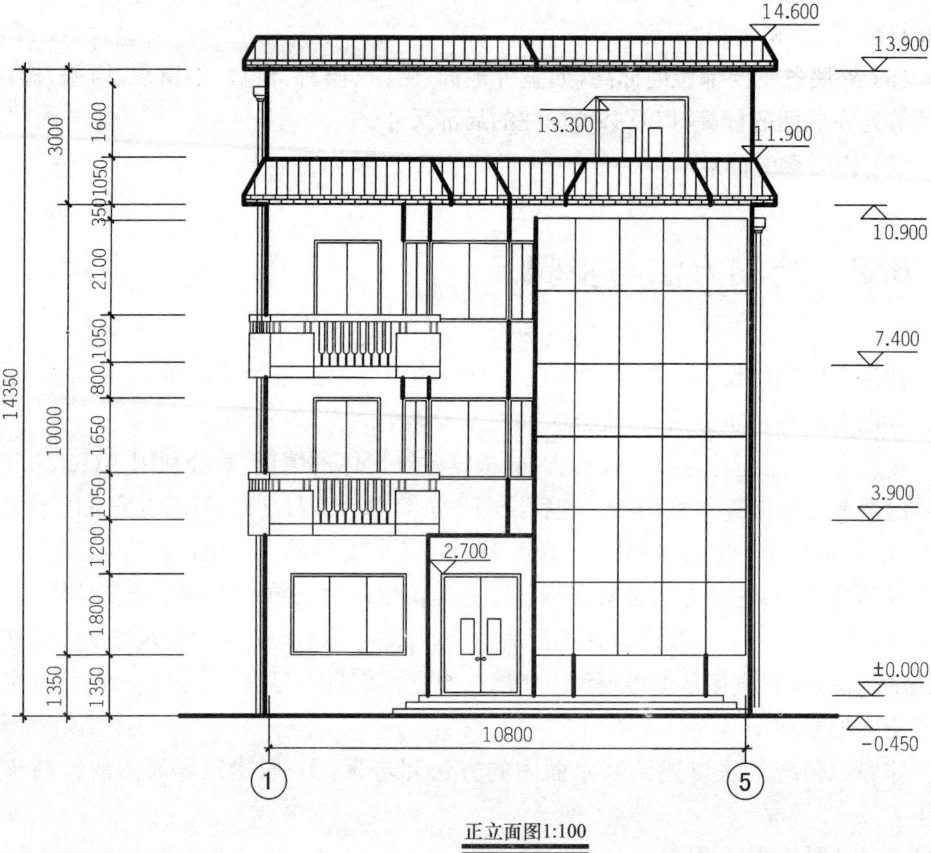

图 6-1 别墅建筑立面图

6.3.1 设置绘图环境

1. 新建图形文件

新建图形文件,选择【图框 A2. dwt】作为样板文件,建立一个新的图形文件。并命名"建筑立面图. dwg"保存。

2. 创建图层、图层颜色、线型和线宽的设置

本例中主要设置的图层有“辅助线”、“立面窗”、“立面门”、“阳台”、“檐口”、“墙”、“台阶”等。用户可以事先设置，也可以在绘图过程中根据需要进行创建。创建后的图层和颜色、线型和线宽设置后的结果如图 6-2 所示。

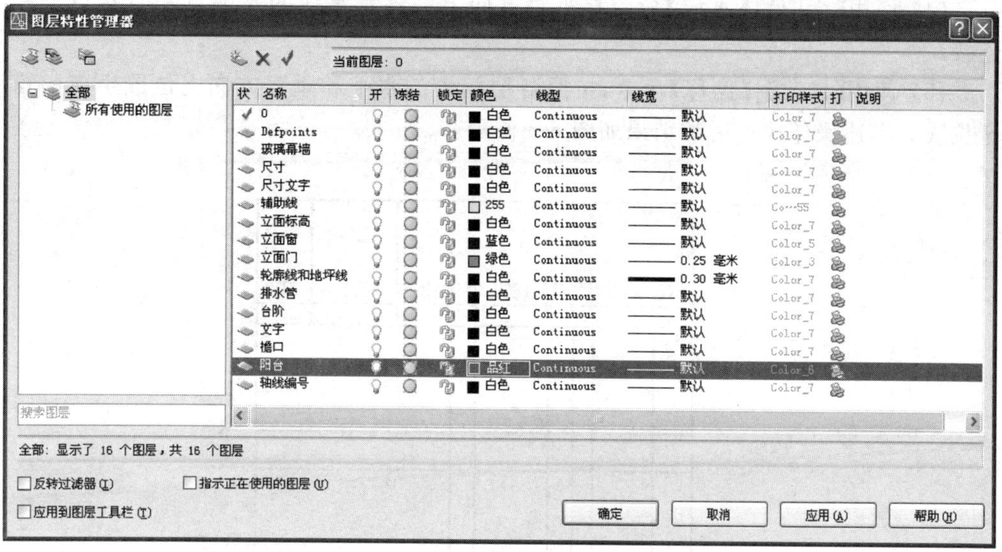

图 6-2 图层建立、颜色与线型设置结果

6.3.2 绘制定位辅助线

绘制建筑立面图必须以建筑平面图为基础，建筑立面图中有很多图形元素(如门、窗、阳台等)的排列很有规律，因此绘制定位辅助线有利于以后绘图的定位。具体步骤如下：

(1) 在【对象特性】工具栏的【图层控制】下拉列表框中选择【辅助线】选项，把该层设为当前层。

(2) 按照各层标高绘制层高定位水平线，其操作步骤如下：

```
命令：LINE 指定第一点：
指定下一点或[放弃(U)]：@0,10800
指定下一点或[放弃(U)]：
```

(3) 选择【修改】|【偏移】命令，按照各层标高 3900、3500、3500、3000，生成楼层定位辅助线。

```
命令：OFFSET
指定偏移距离或[通过(T)]<3280>：3900
```

选择要偏移的对象或 <退出>：
指定点以确定偏移所在一侧：
选择要偏移的对象或 <退出>：
……

(4) 使用【绘图】|【直线】命令在垂直方向上将各水平线的左端点和右端点分别连接。

(5) 使用【修改】|【偏移】命令，按照各层门窗的水平和垂直方向上位置生成门窗定位线。上述操作执行后的结果如图 6-3 所示。

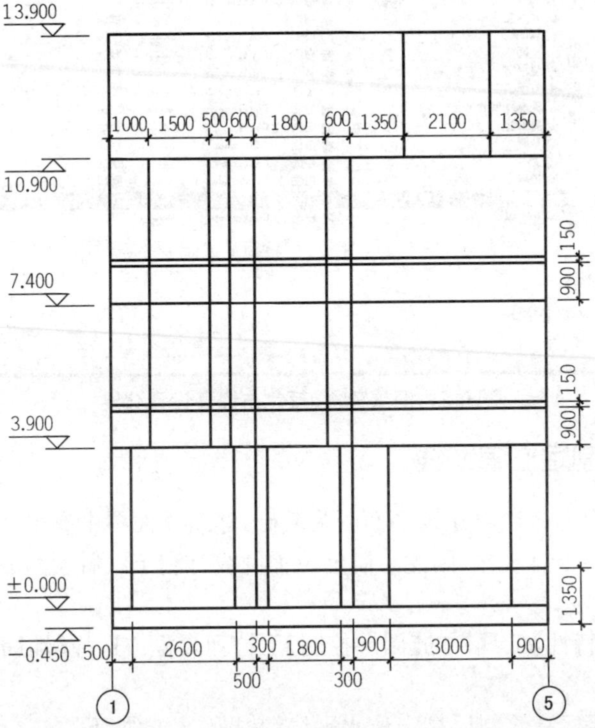

图 6-3　辅助线定位

6.3.3　绘制立面窗

窗户是立面图上最多的元素之一，也是立面图重要的组成部分。在绘制立面窗之窗前，应了解窗户的数量和类别，并对窗户进行分类，然后绘制每一种类型窗户，并创建图块，最后插入到图中。

在图 6-1 所示的立面图中，有三种类型的窗户，分别为 C—2、C—4、C—7 如图 6-4 所示。下面给出 C—2 窗户的绘制步骤。

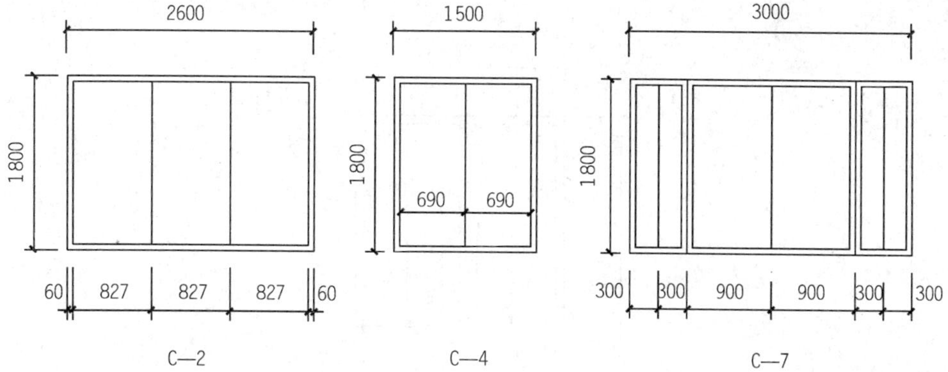

图 6-4　立面窗

(1) 使用【绘图】|【矩形】命令绘制窗的外框。

命令：RECTANG
指定第一个角点或[倒角(C)/标高(E)/圆角(F)/厚度(T)/宽度(W)]：
指定另一个角点或[尺寸(D)]：**@2600,1800**

(2) 选择【修改】|【偏移】命令，绘制窗的内框。

命令：OFFSET
指定偏移距离或[通过(T)]<1800>：**60**
选择要偏移的对象或<退出>：　　　　(选择绘制好的矩形)
指定点以确定偏移所在一侧：　　　　(指定矩形内侧任意点)
选择要偏移的对象或<退出>：

(3) 选择【修改】|【分解】命令将内框线分解成单个的线段。

(4) 选择【绘图】|【点】|【定数等分】命令，将窗的内框底线分成三等分。

命令：DIVIDE
选择要定数等分的对象：
输入线段数目或[块(B)]：3

(5) 选择【绘图】中的【直线】命令，绘制两根窗框线。

绘制完成后的C—2窗户如图6-4所示。C—4、C—7型窗户的绘制方法同C—2。操作步骤省略。

(6) 创建立面窗C—2、C—4、C—7图块。

(7) 将立面窗插入到到立面图中相应的位置。

6.3.4 绘制外门

1. 绘制一层2100×1200的外门(图6-5)，操作步骤如下：

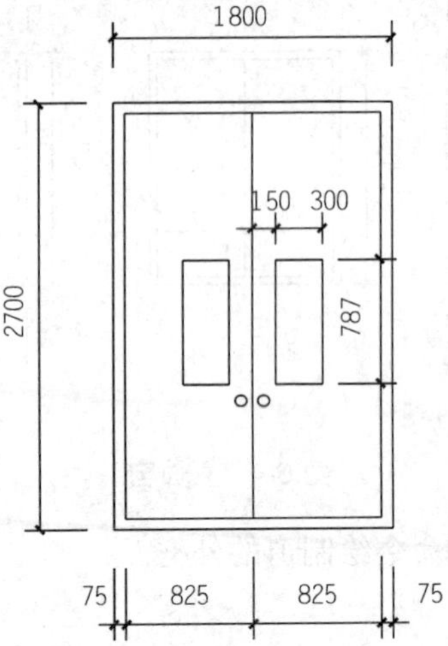

图 6-5　一层 1800×2700 的外门

(1) 使用【绘图】|【矩形】命令绘制门的外框。

命令：RECTANG
指定第一个角点或［倒角(C)/标高(E)/圆角(F)/厚度(T)/宽度(W)］：
指定另一个角点或［尺寸(D)］：**@1800,2700**

(2) 选择【修改】菜单中的【偏移】命令，绘制门的内框。

命令：OFFSET
指定偏移距离或［通过(T)］<1800>：**75**
选择要偏移的对象或 <退出>：　　　　(选择绘制好的矩形)
指定点以确定偏移所在一侧：　　　　(指定矩形内侧任意点)
选择要偏移的对象或 <退出>：

(3) 使用【绘图】|【直线】命令绘制门的边线。

命令：LINE 指定第一点：　　　　(捕捉上部内框线的中点)
指定下一点或［放弃(U)］：　　　　(捕捉下部内框线的中点)

(4) 使用【绘图】|【矩形】命令绘制门上的玻璃框。

命令：RECTANG
指定第一个角点或［倒角(C)/标高(E)/圆角(F)/厚度(T)/宽度(W)］：
指定另一个角点或［尺寸(D)］：**@300,787**

(5) 选择【修改】菜单中的【偏移】命令，绘制门上的另一扇玻璃框。

2. 将外门创建为图块，并插入到立面图中的相应位置。

上述命令执行后的结果如图 6-6 所示。

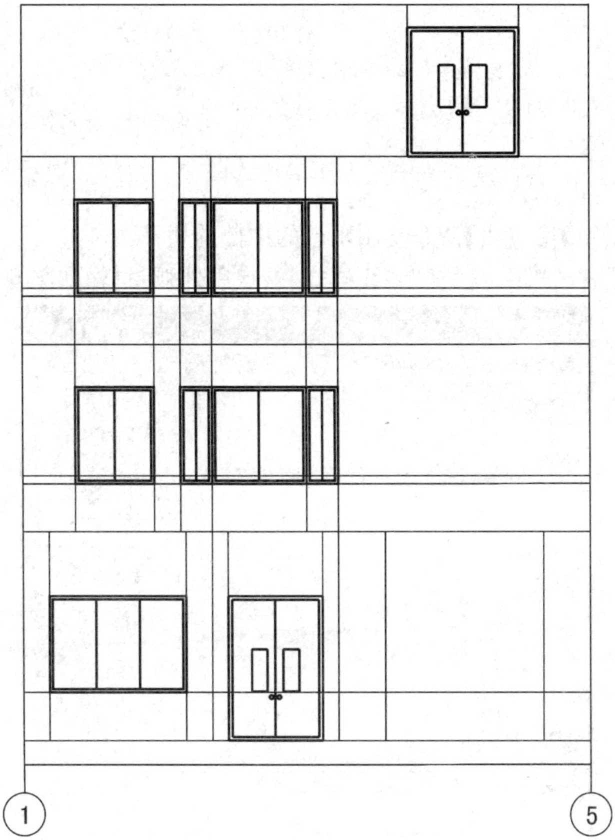

图 6-6　门、窗插入后的图形

6.3.5　绘制阳台

1. 绘制正面阳台

(1) 使用【绘图】|【矩形】命令绘制阳台上部立面。

命令：RECTANG
指定第一个角点或［倒角(C)/标高(E)/圆角(F)/厚度(T)/宽度(W)］:
指定另一个角点或［尺寸(D)］: @**3850,153**

(2) 使用【绘图】|【矩形】命令绘制阳台左下部立面和右下部立面。

命令：RECTANG
指定第一个角点或［倒角(C)/标高(E)/圆角(F)/厚度(T)/宽度(W)］:
指定另一个角点或［尺寸(D)］: @**1000,993**

(3) 使用【绘图】|【多线】命令绘制阳台的左侧和右侧栏杆,并复制到其他的位置。

命令:MLINE
当前设置:对正 = 无,比例 = 32.00,样式 = STANDARD
指定起点或[对正(J)/比例(S)/样式(ST)]:
指定下一点:@0,-255
指定下一点或[放弃(U)]:

(4) 使用【绘图】|【多线】命令绘制阳台的中部的栏杆:

① 设置多线样式"阳台栏杆"多线样式,端点用外弧封口,如图6-7所示;

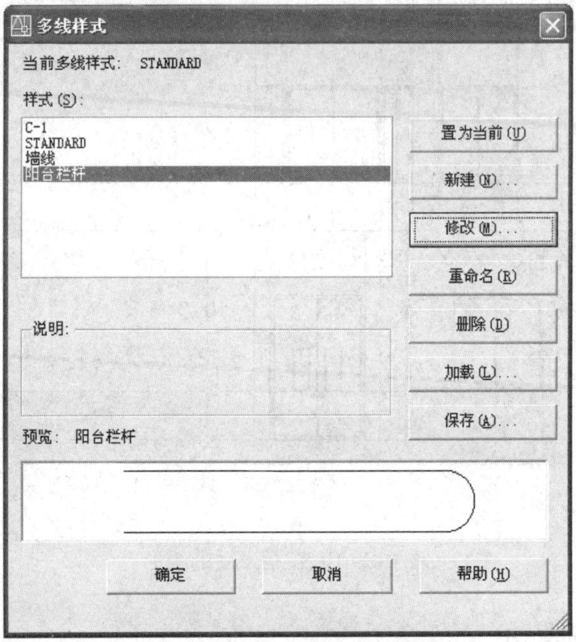

图6-7 "阳台栏杆"多线样式

② 使用【绘图】|【多线】命令绘制阳台栏杆上部;

命令:MLINE
当前设置:对正 = 无,比例 = 32.00,样式 = 阳台栏杆
指定起点或[对正(J)/比例(S)/样式(ST)]:s
输入多线比例 <32.00>:**127** (设置栏杆的宽度)
当前设置:对正 = 无,比例 = 127.00,样式 = 阳台栏杆
指定起点或[对正(J)/比例(S)/样式(ST)]:
指定下一点:@0,-716 (栏杆长度716)

③ 使用【绘图】|【多线】命令绘制阳台栏杆下部;

命令：MLINE
当前设置：对正 = 无，比例 = 32.00，样式 = STANDARD
指定起点或[对正(J)/比例(S)/样式(ST)]：
指定下一点：@0,-277
指定下一点或[放弃(U)]：

④ 选择【修改】|【阵列复制】命令复制其他栏杆；

⑤ 将绘制好的阳台创建为图块，图块的名称为"正立面阳台"，选择阳台底线的左端点作为插入点。

2. 绘制侧面阳台

具体绘制方法同正面阳台。将绘制好的侧面阳台创建为图块，图块的名称为"侧立面阳台"，选择阳台底线的左端点作为插入点。正侧立面阳台如图 6-8 所示。

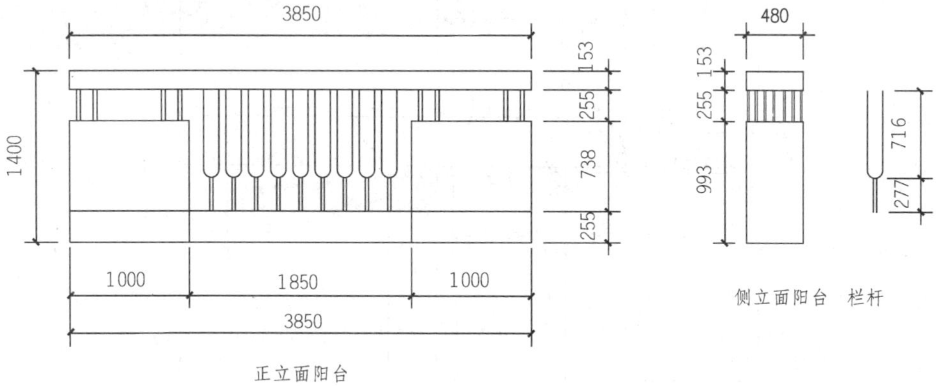

图 6-8 立面阳台

3. 使用【插入】|【图块】命令

将已定义的图块插入到图中。用户需要根据已知尺寸将图块插入到立面图中的准确位置。

4. 使用修剪(TRIM)命令

将被阳台遮挡的部分门窗删除。阳台绘制完成后的图形如图 6-9 所示。

6.3.6 绘制 C-1 玻璃幕墙

(1) 将"玻璃幕墙"层设置为当前层。

(2) 使用【绘图】|【矩形】命令绘制门的外框。

命令：RECTANG
指定第一个角点或[倒角(C)/标高(E)/圆角(F)/厚度(T)/宽度(W)]

（捕捉右外墙轮廓线和5号轴线的交点）
指定另一个角点或［尺寸(D)］：@4800,9700

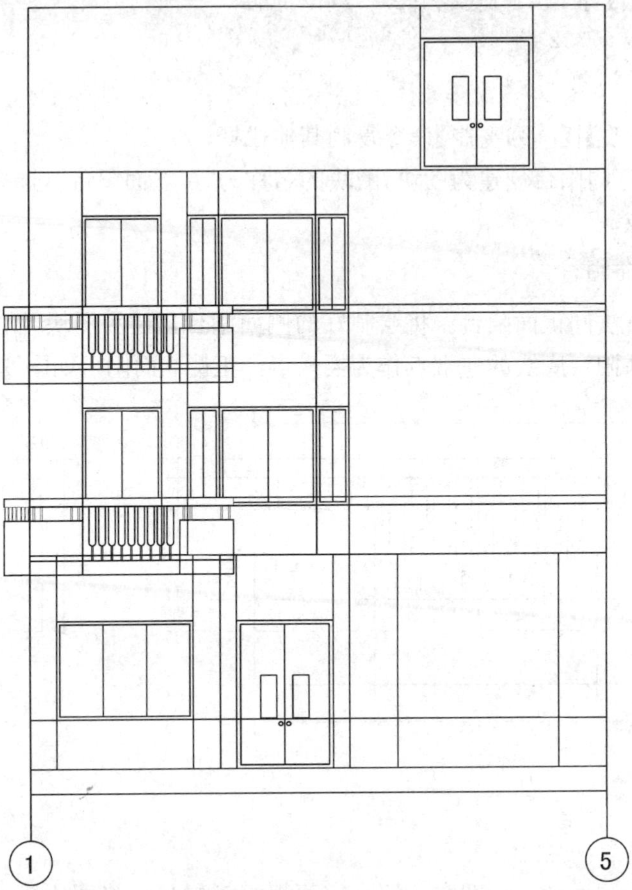

图6-9　插入阳台、台阶后的图形

(3) 使用“explode”命令将绘制的矩形分解。

(4) 选择【修改】|【偏移】命令，绘制玻璃幕墙玻璃框线。水平方向玻璃框线偏移间距为1617mm，垂直方向的偏移间距分别为900mm、1000mm、1000mm、1000mm、900mm。

命令：<u>OFFSET</u>
指定偏移距离或［通过(T)］<1800>：900
选择要偏移的对象或 <退出>：　　　　　　（选择绘制好的矩形左框）
指定点以确定偏移所在一侧：　　　　　　（指定左框线右边任意点）
选择要偏移的对象或 <退出>：
……

玻璃幕墙绘制完成后的图形如图 6-10 所示。

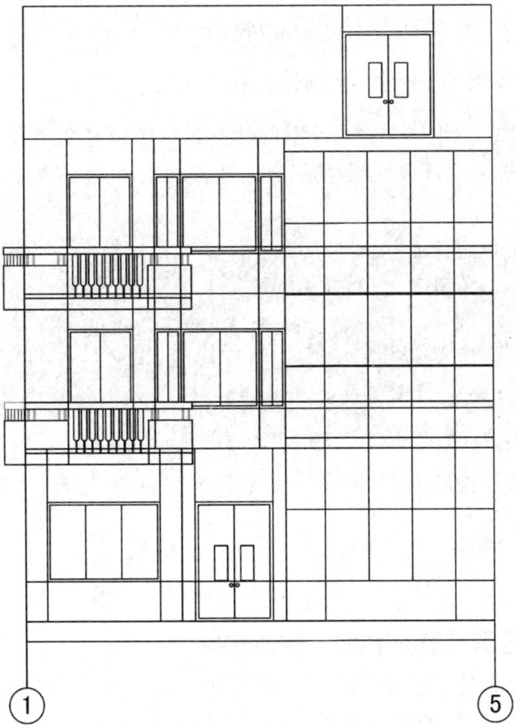

图 6-10　玻璃幕墙绘制完成后的图形

6.3.7　绘制檐口

(1) 绘制屋顶檐口如图 6-11 所示,第 3 层檐口如图 6-12 所示。

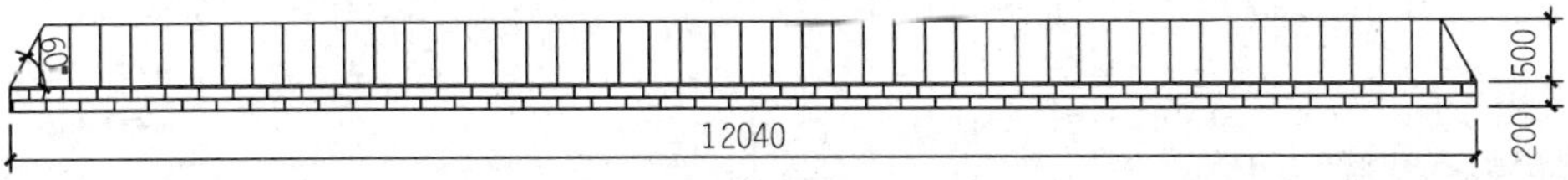

图 6-11　屋顶檐口

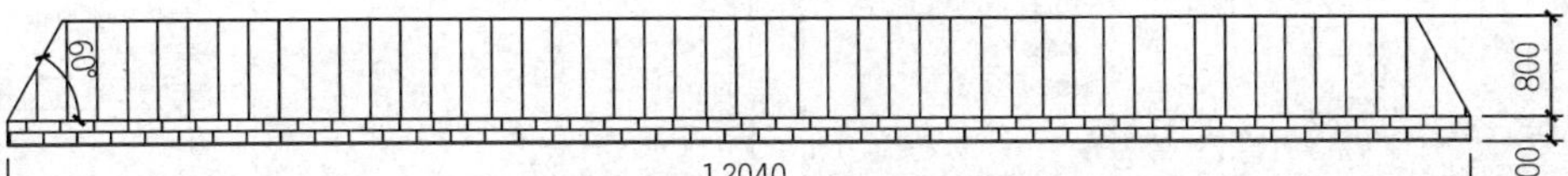

图 6-12　第 3 层檐口

① 将"檐口"层设置为当前层；

② 使用【绘图】|【矩形】命令绘制檐口的外框；

命令：<u>RECTANG</u>
指定第一个角点或［倒角(C)/标高(E)/圆角(F)/厚度(T)/宽度(W)］

（捕捉右外墙轮廓线和5号轴线的交点）

指定另一个角点或[尺寸(D)]：@**12040,700**

③ 选择【修改】|【倒角】命令，绘制檐口的斜面；

命令：CHAMFER(“修剪”模式) 当前倒角距离 1 = 0,距离 2 = 0

选择第一条直线或[放弃(U)/多段线(P)/距离(D)/角度(A)/修剪(T)/方式(E)/多个(M)]：a（按给定角度倒角）

指定第一条直线的倒角长度 <0>：**500** （第一条直线的倒角长度为500mm）

指定第一条直线的倒角角度 <0>：**30**

选择第一条直线或[放弃(U)/多段线(P)/距离(D)/角度(A)/修剪(T)/方式(E)/多个(M)]：

选择第二条直线，或按住 Shift 键选择要应用角点的直线：

命令：CHAMFER(“修剪”模式) 当前倒角长度 = 500,角度 = 30

选择第一条直线或[放弃(U)/多段线(P)/距离(D)/角度(A)/修剪(T)/方式(E)/多个(M)]：

选择第二条直线，或按住 Shift 键选择要应用角点的直线：

……

④ 选择【绘图】|【图案填充】命令，装饰檐口。

本例中檐口的装饰分“瓦”和“面砖”两部分。为填充方便，中间用一条直线分隔。“瓦”和“面砖”的填充图案类型、角度和比例如图6-13和图6-14所示。

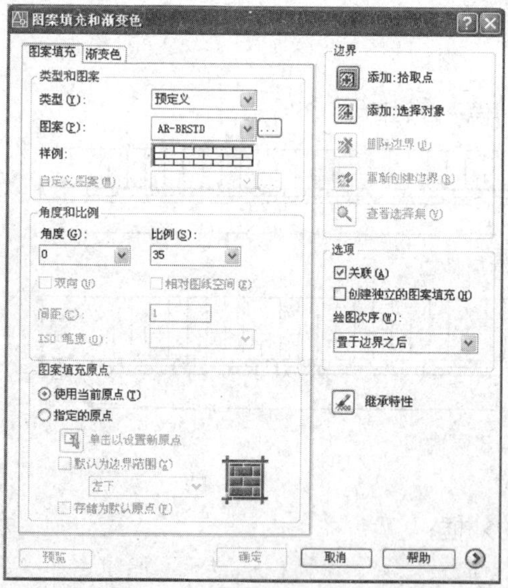

图6-13 “面砖”的填充图案

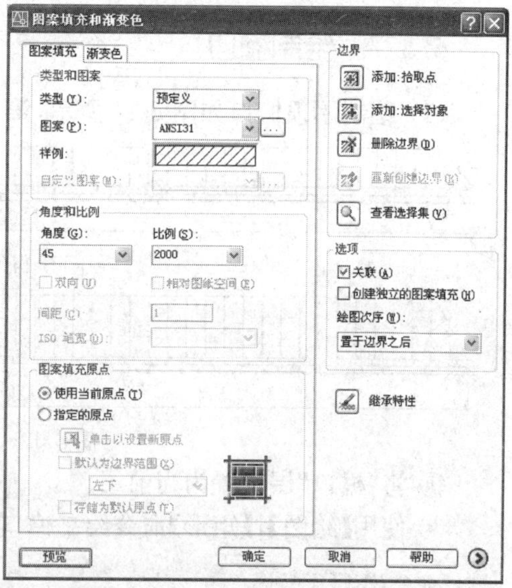

图6-14 “瓦”的填充图案

(2) 将绘制好的檐口创建为图块，并插入到图中相应位置。檐口绘制完成后的图形如图 6-15 所示。

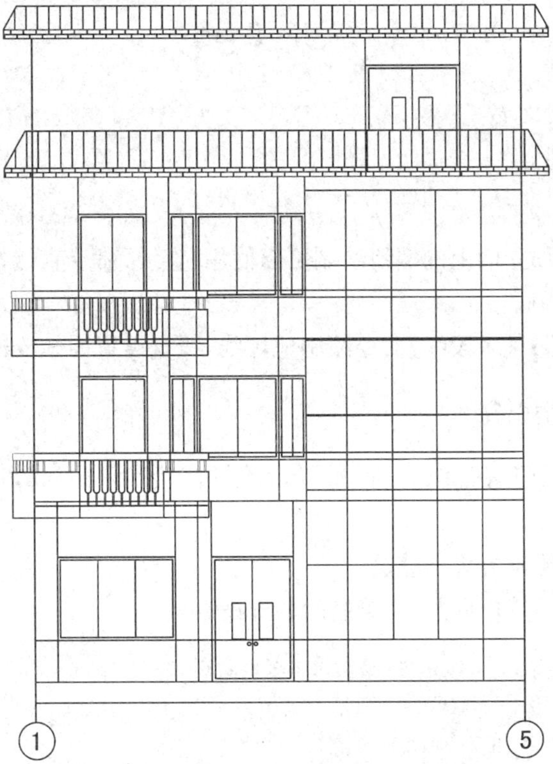

图 6-15 檐口绘制完成后的图形

6.3.8 绘制外墙轮廓线和地坪线

绘制外墙轮廓线和地坪线可以加强建筑立面图的效果，使用 AutoCAD 绘制外墙轮廓线和地坪线可以使用"直线"命令，并同时设置直线的线宽。也可以使用"多段线"命令。绘制方法和步骤如下：

(1) 选择"轮廓线和地坪线"图层设为当前层。

(2) 使用"直线"命令，将轴线 1 和地坪线的交点作为起点，沿外墙和屋顶辅助线，一直到轴线 5 和地坪线的交点绘制外墙轮廓线。

(3) 选择【修改】|【偏移】命令，将所绘制外墙轮廓线进行偏移复制，偏移距离为 100mm。

命令：OFFSET
当前设置：删除源＝否 图层＝源 OFFSETGAPTYPE＝0
指定偏移距离或［通过(T)/删除(E)/图层(L)］<通过>：e

要在偏移后删除源对象吗？[是(Y)/否(N)]<否>：y　　　(选择删除源对象)
指定偏移距离或[通过(T)/删除(E)/图层(L)]<通过>：**100**(指定偏移距离)
选择要偏移的对象，或[退出(E)/放弃(U)]<退出>：　　　(选择左外墙轮廓线)
指定要偏移的那一侧上的点，或[退出(E)/多个(M)/放弃(U)]<退出>：
选择要偏移的对象，或[退出(E)/放弃(U)]<退出>：　　　(选择右外墙轮廓线)
指定要偏移的那一侧上的点，或[退出(E)/多个(M)/放弃(U)]<退出>：
选择要偏移的对象，或[退出(E)/放弃(U)]<退出>：

(4) 檐口和内部立面上的墙线绘制可以使用"直线"命令直接捕捉辅助线和门窗、阳台的交点进行绘制。

(5) 选择【绘图】|【多段线】命令绘制地坪线，线宽设置为 30mm。

6.3.9 绘制台阶

本例中，一层大门有三级台阶，每级台阶的高度为 150mm，可以使用矩形命令绘制。

(1) 将"台阶"层设置为当前层。

(2) 使用【绘图】|【矩形】命令绘制门的外框。

命令：RECTANG　　　(绘制第 1 级台阶)
指定第一个角点或[倒角(C)/标高(E)/圆角(F)/厚度(T)/宽度(W)]
(捕捉右外墙轮廓线和 5 号轴线的交点)
指定另一个角点或[尺寸(D)]：@**-8100,150**
命令：RECTANG　　　(绘制第 2 级台阶)
指定第一个角点或[倒角(C)/标高(E)/圆角(F)/厚度(T)/宽度(W)]：_from 基点：
<偏移>：@**-300,0**　　　(捕捉第 1 级台阶的右上角点作为基点)
指定另一个角点或[面积(A)/尺寸(D)/旋转(R)]：@-7500,150
命令：RECTANG　　　(绘制第 3 级台阶)
指定第一个角点或[倒角(C)/标高(E)/圆角(F)/厚度(T)/宽度(W)]：FROM 基点：<偏移>：@-300,0(捕捉第 2 级台阶的右上角点作为基点)
指定另一个角点或[面积(A)/尺寸(D)/旋转(R)]：@-6900,150

绘制完成外墙轮廓线、地坪线和台阶如图 6-16 所示。

6.3.10 绘制排水管

设置排水管的三层平台和屋顶的积水流到地面。一般排水管上部是梯形雨水斗，雨水斗下面是排水管道。绘制雨水斗的操作如下，见图 6-17。

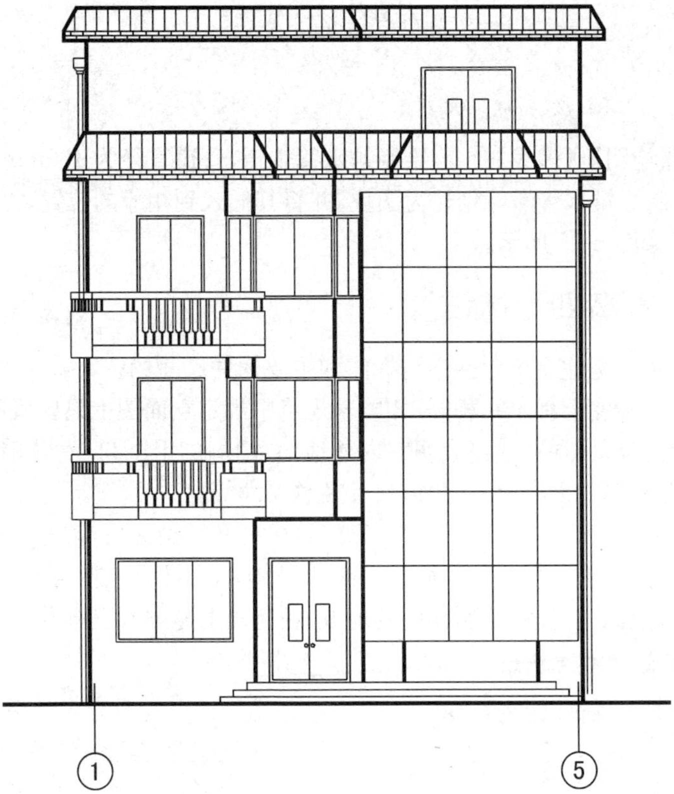

图 6-16　外墙轮廓线、地坪线和台阶排水管绘制后图形

(1) 将"排水管"层设置为当前层。

(2) 使用【绘图】|【矩形】命令绘制漏斗和排水管管道的接口部分。

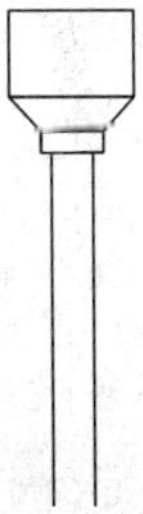

图 6-17　雨水斗

命令：RECTANG

指定第一个角点或［倒角(C)/标高(E)/圆角(F)/厚度(T)/宽度(W)］

指定另一个角点或［尺寸(D)］：**@150,50**（接口部分的长 150，宽为 50）

(3) 使用【绘图】|【直线】命令，绘制梯形漏斗。

命令：LINE 指定第一点：　　　　（捕捉接口矩形的左上角为起点）
指定下一点或［放弃(U)］：**@-75,80**
指定下一点或［放弃(U)］：**@0,200**
指定下一点或［闭合(C)/放弃(U)］：**@300,0**

指定下一点或[闭合(C)/放弃(U)]：@**0,-200**
指定下一点或[闭合(C)/放弃(U)]：@**-75,-80**
指定下一点或[闭合(C)/放弃(U)]：

(4) 使用【绘图】|【多线】命令，绘制排水管管道，管道直径为100mm。

(5) 将绘制好排水管漏斗创建为图块，并将其插入到相应的位置。

绘图结果如图6-17所示。

6.3.11 标高和尺寸标注

立面图的尺寸标注主要包括标高标注和主要构件尺寸标注。另外各地区、各单位在立面图的尺寸标注上都不尽相同，如国家规范中规定立面图上只要表明外窗的标高即可，但在实际工程中往往还需表明室内外地面、门洞的上下口、女儿墙压顶面、进口的平台、阳台和雨篷地面的标高，门窗尺寸及总尺寸等。

标高时，除了门窗洞口，其他的要区别建筑标高和结构标高，某些应标注粉刷层完成之后的建筑标高，如阳台栏杆顶面的标高，某些应该标注不包括粉刷层的结构标高，如雨篷底面的标高。在需要绘制详图的地方，还应画上详图索引符号。

1. 创建标高符号属性块

(1) 绘制标高符号(如图6-18)。

图6-18 标高符号

① 用直线命令绘制标高符号底部的位置线；

命令：LINE 指定第一点：
指定下一点或[放弃(U)]：@1200,0
指定下一点或[放弃(U)]：

② 用多段线命令绘制标高符号中的三角形；

命令：PLINE
指定起点：FROM 基点：<偏移>：@-300,0
当前线宽为0
指定下一个点或[圆弧(A)/半宽(H)/长度(L)/放弃(U)/宽度(W)]：@-300,300
指定下一点或[圆弧(A)/闭合(C)/半宽(H)/长度(L)/放弃(U)/宽度(W)]：@-600,0
指定下一点或[圆弧(A)/闭合(C)/半宽(H)/长度(L)/放弃(U)/宽度(W)]：c

③ 用直线命令绘制标高符号右边的直线。

命令：LINE 指定第一点：

指定下一点或[放弃(U)]：@500,0
指定下一点或[放弃(U)]：

(2) 定义标高符号属性。

在图 6-19 所示的“属性定义”对话框中，属性项中的“标记”文本框中输入“BG”，提示栏中输入“请输入标高：”，“值”栏输入“%%P0.0000”(或者为空)，其插入点在屏幕上选取所绘制标高符号底部直线的左端点。“文字”选项这“高度”栏输入 300。

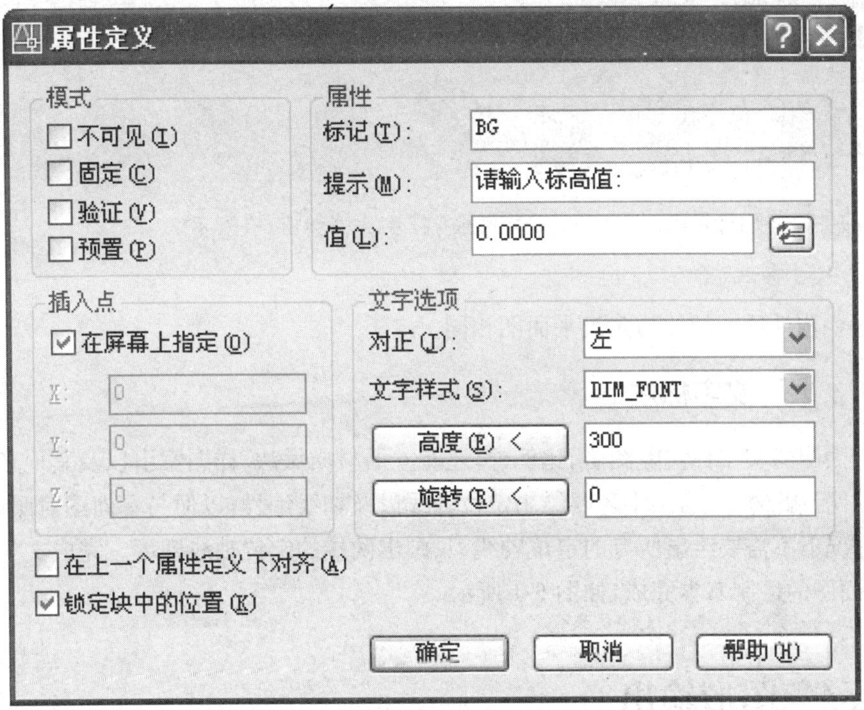

图 6-19 “标高属性定义”对话框

(3) 创建标高符号属性块。

单击标准工具栏中【创建块】图标，调用“block”命令，在弹出的“块定义”对话框。在名称栏中输入块名“标高符号”，拾取线段的端点标高位置线的左端点作为基点，选取包括属性 BG 在内的所有对象作为建块对象，按“确定”后门块被定义。

2. 标注标高符号

根据楼板定位辅助线的定位将标高插入到相应的位置，其操作过程如下：

命令：INSERT
指定插入点或[比例(S)/X/Y/Z/旋转(R)/预览比例(PS)/PX/PY/PZ/预览旋转(PR)]：

输入属性值
请输入标高值：<0.000>：-0.450
命令：INSERT
指定插入点或[比例(S)/X/Y/Z/旋转(R)/预览比例(PS)/PX/PY/PZ/预览旋转(PR)]：
输入属性值
请输入标高值：<0.000>：
命令：INSERT
指定插入点或[比例(S)/X/Y/Z/旋转(R)/预览比例(PS)/PX/PY/PZ/预览旋转(PR)]：
输入属性值
请输入标高值：<0.000>：3.900
……

说明：使用同样的方法插入其他标高符号，结果如图 6-1 所示。

3. 尺寸标注

主要构件尺寸标注与建筑平面图相同。

6.3.12 文字标注

立面图的文字标注除图名、比例外，还有立面材质做法、详图索引以及其他必要的文字说明。此外，立面图中还要绘出定位轴线以及轴线编号，以便与平面图对照识读。一般情况下不需要绘出所有的定位轴线，只画出两端的定位轴线即可。完成文字标注后，立面图的绘制基本完成，如图 6-1 所示。

6.4 图形输出

绘制完立面图后，可以把图形切换至【布局】选项卡进行打印。具体步骤同平面图。

小 结

本章结合建筑设计规范和建筑制图要求，详细介绍了使用 AutoCAD 绘制建筑立面图的方法和步骤。通过本章内容的学习，让读者了解工程设计中有关建筑立面图设计的一般要求和使用 AutoCAD 绘制建筑立面图的方法和技巧。

习　题

1. 简答题

(1) 建筑立面图是如何形成的？有什么作用？

(2) 建筑立面图应表示哪些内容？

(3) 建筑立面图中尺寸标注有什么要求？

(4) 建筑立面图中的标高是绝对标高还是相对标高？房屋的哪些部位需要进行标高标注？

(5) 试述建筑立面图绘制方法与步骤。

2. 上机练习

上机练习用 AutoCAD 2006 绘制本章的建筑立面图。

第 7 章

绘制建筑剖面图

建筑剖面图是房屋的垂直剖面图。假想用一垂直于外墙轴线的铅垂剖切平面将房屋剖开，移去剖切平面与观察者之间的部分，把留下的部分投影到与剖切平面平行的投影面上，所得到的正投影图称为建筑剖面图，简称剖面图。

建筑剖面图主要表示房屋内部的结构形式和构造方式、分层情况、各部位的联系及其高度、材料、做法等。在施工过程中，建筑剖面图是进行分层、砌筑内墙、铺设楼板、屋面板和楼梯以及内部装修等工作的依据。建筑剖面图与建筑平面图、建筑立面图相互配合，表示房屋全局，是施工图中最基本的图样。

剖面图的数量应根据房屋的复杂程度和施工中的实际需要而定。剖面图的剖切位置，应根据图样的用途或设计深度，在平面图上选择能反映全貌、构造特征，以及有代表性或有变化的部位剖切，选择在内部结构和构造比较复杂的部位，如门窗洞、楼梯等处。剖面图的图名应与平面图上所标注的剖切符号编号一致，如 1—1 剖面图、2—2 剖面图等。1—1 剖面图的剖切位置一般是通过房屋的主要出入口、门厅和楼梯等部位，也是房屋内部结构和构造比较复杂以及变化较多的部位。剖面图中的建筑材料图例、装修层、楼地面面层线的表示原则及方法，与平面图一致。

本章按照建筑设计规范和建筑制图要求，详细讲述使用 AutoCAD 绘制建筑剖面图的方法、步骤与技巧。

本章导读：

(1) 剖面图的表示内容和要求；

(2) 绘制建筑剖面图的方法和步骤；

(3) 绘制实例。

7.1 剖面图的图示内容

(1) 图名、比例。剖面图常用的比例为1∶50、1∶100、1∶200。剖面图的比例一般与平面图相同,但为了将图示内容表达得更清楚,也可采用较大的比例,如1∶50。

(2) 墙、柱及其定位轴线。

(3) 剖切到的构配件,如室内外地面、各层楼面、屋顶、内外墙及其门窗、梁、楼梯梯段与楼梯平台、雨篷、阳台等。一般不画出地面以下的基础。

(4) 未剖切到的可见构配件,如看到的墙面及其轮廓、梁、柱、阳台、雨篷、门、窗、踢脚、台阶、雨水管,以及看到的楼梯段和各种装饰等。

(5) 竖直方向的尺寸和标高:尺寸主要标注室内外各部分的高度尺寸,包括室外地坪至房屋最高点的总高度、各层层高、门窗洞口高度及其他必要的尺寸。标高主要标注室内外地面、各层楼面、地下层地面与楼梯休息平台、阳台、檐口或女儿墙顶面、高出屋面的水箱顶面、烟囱顶面、楼梯间顶面、电梯间顶面等处的标高。

(6) 楼地面、屋顶的构造、材料与做法:可用引出线说明,引出线指向所说明的部位,并按其构造的层次顺序,逐层加以文字说明;也可另画剖面节点详图或在施工说明中注明,或注明套用标准图或通用图(须注明所套用图集的名称及图号)。在1∶100的剖面图中也只示意性地表示其厚度。

(7) 详图索引符号。

7.2 绘制建筑剖面图的方法和步骤

建筑剖面图的设计一般是在完成平面图和剖面图的设计之后进行的。一般情况下,用AutoCAD绘制建筑剖面图时,是以建筑平面图和剖面图为其生成基础,利用AutoCAD系统提供的二维绘图命令进行绘制。这种绘图方法简便、直观,效率较高。这种方法适宜于从底层开始向上逐层设计,相同的部分逐层向上阵列或复制,最后再进行编辑和修改即可。

用AutoCAD 2006绘制建筑剖面图的具体步骤如下:

(1) 绘制建筑物的室内地坪线和室外地坪线、各个定位轴线以及各层的楼面、屋面,并根据轴线绘出所有的墙体断面轮廓以及尚未被剖切到的可见的墙体轮廓。

(2) 绘出剖面门窗洞口位置、楼梯休息平台、女儿墙、檐口以及其他所有的可见轮廓线。

(3) 绘制各种梁(如门窗洞口上方的横向过梁、被剖切的承重梁、可见的但未剖切的主次梁)的轮廓和具体的断面图形。

(4) 绘出楼梯、室内外的台阶、阳台以及其他一些可见的图形。

(5) 标注必要的尺寸及建筑物各个楼层地面、屋面、平台面的标高。

(6) 绘制详细的索引符号。

(7) 完成必要的文字说明。

7.3 绘图实例

本章通过绘制一栋别墅的建筑剖面图(图 7-1),介绍使用 AutoCAD 2006 绘制建筑立面图的方法和步骤。

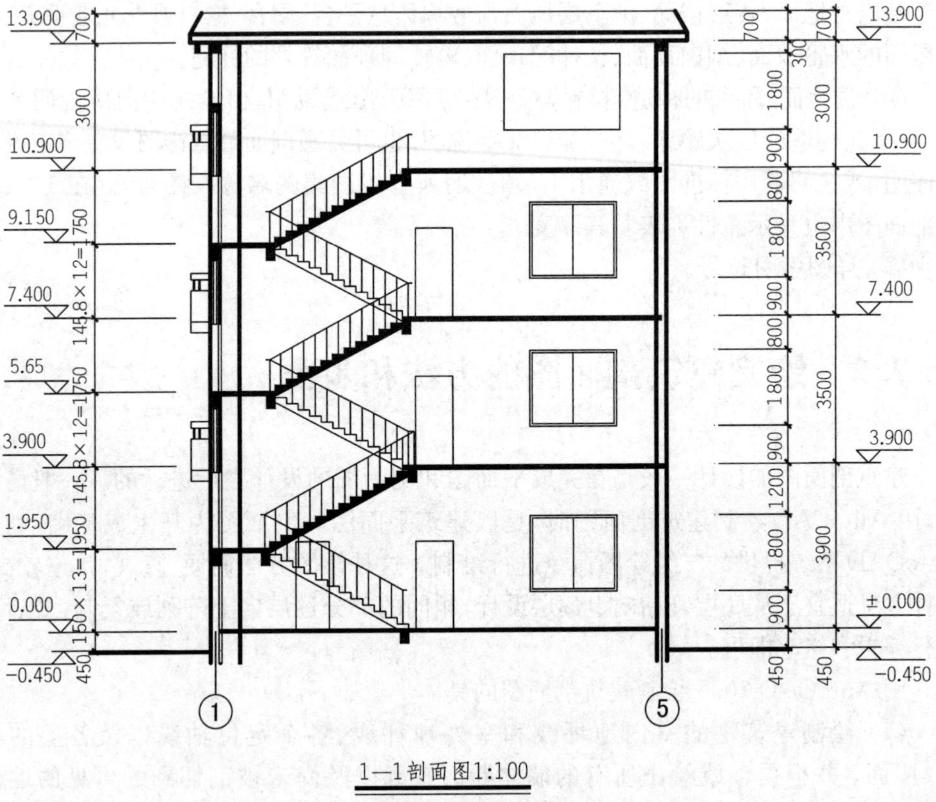

图 7-1 建筑剖面图

7.3.1 设置绘图环境

用户在开始绘图时首先要规划图形的绘图环境，其内容包括设置图形的绘图单位、图形界限和设置图形的图层、线型和线宽。

1. 新建文件

新建图形文件，并选择【图框 A2. dwt】作为样板文件，建立一个新的图形文件。并命名“建筑剖面图. dwg”保存。

说明：选择【图框 A2. dwt】作为样板文件，建立一个新的图形文件时，因样板文件中绘图单位、图形界限已经设置完成，无需重新设置。

2. 图层创建与颜色、线型和线宽设置

为便于对图形的控制，本例中图层、颜色、线型按图 7-2 的要求进行设置。

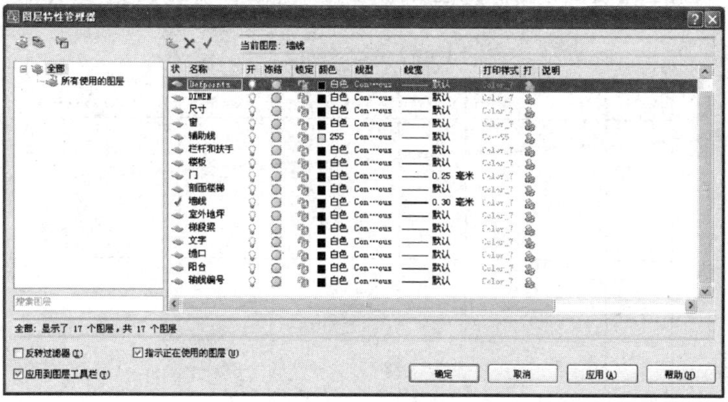

图 7-2 “图层特性管理器”电话框

3. 保存文件

用存盘命令保存文件。选取菜单中的文件，点取存盘，即弹出“保存文件”的对话框，在其文件名对应的文本框中输入“建筑剖面图. dwg”，在“保存于”的列表框中选择其盘符与路径。

7.3.2 绘制定位辅助线

绘制建筑立面图必须以建筑平面图为基础，建筑立面图中有很多图形元素(如门、窗、阳台等)的排列很有规律，因此绘制定位辅助线有利于以后绘图的定位。具体步骤如下：

(1) 在【对象特性】工具栏的【图层控制】下拉列表框中选择【辅助线】选项，把该层设为当前层。

（2）按照各层标高绘制层高定位水平线，其操作步骤如下：

命令：LINE 指定第一点：
指定下一点或［放弃(U)］：@0,10800
指定下一点或［放弃(U)］：

（3）选择【修改】|【偏移】命令，按照各层标高 3900、3500、3500、3000，生成楼层定位线。

OFFSET
指定偏移距离或［通过(T)］＜3280＞：3900
选择要偏移的对象或＜退出＞：
指定点以确定偏移所在一侧：
选择要偏移的对象或＜退出＞：
……

（4）使用【绘图】|【直线】命令在垂直方向上将各水平线的左端点和右端点分别连接。

（5）使用【修改】|【偏移】命令，生成休息平台、内墙定位线和门窗定位线。完成后如图 7-3 所示。

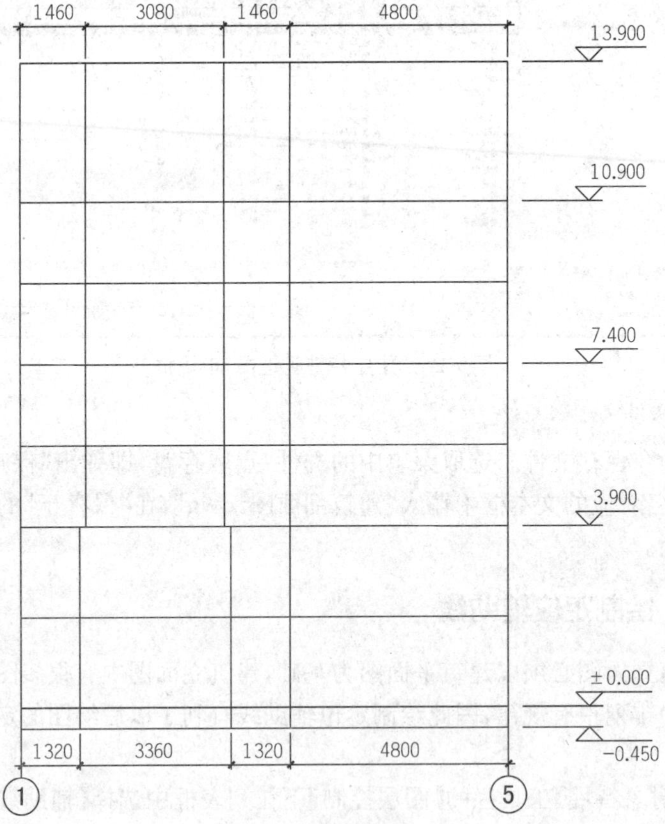

图 7-3　辅助线定位

7.3.3 绘制室外地坪线

室外地坪线可以使用直线命令、多线命令或多段线命令进行绘制。使用直线命令绘制需要同时设定线宽。具体操作同立面图。

7.3.4 绘制墙线

(1) 在【对象特性】工具栏的【图层控制】下拉列表框中选择【墙线】选项，把该层设为当前层。

(2) 使用【绘图】|【多线】命令绘制墙线。设置多线样式为“STANDARD”，比例为 240。

```
命令：MLMLINE
当前设置：对正 = 无，比例 = 240.00，样式 = STANDARD
指定起点或[对正(J)/比例(S)/样式(ST)]：
指定下一点：
指定下一点或[放弃(U)]：
```

7.3.5 绘制楼板、梁和休息平台

1. 绘制楼板

(1) 将“楼板”层设为当前层。

(2) 设置楼板的多线样式。

单击【格式】中【多线样式】所显示的对话框中在单击【修改】按钮引出“修改多线样式”对话框，其中【封口】为直线，将【填充】颜色为“黑色”，表示绘出两直线间用黑色填充，如图 7-4 和 7-5 所示。

(3) 用【绘图】中【多线】命令绘制楼板。

```
命令：MLINE
当前设置：对正 = 无，比例 = 240.00，样式 = 楼板
指定起点或[对正(J)/比例(S)/样式(ST)]：J
输入对正类型 [上(T)/无(Z)/下(B)] <无>：T        (选择对正类型为上(TOP))
当前设置：对正 = 上，比例 = 240.00，样式 = 楼板
指定起点或[对正(J)/比例(S)/样式(ST)]：s
输入多线比例 <240.00>：100                       (多线比例为 100，即为楼板的厚度)
当前设置：对正 = 上，比例 = 100.00，样式 = 楼板
指定起点或[对正(J)/比例(S)/样式(ST)]：
```

指定下一点：

指定下一点或[放弃(U)]：

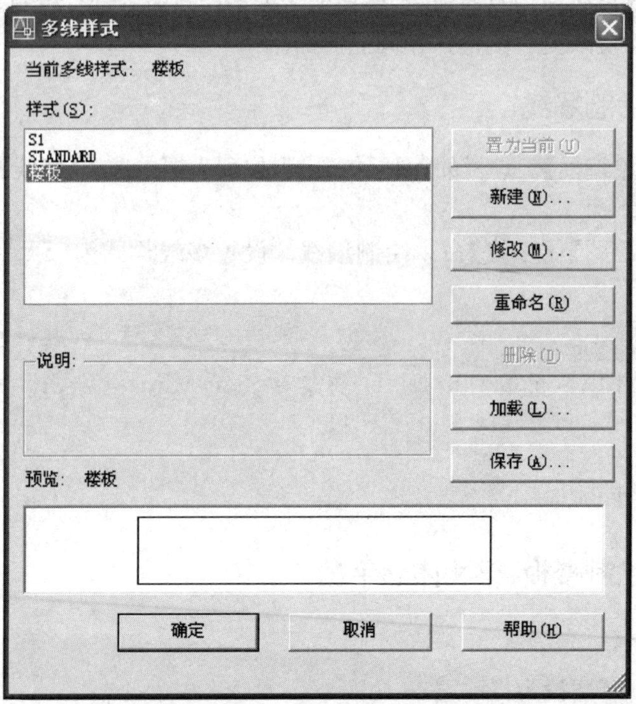

图 7-4 "多线样式"对话框

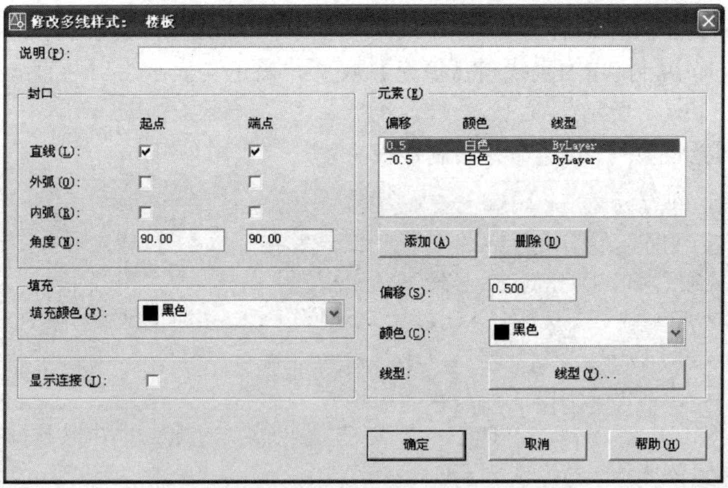

图 7-5 "修改多线样式"对话框

2. 绘制休息平台

休息平台的绘制方法与楼板相同。

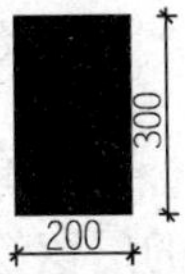

图 7-6 梁块

3. 绘制梁块

(1) 在 0 号层绘制梁块(如图 7-6)。

命令：RECTANG
指定第一个角点或[倒角(C)/标高(E)/圆角(F)/厚度(T)/宽度(W)]：
指定另一个角点或[尺寸(D)]：**@200,300** (梁的尺寸为 200×300)

(2) 用 solid 命令对矩形进行填充。

(3) 用块定义命令建立一个“梁块”。

(4) 将当前层转换化为梁层。

(5) 使用“块插入(insert)”命令将“梁块”插入到相应的位置。

(6) 使用复制命令将绘制好的楼板和梁向上层复制作为的其他层的楼板和梁。

上述命令执行后的图形如图 7-7 所示。

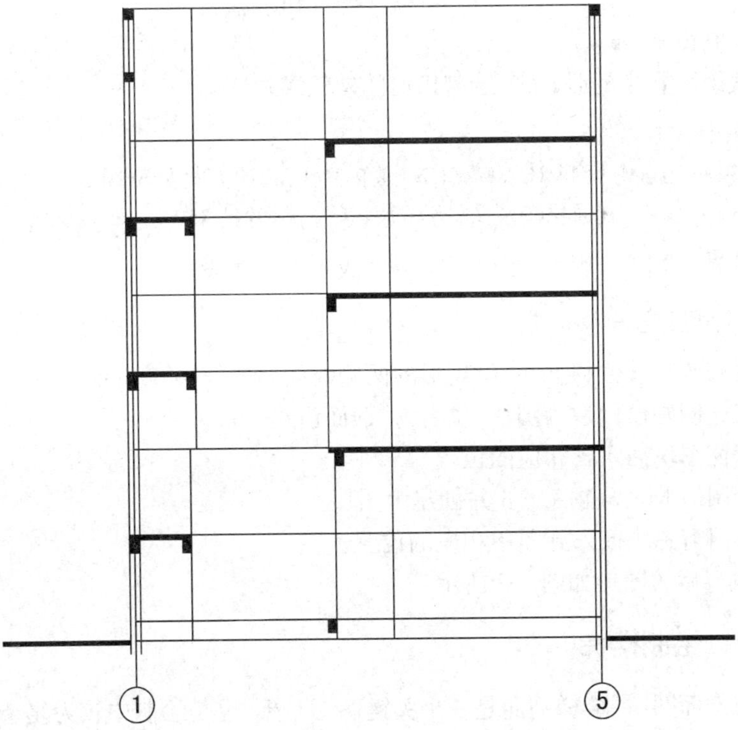

图 7-7 绘制楼板、梁和休息平台

7.3.6 绘制门窗

在立面图和剖面图中都涉及到门窗的绘制。在剖面图中，一些没有被剖切到的房间的门窗绘制与立面图大致相同，而对应被剖切到门窗，投映在剖面图上是门窗的侧视图，其绘制方法与平面图的顶视图和立面图的前视图有所不同。本例中剖切到C—6窗，其高1500mm、厚240mm。没有剖切到的门M—3（宽900mm、高2100mm），窗C—3（宽2100mm、高1800mm）。如图7-8所示。本文以C—6窗为例，说明其具体操作步骤。

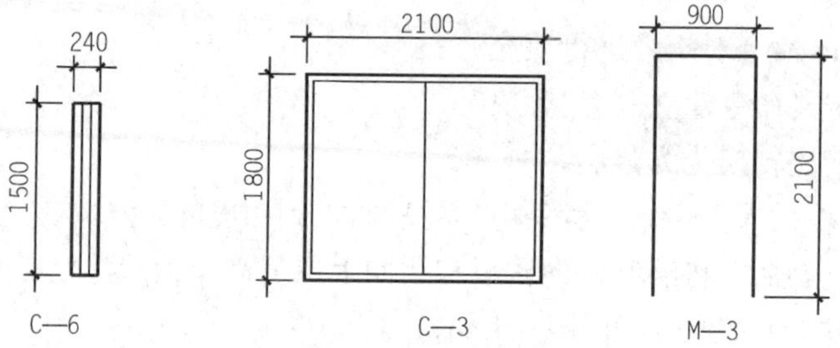

图7-8 剖面门窗

（1）绘制窗C—6。

① 用【绘图】中【矩形】命令绘制出窗的外轮廓；

> 命令：RECTANG
> 指定第一个角点或[倒角(C)/标高(E)/圆角(F)/厚度(T)/宽度(W)]：
> 指定另一个角点或[面积(A)/尺寸(D)/旋转(R)]：**@240,1500**

② 用【修改】中【分解】命令将矩形分解成单个的线段；

> 命令：EXPLODE 找到 1 个

③ 用【修改】中【偏移】命令将矩形的两侧线段向内偏移80mm。

（2）将绘制好窗创建为图块，块名为“剖面窗C—6”。

（3）将窗图块插入到相应的位置。

（4）绘制门M—3、窗C—3并创建为图块。

（5）将门窗图块插入到图中相应的位置。

命令执行后的图形如图7-9所示。

7.3.7 绘制楼梯

在建筑剖面图中，楼梯剖面是一个关键图形对象，也是绘制中较为复杂的一部分，一般分为踏步线、栏杆、扶手几部分来画。

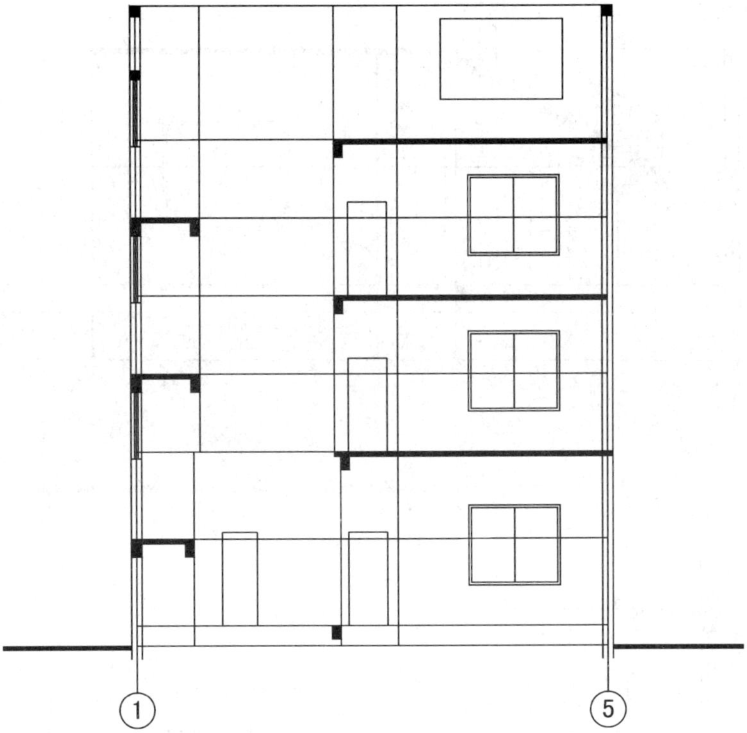

图 7-9　立面窗和门绘制后的图形

本例建筑剖面图的二、三层剖面的楼梯部分相同，一层剖面的楼梯仅尺寸与二、三层的剖面有所不同。下面以一层剖面图的楼梯（图 7-10）为例介绍其绘图方法，具体绘制步骤如下：

1. 绘制楼梯踏步线

(1) 将当前层转化为"楼梯"层。

(2) 用【绘图】中的【直线】命令绘制楼梯踏步，如图 7-11 所示。

命令：LINE 指定第一点：	(捕捉图 7－11 所示图形中 A 点)
指定下一点或［放弃(U)］：＜正交 开＞ @0,150	(指定踏步的高度，得到 B 点)
指定下一点或［放弃(U)］：@280,0	(指定踏步的宽度)
指定下一点或［闭合(C)/放弃(U)］：@0,150	(指定踏步的高度，得到 C 点)
指定下一点或［闭合(C)/放弃(U)］：	

(3) 用【修改】中的【阵列】命令复制其他楼梯踏步线，具体操作步骤如下：

① 单击【修改】菜单中【阵列】调用"array"命令，调用后弹出如图 7-12 所示的"阵列"对话框。阵列形式为"矩形阵列"，行数为"1"，列数为"12"，默认"行偏移"文本框中的值，单击列偏移"列偏移"文本框右侧的按钮，返回绘图区，拾取如图所示的图形中的

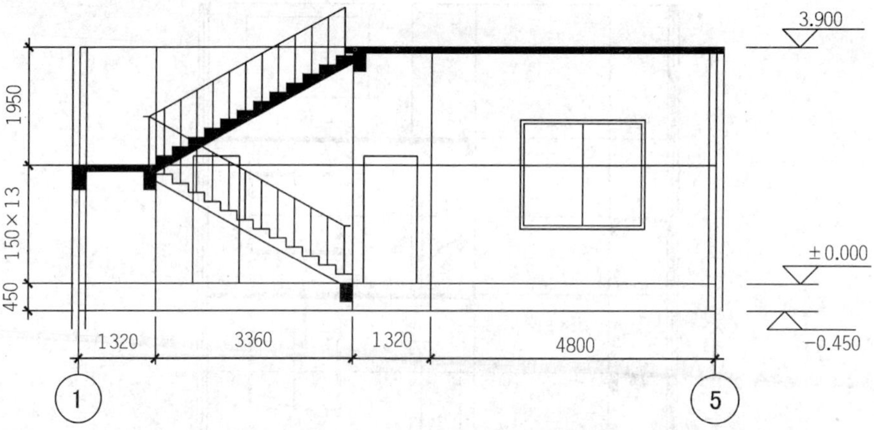

图 7-10　一层剖面图

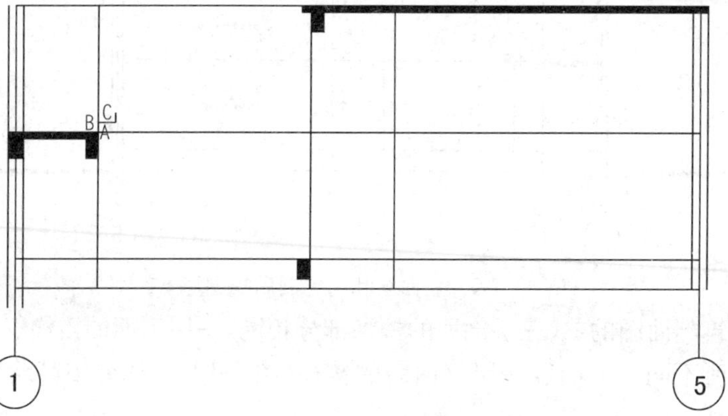

图 7-11　绘制楼梯踏步

B,C 点,该列偏移值为 317.65;单击"阵列角度"文本框右侧的按钮,返回绘图区,拾取如图所示的图形中的 B,C 点,角度为 28。

② 单击【选择对象】按钮,返回绘图区,拾取如图所示的图形中的 B 到 C 点之间的踏步线(即长度为 280 和 150 的直线)。

③ 单击<Enter>返回"阵列"对话框,单击"确定"按钮。

(4) 用【修改】中的【镜像】命令对称复制上部楼梯踏步线,结果如图 7-13 所示。

命令:<u>MIRROR</u>
选择对象:指定对角点:找到 1 个　　　　(选择楼梯的下部)
选择对象:
指定镜像线的第一点:　　　　(捕捉楼梯最上面线段的角点)
指定镜像线的第二点:<正交 开>
是否删除源对象?[是(Y)/否(N)]<N>:

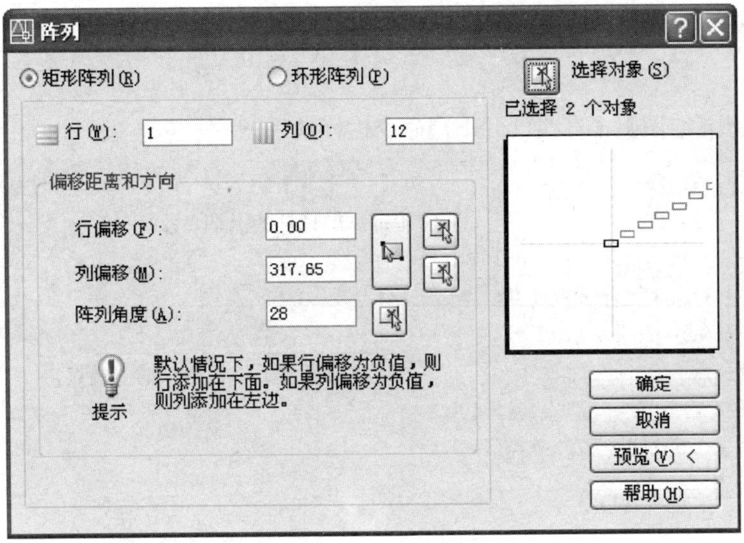

图 7-12 “阵列”对话框

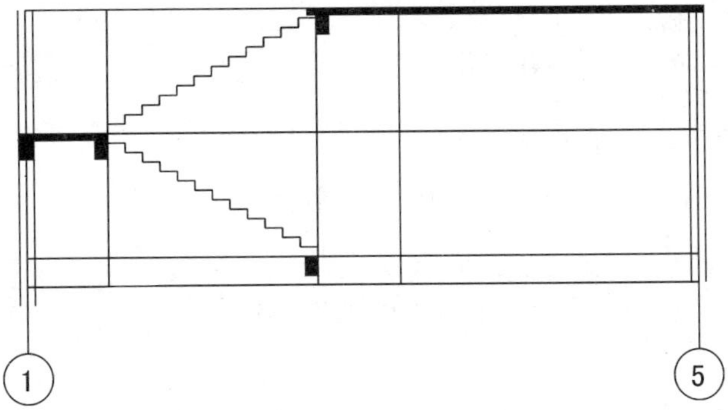

图 7-13 绘制楼梯踏步线后的图形

2. 绘制栏杆和扶手

(1) 使用【绘图】|【直线】命令绘制栏杆。使用“直线”和“复制”命令绘制其他栏杆。

命令：LINE
指定第一点：
指定下一点或 [放弃(U)]：**@0,800**
指定下一点或 [放弃(U)]：
命令：COPY
选择对象：
选择对象：
指定基点或 [位移(D)] <位移>：指定第二个点或 <使用第一个点作为位移>：
指定第二个点或 <使用第一个点作为位移>：

```
指定第二个点或[退出(E)/放弃(U)]<退出>:
……
```

(2) 使用【绘图】|【直线(LINE)】命令栏杆扶手。

```
命令:LINE                              (绘制扶手端头)
指定第一点:                            (指定一层栏杆的上端点)
指定下一点或[放弃(U)]:@100,0
指定下一点或[闭合(C)/放弃(U)]:
命令:LINE
指定第一点:                            (指定休息平台第一根栏杆的上端点)
指定下一点或[放弃(U)]:@-100,0
指定下一点或[闭合(C)/放弃(U)]:
命令:LINE                              (连接各端头)
指定第一点:
指定下一点或[放弃(U)]:
指定下一点或[放弃(U)]:
指定下一点或[闭合(C)/放弃(U)]:
```

3. 绘制下梯段的梯段板线

(1) 使用【绘图】|【直线】命令绘制一条辅助线。

```
命令:LINE 指定第一点:(捕捉踏步起始点)
指定下一点或[放弃(U)]:<正交 关>(捕捉踏步终点)
指定下一点或[放弃(U)]:
```

(2) 选择【修改】菜单中的【偏移】命令,绘制梯段板线。

```
命令:OFFSET
当前设置:删除源=否 图层=源 OFFSETGAPTYPE=0
指定偏移距离或[通过(T)/删除(E)/图层(L)]<通过>:100
选择要偏移的对象,或[退出(E)/放弃(U)]<退出>:
指定要偏移的那一侧上的点,或[退出(E)/多个(M)/放弃(U)]<退出>:
选择要偏移的对象,或[退出(E)/放弃(U)]<退出>:
```

(3) 选择【绘图】菜单中的【填充】命令,对剖切到梯段板进行填充。

```
命令:BHATCH
选择内部点:正在选择所有对象...
正在选择所有可见对象...
正在分析所选数据...
```

正在分析内部孤岛...
选择内部点：

重复上述操作绘制上梯段的梯段板线。

上述命令执行后的结果如图 7-14 所示。

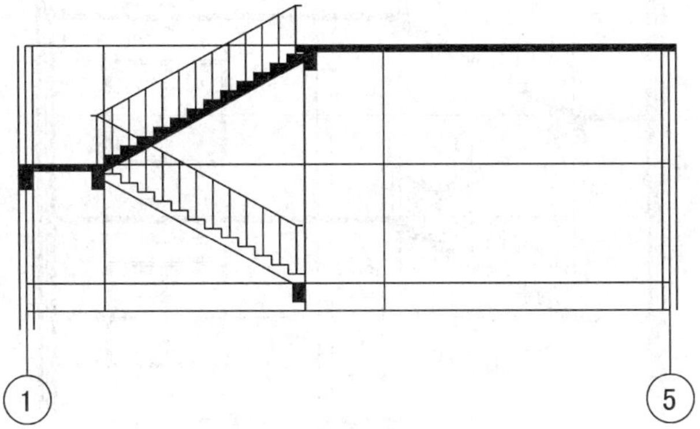

图 7-14　绘制后的楼梯剖面

7.3.8　绘制二层和三层剖面楼梯

二层和三层剖面楼梯部分仅尺寸和一层楼梯的尺寸不同，其绘制方法相同。读者可以按照上述一层剖面图的方法和步骤进行练习。二层剖面楼梯绘制完成后，使用“复制”命令生成三层剖面楼梯。如图7-17所示。

7.3.9　绘制阳台

本例阳台部分 2～3 层阳台的部分正投影图。具体尺寸如图 7-15 所示。绘制时可以使用“矩形”命令绘制出阳台的外轮廓；然后将矩形分解；使用偏移命令复制出水平线；使用修剪和删除命令删除不需要的线段。阳台内栏杆可以使用“多线”命令进行绘制。绘制完成后可以创建为“剖面阳台”图块。并将图块插入到图中相应的位置。

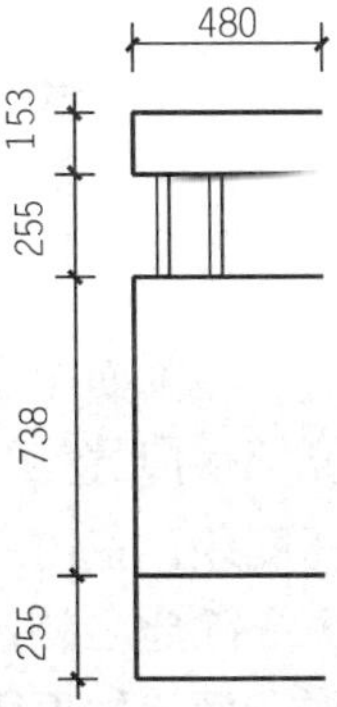

图 7-15　2～3 层阳台

7.3.10　绘制屋顶檐口

屋顶檐口（图 7-16）的绘制方法与立面图相同，具体操作过程省略。上述命令完成后的图形如图 7-17 所示。

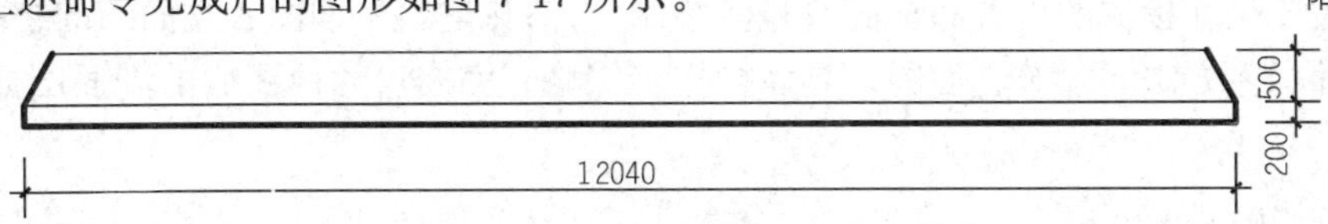

图 7-16　屋顶檐口

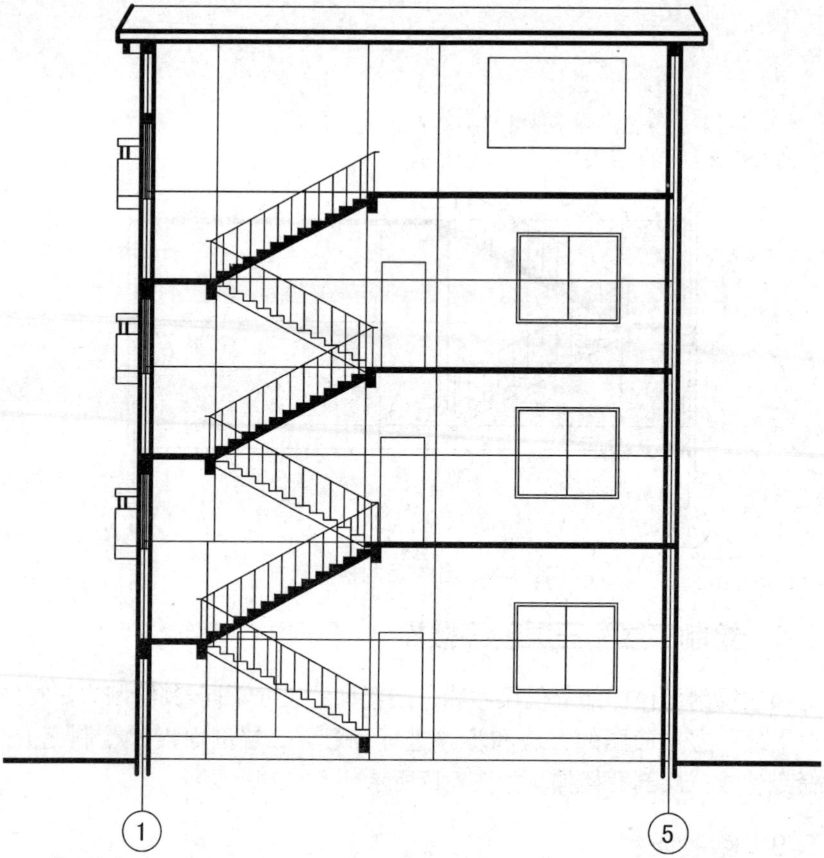

图 7-17 屋顶檐口绘制后的图形

7.3.11 尺寸和高程(标高)标注

在剖面图中,尺寸标注包括竖直方向剖切部位的尺寸和标高。外墙的竖直尺寸需要标注门、窗洞以及洞间墙的高度尺寸。还需要标注层高尺寸,即各层到上层楼面的高度差。室内外的地面高度差以及建筑物的总高。

除此之外,剖面图还须标注一些结构的标高,包括各部分的地面、楼面、楼梯休息平台面、梁、雨篷等。AutoCAD 2006 没有自带的标高工具,需要自己绘制或者调用前面设置的块文件。标高时要注意区别建筑标高和结构标高。

关于尺寸标注的设置和标高符号的绘制,可参见建筑平面图和立面图的绘制。标注尺寸标注方法同建筑立面图。具体操作步骤略。完成尺寸标注后的剖面图如图7-1所示。

7.3.12 文字标注

完成文字标注后，剖面图的绘制基本完成，如图 7-1 所示。

7.3.13 图纸输出

剖面图的布局设置和打印设置和平面图和剖面图大致相同，图 7-18 所示的图形是根据某一种布局打印预览效果图。

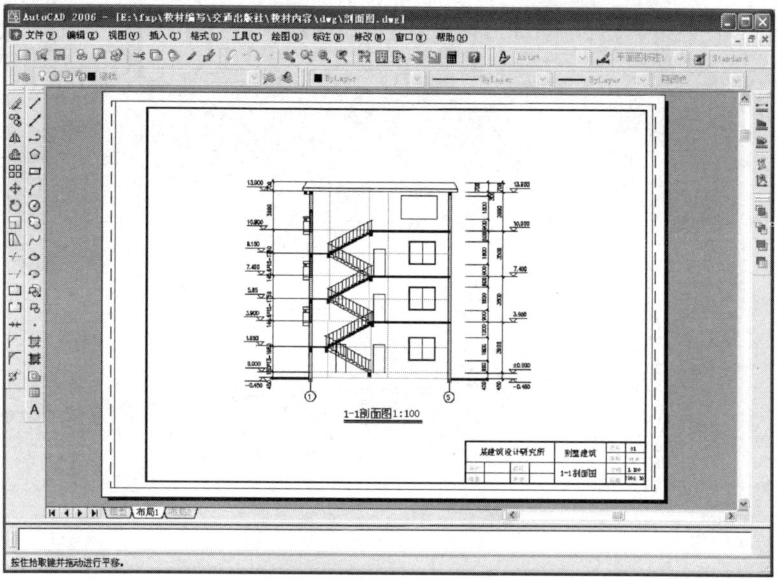

图 7-18 布局打印预览效果图

小　结

本章按照建筑设计规范和建筑制图要求，详细讲述使用 AutoCAD 2006 绘制建筑剖面图的方法步骤与技巧。建筑剖面图中楼梯是关键图素，本章给出了较简练的方法，读者在练习时体会。

习　题

1. 简答题

(1) 建筑剖面图是如何形成的？有什么作用？

(2) 建筑剖面图应表示哪些内容？

(3) 建筑剖面图中尺寸标注有什么要求？

(4) 试述建筑立面图绘制方法与步骤。

2. 上机练习

用 AutoCAD 2006 绘制本章图 7-1 中的 1-1 剖面图。

第 8 章
绘制建筑详图

对于一个建筑物来说，由于建筑平、立、剖面图图样的比例较小，建筑物的某些细部及其构配件详细的构造和尺寸无法表示清楚，不能满足施工要求。所以，在一套施工图中，除了有全局性的基本图样外，还必须有许多比例较大的图样，对建筑物细部的形状、大小、材料和做法加以补充说明，这些图样称为建筑详图。建筑详图是建筑细部施工图，它是建筑平、立、剖面图的补充，是建筑施工的重要依据之一。

建筑详图包括的主要图样有：墙身剖面图、楼梯详图、门窗详图及厨房、浴室、卫生间详图等。

建筑详图主要表示建筑构配件(如门、窗、楼梯、阳台和各种装饰等)的详细构造及直接关系；表示建筑细部及剖面节点(如檐口、窗台、阴沟、楼梯、扶手、踏步、楼地面、屋面等)的形式、层次、做法、用料、规格及详细尺寸；表示施工要求和制作方法。

本章导读：

(1) 楼梯详图；

(2) 门窗详图；

(3) 外墙剖面节点详图。

8.1 楼梯详图

楼梯是多层房屋建筑中上下交通的主要设施。在多层建筑中，通常采用现浇钢筋混凝土楼梯。楼梯通常有楼梯段、楼梯梁、楼梯平台、楼梯栏杆和扶手组成。

(1) 楼梯详图一般分建筑详图和结构详图，并分别绘制，分别编入建筑施工图和结构施工图中。

(2) 楼梯详图主要表示楼梯形式、楼梯间各部位的尺寸及装修做法，为楼梯施工制作提供依据。

(3) 楼梯详图一般有楼梯平面图、剖面图和节点详图组成。

8.1.1 楼梯平面图的形成

楼梯平面图是距每层楼地面1m以上(尽量剖到楼梯间的门窗)沿水平方向剖开，向下投影所得到的水平剖面图。各层被剖到的楼梯段用45°折断线表示。

楼梯平面图一般应分层绘制。对于三层以上的建筑物，当中间各层楼梯完全相同时，可用一个图样表示，同时标有中间各层楼面的高程。

楼梯平面图标注的内容：

(1) 图名和比例　通常楼梯平面图的比例为1∶50，以便与识读。

(2) 楼梯间开间和进深、轴线编号和尺寸。

(3) 楼层地面和休息平台的标高。

(4) 楼梯段宽度和梯井宽度。

(5) 梯段的水平投影长度和和休息平台宽度。梯段的水平投影长度=(踏步数-1)×踏步宽度。

(6) 楼梯走向　在楼梯段中部，用带箭头的细实线表示楼梯走向，并标注有“上”或“下”的字样。其中，“上”或“下”均是相对该层楼地面而言，即以该层楼地面为起点，表示出某段楼梯是上还是下。

(7) 楼梯间的墙体厚度，门窗、构造柱、垃圾道等位置。

(8) 索引符号　对于更为详细的做法，如踏步、扶手等，采用索引符号表示另绘有详图。

(9) 剖切符号　在首层平面图用剖切符号表示楼梯剖面图的剖切位置、投影方向及剖面图的编号。

8.1.2 楼梯平面图绘图实例

楼梯平面图如图8-1所示。操作步骤如下：

(1) 绘制楼梯平面轮廓。

在绘制楼梯平面之前，需要绘制楼梯平面轮廓。在“绘制楼梯平面图”一章中，已经详细介绍了绘制楼梯平面轮廓的方法和步骤，只需从建筑平面图中提取相关的部分即可。

① 将【楼梯】层设置为当前层。

② 在图中对应的位置绘制一条楼梯踏步线。

③ 用“阵列”或“偏移”命令绘制其他楼梯踏步线。

④ 使用矩形命令绘制上下楼梯扶手和梯井，并用修剪命令除去穿过扶手的横线。

⑤ 用【绘图工具栏】中【多段线】命令绘制上下箭头和折断线。

(2) 填充墙体。

在楼梯平面图中对墙体进行填充。填充图案选择为 line,比例为 20,角度为 45°,如图 8-1 所示。

(3) 插入轴线编号。

(4) 尺寸标注和文字说明。

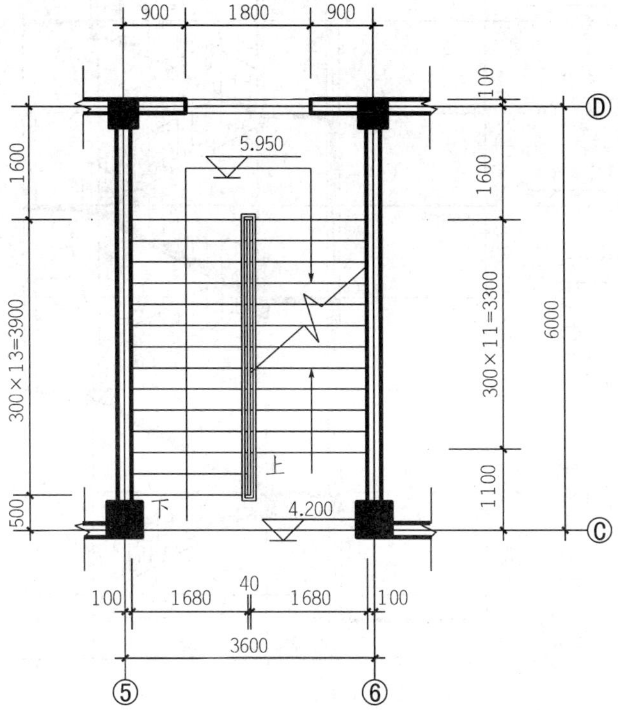

楼梯二层平面图 1:50

图 8-1 楼梯平面图

8.1.3 楼梯剖面图的形成及图示内容

用一假想铅垂面,将楼梯某一跑和门窗洞垂直剖开,向未剖到的另一跑方向投影,所得到的垂直剖面图即为楼梯剖面图(如图 8-2)。剖切面所在的位置表示在楼梯首层平面图上。

楼梯剖面图重点表示楼梯间的竖向关系,具体内容包括:

(1) 图名和比例。

楼梯剖面图的图名与楼梯平面图中的剖切编号相同,比例与楼梯平面图的比例相一致。

(2) 轴线编号与进深尺寸。楼梯剖面图的轴线编号和进深尺寸与楼梯平面图中的

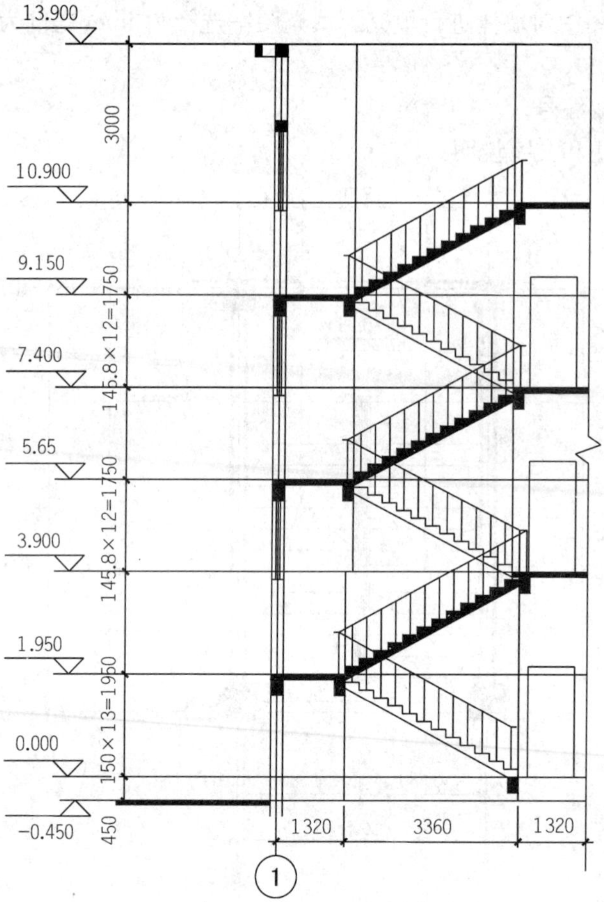

图 8-2　楼梯剖面图

编号相同、尺寸相同。

(3) 楼梯的结构类型和形式。

(4) 其他细部的构造做法。建筑物的层数、楼梯段数及每层楼梯踏步个数和踏步高度;室内地面、各层楼面、休息平台的位置、标高和细部尺寸;楼梯间的门窗、窗下墙、过梁、圈梁及细部尺寸;楼梯段、休息平台及平台梁之间的相互关系;投影后所看到的构件轮廓线,如门窗、垃圾道等。

(5) 索引符号。节点更为详细的做法用索引符号标出,表示另绘有详图。

8.1.4　楼梯剖面图绘图实例

1. 绘制楼梯剖面图的轮廓

在绘制楼梯平面之前,需要绘制楼梯平面轮廓。在"绘制楼梯剖面图"一章中,已经详细介绍了绘制楼梯剖面图轮廓的方法和步骤，只需从建筑平面图中提取相关的部分即可。具体操作简述为：

(1) 将当前层转化为“楼梯”层。

(2) 用“多段线”命令绘制一个楼梯段踏步线或使用“直线”命令和“阵列”命令绘制楼梯踏步线。

(3) 用“镜像”命令对称复制另一楼梯段的踏步线。

(4) 使用“多线”命令绘制栏杆，双线的间距为 20mm。

(5) 使用“多线”命令绘制楼梯扶手，双线的间距为 50mm。

(6) 绘制下梯段的梯段板线。

(7) 选择【修改】菜单中的【偏移】命令，绘制梯段板线

2. 填充被剖切的楼梯

选择【绘图】菜单中的【填充】命令，对剖切到梯段板进行填充。由于楼梯为钢筋混凝土结构。可以选用填充的图案为 AR-CONC。

最后进行尺寸和高程标注。

8.2 门窗详图

门窗详图，一般用预先绘制好的各种不同规格的标准图，供设计者选用。因此，在施工图中，只要说明该详图所在标准图集中的编号，就不必另画详图，如果没有标准图集时，就一定要画出详图。

门窗详图一般用立面图、节点详图、断面图以及文字说明来表示。按规定，在节点详图和断面图中，门窗的断面一般应加上材料图例。

8.2.1 门窗立面图的图示内容

(1) 门窗详图中，应有门、窗的立面图，并用细斜线画出门窗扇的开启方向符号。斜线为实线时表示向外开，斜线为虚线时表示向装门窗扇铰链的一侧。

(2) 门、窗的立面图与标注的尺寸。立面图尺寸一般有三道：第一道为窗洞口尺寸；第二道为窗框外包尺寸；第三道为窗扇、窗框尺寸。洞口尺寸应与建筑平、剖面图上所注的尺寸一致。

(3) 立面图上的线型，除轮廓线用粗实线外，其余用细实线。

8.2.2 门窗立面图的绘图实例

下面以图 8-3 所示的立面门为例介绍使用 AutoCAD 绘制立面门的方法和步骤。

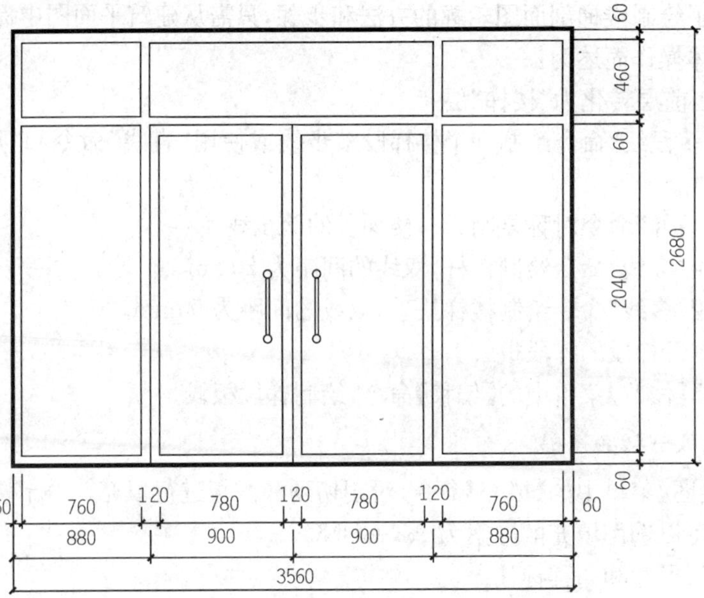

图 8-3　立面门

(1) 使用【绘图】|【矩形】命令绘制门的外框。

RECTANG
指定第一个角点或［倒角(C)/标高(E)/圆角(F)/厚度(T)/宽度(W)］：w
指定矩形的线宽 <0>：**30**
指定第一个角点或［倒角(C)/标高(E)/圆角(F)/厚度(T)/宽度(W)］：
指定另一个角点或［面积(A)/尺寸(D)/旋转(R)］：**@3560,2680**

(2) 使用【绘图】|【矩形】命令绘制门上方的左气窗。

命令：RECTANG
指定第一个角点或［倒角(C)/标高(E)/圆角(F)/厚度(T)/宽度(W)］：_from 基点：
（捕捉门外框线左上角的顶点）
<偏移>：**@60,－60**
指定另一个角点或［面积(A)/尺寸(D)/旋转(R)］：**@760,－460**

(3) 使用【绘图】|【矩形】命令绘制门上方的右气窗。

命令：RECTANG
指定第一个角点或［倒角(C)/标高(E)/圆角(F)/厚度(T)/宽度(W)］：_from 基点：
（捕捉门外框线右上角的顶点）
<偏移>：**@－60,－60**
指定另一个角点或［面积(A)/尺寸(D)/旋转(R)］：**@－760,－460**

(4) 使用【绘图】|【矩形】命令绘制门上方的中间气窗。

命令：<u>RECTANG</u>
指定第一个角点或［倒角(C)/标高(E)/圆角(F)/厚度(T)/宽度(W)］：_from 基点：
(捕捉左气窗右下角的顶点)
＜偏移＞：**@60,0**
指定另一个角点或［面积(A)/尺寸(D)/旋转(R)］：**@1800,460**

(5) 使用【绘图】|【矩形】命令绘制左门扇 1。

命令：<u>RECTANG</u>
指定第一个角点或［倒角(C)/标高(E)/圆角(F)/厚度(T)/宽度(W)］：_from 基点：
(捕捉门的外框线左下角顶点)
＜偏移＞：**@60,60**
指定另一个角点或［面积(A)/尺寸(D)/旋转(R)］：**@760,2040**

(6) 使用【绘图】|【矩形】命令绘制左门扇 2 外框线。

命令：<u>RECTANG</u>
指定第一个角点或［倒角(C)/标高(E)/圆角(F)/厚度(T)/宽度(W)］：_from 基点：
(捕捉门的外框线左下角顶点)
＜偏移＞：**@880,0**
指定另一个角点或［面积(A)/尺寸(D)/旋转(R)］：**@900,2040**

(7) 选择【修改】菜单中的【偏移】命令，绘制左门扇 2 内框线。

命令：<u>OFFSET</u>
指定偏移距离或［通过(T)］＜1800＞：**60**
选择要偏移的对象或＜退出＞：
指定点以确定偏移所在一侧：
选择要偏移的对象或＜退出＞：

(8) 选择【修改】菜单中的【镜像】命令，绘制右门扇图线。

命令：<u>MIRROR</u>
选择对象：指定对角点：找到 7 个　　　　(选择左门扇 1、2 所有图线)
选择对象：
指定镜像线的第一点：
指定镜像线的第二点：
要删除源对象吗？［是(Y)/否(N)］＜N＞：

8.3 外墙剖面节点详图

8.3.1 外墙剖面节点详图的图示内容

外墙剖面节点详图表达房屋的屋顶层、檐口、楼(地)面层的构造、尺寸、用料及其与墙身等其他构件的关系,根据实际规范需要,可分别绘制节点详图。外墙剖面节点详图的内容包括:

(1) 檐口节点:详图表明了女儿墙(亦称包檐)外排水檐口的构造和屋顶层的做法及其分层情况的说明。

(2) 窗顶节点详图:表明了窗顶钢筋混凝土过梁、圈梁和楼面层的做法及其分层情况的说明。

(3) 窗台节点表明了窗台的做法。

(4) 勒脚、散水节点详图表明了勒脚、散水的做法,还表明了室内地面层和踢脚的做法。

(5) 外内墙各部分墙面粉刷得用料、做法和颜色及楼面层、屋顶层的用料做法,在施工总说明中已注明,详图中只须标明面层的用料颜色。

8.3.2 绘制外墙节点详图方法和步骤

如图8-4所示的外墙节点详图,可按下列方法进行绘制。

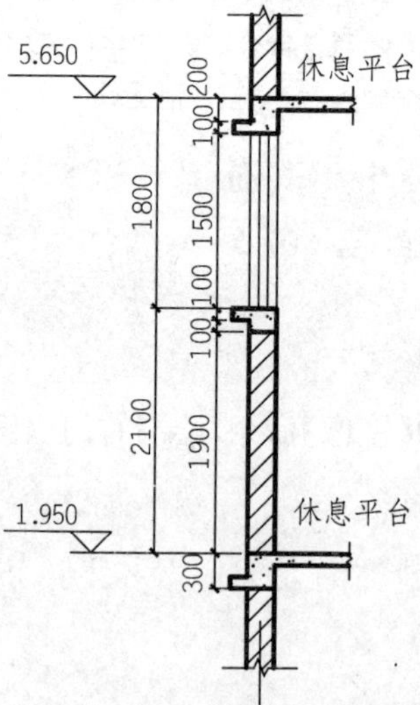

图8-4 外墙节点详图

(1) 绘制墙身轮廓线。

绘制墙身轮廓。在墙身轮廓的绘制只需在墙身轮廓的基础上作一些必要的改动。删除一些不需要的部分。具体操作概括为：

① 使用"多线"或"直线"命令绘制折断符合；

② 选择"矩形"命令绘制窗户和窗台，并将绘制好的窗户和窗台创建为图块，并插入到相应的位置，如图 8-5 所示；

③ 填充休息平台和梁。采用 AR-CONC 图案，设置填充比例为 20；

④ 填充外墙。采用 line 图案，设置填充比例为 1000，角度为 45°。

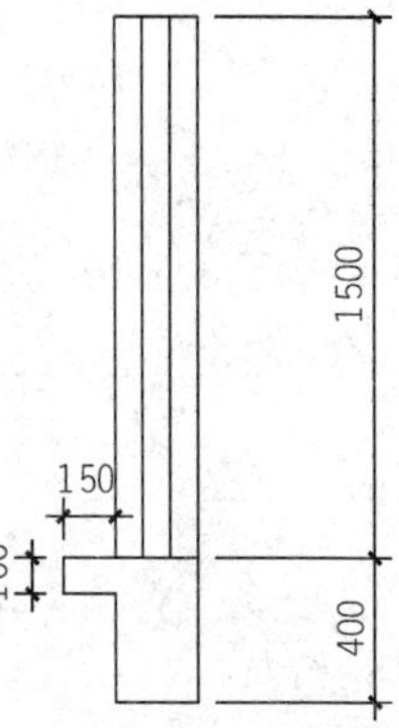

图 8-5　窗户和窗台

(2) 插入轴线编号。

(3) 尺寸标注和文字说明。

小　结

本章主要介绍了楼梯平面、剖面详图、门窗立面详图的图示内容和绘制方法，使读者对建筑详图的绘制有一定的了解。

习　题

1. 简答题

(1) 建筑详图包括的主要图样有哪些？

(2) 建筑详图主要表示建筑哪方面的内容？

(3) 楼梯详图一般有哪几种图组成？

(4) 楼梯平面图需要表示哪些内容？

(5) 门窗立面图的图示内容有哪些？

2. 上机练习

练习绘制如图 8-1 楼梯平面图、图 8-2 楼梯剖面图和图 8-4 的外墙节点详图。

第9章 绘制结构详图

房屋的建筑施工图主要表达房屋的外部造型、内部布置、建筑构造和内外装修等内容，而结构施工图则主要是表达房屋各承重构件(如梁、板、柱、墙、基础等)的布置、结构构造等内容。在房屋设计中,除了进行建筑设计、绘制出建筑施工图外,还要进行结构设计,绘制出结构施工图。根据建筑各方面的要求,进行结构选型和构件布置,再通过力学计算,确定各承重构件的形状、大小、材料以及内部构造等,并将设计结果绘制成图样,用以指导施工,这种图样称为结构施工图。

结构施工图主要用来作为施工放线,开挖基槽,支撑模板,绑扎钢筋,设置预埋件和预留孔洞,浇灌混凝土,安装梁、板、柱等构件;以及编制预算和施工组织设计等的依据。结构施工图的主要内容有:

(1) 结构设计说明。用于说明选用结构材料的类型、规格和强度等级,构件的要求,地基情况及施工要求,施工中的注意事项等。

(2) 基础图。包括基础平面图和基础详图。

(3) 结构布置图。包括楼层结构平面布置图和屋面结构平面图。

(4) 构件详图。包括梁、板、柱、楼梯、屋架等详图。

目前,大部分结构施工图纸可以有结构设计自动生成,有设计人员人工绘制结构施工图的工作量大大减少,工作效率大大提高。但自动生成的图纸有时需要进行部分修改。而AutoCAD是一个很好的绘图工具。本章主要介绍结构构件详图的图示内容和使用AutoCAD进行绘制的方法的步骤。

本章导读:

(1) 混凝土构件结构详图

(2) 楼梯结构详图

(3) 基础详图

9.1 混凝土构件结构详图

9.1.1 钢筋混凝土构件结构详图的主要内容

(1) 构件代号(图名),比例;

(2) 构件定位轴线及其编号;

(3) 构件的形状、大小和预埋件代号及布置(模板图),当构件的外形比较简单、又无预埋件时,可只画配筋图来表示构件的形状和钢筋配置;

(4) 梁、柱的结构详图通常由立面图和断面图组成,板的结构详图一般只画它的断面图或剖面图,也可把板的配筋直接画在结构平面图中;

(5) 构件外形尺寸、钢筋尺寸和构造尺寸以及构件底面的结构标高;

(6) 各结构构件之间的连接详图;

(7) 施工说明等。

9.1.2 绘制钢筋混凝土构件结构详图方法和步骤

钢筋混凝土构件图表达了构件的形状大小、钢筋本身及其在混凝土中的布置情况。该图的图示特点是假定混凝土是透明的,然后将构件进行投影,这样构件内的钢筋是可见的,其分布情况一目了然。必要时,还可将钢筋抽出来绘制钢筋详图并列出钢筋表。绘制钢筋混凝土构件图时,一般先画出构件的外形轮廓,然后绘制构件内的钢筋。下面以图 9-1 所示的钢筋混凝土梁为例,说明钢筋混凝土构件图的方法和步骤。

(1) 创建图层,如钢筋层、梁层及标注层等。

(2) 可将已有施工图中的有用对象复制到当前图形中,以减少作图工作量。

(3) 不同绘图比例的构件详图都按 1∶1 比例绘制。一般先画出轴线、重要轮廓边线等,再以这些线为作图基准线,用 OFFSET 及 TRIM 命令形成构件外形轮廓。

(4) 在屏幕的适当位置用 PLINE 或 LINE 命令绘制钢筋线(如图 9-2),然后用 COPY、ROTATE 及 MOVE 命令将钢筋布置在构件中。也可以构件轮廓线为基准线,用 OFFSET 及 TRIM 命令形成钢筋。

(5) 使用“矩形”命令绘制梁的断面。使用 OFFSET 及 TRIM 命令形成断面图的外轮廓线。用 DONUT 命令画表示钢筋断面的圆点,圆点外径等于图纸上圆点直径尺寸与出图比例倒数的乘积,如图 9-3 所示。

(6) 对绘图比例与出图比例不同的构件详图进行缩放操作,缩放比例因子等于绘图比例与出图比例的比值,然后再将所有详图布置在图框内。例如,有绘图比例为 1∶20和1∶40 的两张详图要布置在 A3 幅面的图纸内,出图比例为 1∶40。则布图前,

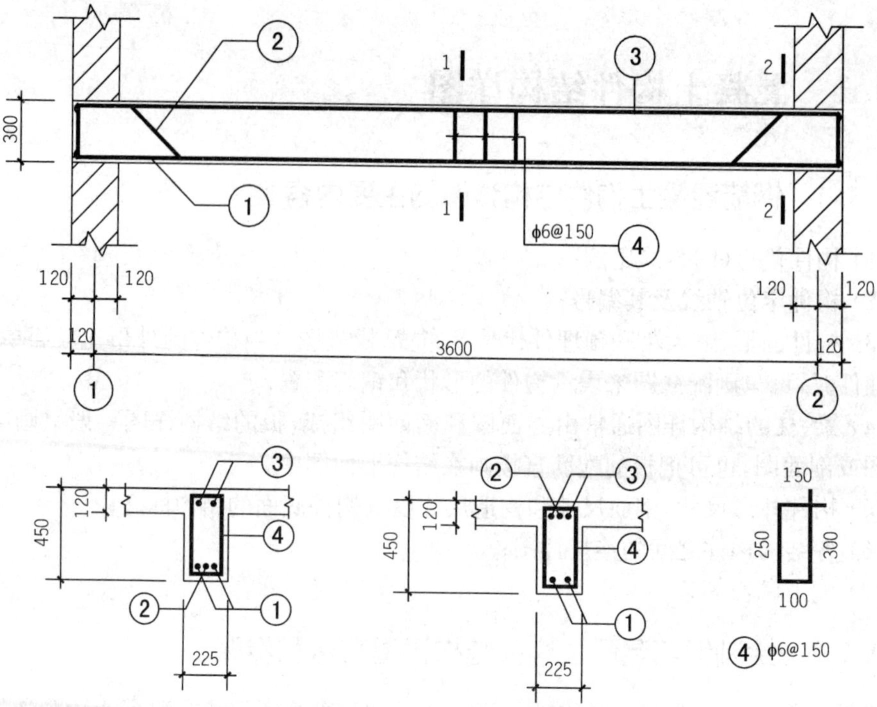

图 9-1　钢筋混凝土梁结构详图

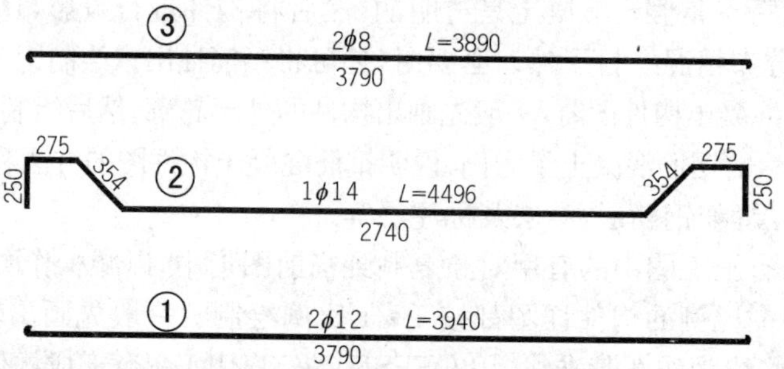

图 9-2　钢筋混凝土梁内钢筋

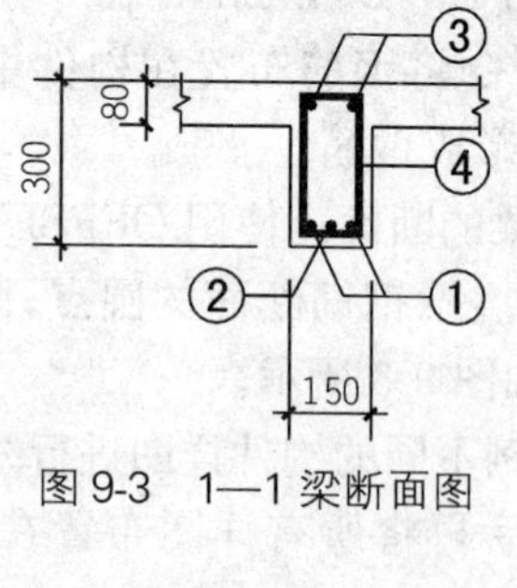

图 9-3　1—1 梁断面图

应先用 SCALE 命令缩放 1∶20 的详图，缩放比例因子为 2。

(7) 标注尺寸，尺寸标注全局比例为出图比例的倒数。

(8) 插入标准图框，并以出图比例的倒数缩放图框。

9.2 楼梯结构详图

9.2.1 概述

楼梯结构详图由各层楼梯平面图和楼梯剖面图组成。

1. 楼梯结构平面图

楼层结构平面图中虽然也包括了楼梯间的平面位置，但因比例较小(1∶100)，不易把楼梯构件的平面布置和详细尺寸表达清楚，而底层又往往不画底层结构平面图。因此楼梯间的结构平面图通常需要用较大的比例(如 1∶50)另行绘制，如图 9-4 所示。楼梯结构平面图的图示要求与楼层结构平面图基本相同，它也是用水平剖面图的形式来表示的，但水平剖切位置有所不同。为了表示楼梯梁、梯段板和平台板的平面布置，通常把剖切位置放在层间楼梯平台的上方；底层楼梯平面图的剖切位置在一、二层间楼梯平台的上方；二(三)层楼梯平面图的剖切位置在二、三(三、四)层间楼梯平台的上方；本例四层(即顶层)楼面以上无楼梯，则四层楼梯平面图的剖切位置就设在四层楼面上方的适当位置。

楼梯结构平面图应分层画出。当中间几层的结构布置和构件类型完全相同时，则只要画出一个标准层楼梯平面图。如图 9-4 所示的中间一个平面图，即为二、三层楼梯的通用平面图。

楼层结构平面图中各承重构件，如楼梯梁(TL)、梯段板(TB)、平台板(YKB)、窗过梁(YGL)和圈梁(QL)等的表达方式和尺寸注法与楼层结构平面图相同，这里不再赘述。在平面图中，梯段板的折断线按投影法理应与踏步线方向一致，为避免混淆，按制图标准规定画成倾斜方向。在楼层结构平面图中除了要注出平面尺寸外，通常还需注出各种梁底的结构标高。

2. 楼梯结构剖面图

楼梯的结构剖面图是表示楼梯间的各种构件的竖向布置和构造情况的图样。由楼梯结 构平面图中所画出的剖切线的剖视方向而得到的楼梯剖面图，如图 9-5 所示。它表明剖切到的梯段(TB1，TB2)的配筋、楼梯基础墙、楼梯梁(TL1，TL2，TL3)、平台板(YKB)、部分楼板、室内外地面和踏步以及外墙中窗过梁(YGL)和圈梁(QL)等的布置，还表示出未剖切到梯段的外形和位置。与楼梯平面图相类似，楼梯剖面图中的标准层可利用折断线断开，并采用标注不同标高的形式来简化。

在楼梯结构剖面图中，应标注出轴线尺寸、梯段的外形尺寸和配筋、层高尺寸以及室内、外地面和各种梁、板底面的结构标高等。

9.2.2 楼梯结构详图的主要内容

(1) 楼梯平面图表明各构件(如楼梯梁、梯段板、平台板以及楼梯间的门窗过梁等)的平面布置和代号、大小和定位尺寸以及它们的结构标高。

(2) 楼梯剖面图表明各构件的竖向布置和构造、梯段板和楼梯梁的形状和配筋(当平台板和楼板为现浇板时的配筋)、断面尺寸、定位尺寸和钢筋尺寸以及各构件底面的结构标高等。

9.2.3 绘制楼梯结构详图的方法

如图 9-4、9-5 所示的楼梯平面图和楼梯剖面图，使用 AutoCAD 绘制时，可使用下列方法进行绘制。

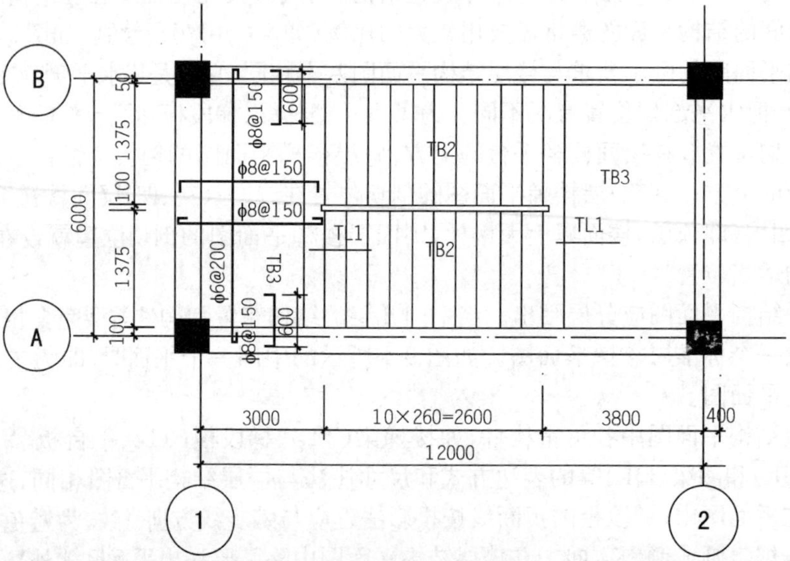

图 9-4 楼梯结构平面图

(1) 创建图层，如钢筋层、梁层及标注层等。

(2) 可将已有施工平面图和剖面图和中的楼梯部分复制到当前图形中，并使用图形进行修改。

(3) 在屏幕的适当位置用 PLINE 或 LINE 命令绘制钢筋线，然后用 COPY、ROTATE 及 MOVE 命令将钢筋布置在构件中。也可以构件轮廓线为基准线，用 OFFSET 及 TRIM 命令形成钢筋。

(4) 用 DONUT 命令画表示钢筋断面的圆点，圆点外径等于图纸上圆点直径尺寸与出图比例倒数的乘积。

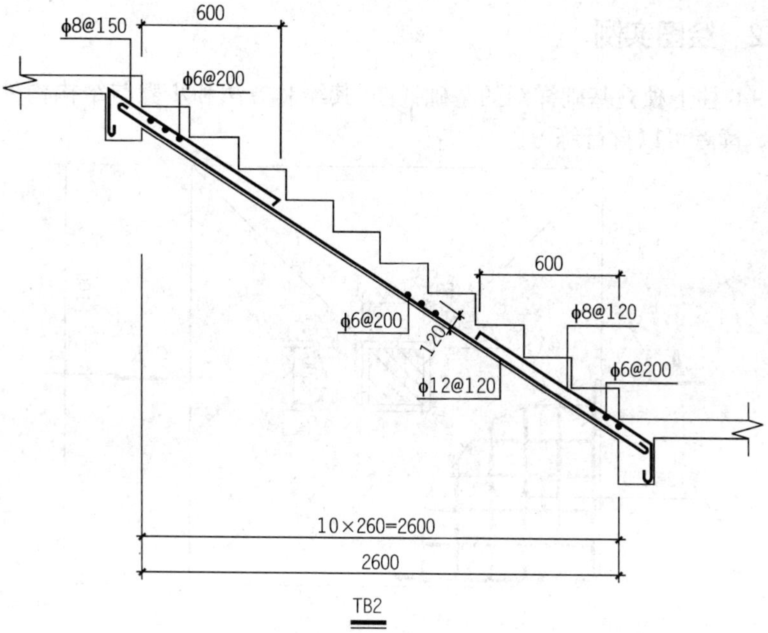

图 9-5　楼梯结构剖面图

(5) 标注尺寸和文字。结构详图中对钢筋的直径和间距按规范进行标注。

(6) 插入标准图框,并以出图比例的倒数缩放图框。

9.3　基础详图

基础平面图只表明了基础的平面布置,而基础部分的形状、大小、材料、构造以及基础的埋深等内容都没有表达出来,这就需要绘制出各部分的基础详图。

9.3.1　基础详图的主要图示内容

(1) 图名(或基础代号),比例。

(2) 基础断面图中轴线及其编号(若为通用断面图,则轴线圆圈内不予编号)。

(3) 基础断面形状、大小、材料以及配筋。

(4) 基础梁和基础圈梁的截面尺寸及配筋。

(5) 基础圈梁与构造柱的连接做法。

(6) 基础断面的详细尺寸和室内外地面、基础垫层底面的标高。

(7) 防潮层的位置和做法。

(8) 施工说明等。

9.3.2 绘图实例

如图 9-6 柱下独立基础详图的基础详图，其绘制方法和步骤与结构构件的绘制方法相类似。读者可以自行练习。

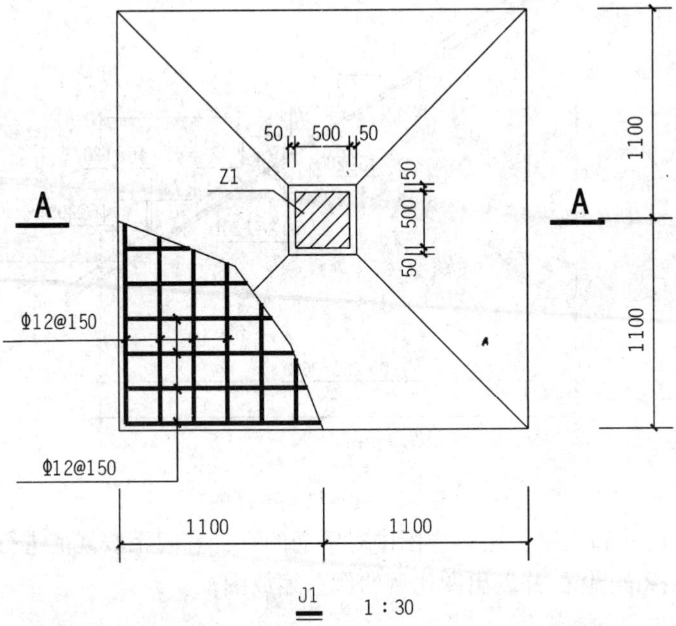

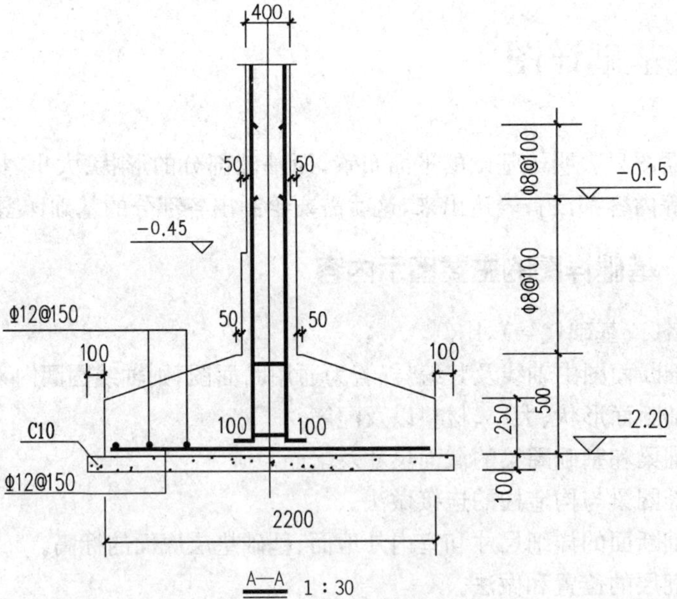

图 9-6 独立基础详图

小 结

本章主要介绍了钢筋混凝土梁详图、楼梯详图、基础详图的绘制方法,使读者对结构详图的绘制有一定的了解。在结构详图中重点是钢筋的表示、绘制以及标注方法。

习 题

1. 简答题

(1) 建筑结构详图主要表示建筑结构施工图哪些方面的内容?

(2) 楼梯结构详图一般有哪几种图组成?

(3) 简述绘制钢筋混凝土构件图的主要作图步骤。

(4) 与 LINE 命令相比,用 PLINE 命令绘制钢筋线有何优点?

(5) 出图比例为 1∶30。若要求图纸上钢筋断面的直径为 1.5mm,则用 DONUT 命令画断面圆点时,应设定圆点外径是多少?

(6) 要在标准图纸上布置两个结构详图,详图的绘图比例分别为 1∶10 和 1∶30。若出图比例设定为 1∶30,则应对哪个图样进行缩放?缩放比例是多少?图样缩放后,怎样才能使标注文字反映构件的真实大小?

2. 上机练习

上机练习绘制如图 8-1、图 8-4、图 8-5 和图 8-6 的结构详图。

第10章 绘制公路工程图

10.1 公路工程图

道路:供车辆行使、行人步行的带状空间三维构造物,主要由路基、路面、桥梁、涵洞、通道、隧道、防护工程和排水设备等构造物组成。

道路路线:沿长度方向的行车道中心线。路线的线形,由于受地形、地物和地质条件的限制,在平、纵面上由直线和曲线段共同组成,所以路线从整体上往往是由直线和曲线组成的一条空间曲线。从平面看,由直线、左右弯道、平面曲线组成。从纵向看,由平坡、上、下坡道、竖曲线组成。

道路路线工程图:表达道路路线的空间位置、线型和尺寸。路线设计的最后结果是以平面图、纵断面图和横断面图来表达。路线工程图中以地形图作为平面图,以纵向展开断面图为立面图,以横断面图为侧面图,并且大都各自画在单独的图纸上,一般这三种工程图绘制时采用的的比例也不相同,用这三种工程图来描述路线的空间位置、线形和尺寸,因此路线工程图由路线平面图、路线纵断面图和路基横断面图组成。

10.1.1 路线平面图和路线纵断面图的图示内容

1. 路线平面图

路线平面图:采用地形图,说明道路路线的平面布置情况、路线的方向、沿线两侧一定范围内的地形、地物、路线弯曲情况。

(1) 地形图上应包含以下内容:

① 比例:地形图绘制的比例,一般在山岭区采用 1∶2000,丘陵和平原区采用 1∶5000。

② 方位,坐标网,指北针:为了指示地理方位和路线走向,地形图上需画出指北针或大地坐标网。

③ 地形起伏情况和图例：地形图上用等高线表示地形起伏情况，相邻两等高线的高差一般为2m；可以通过等高线、等高线间距，了解地形上的山峰、山脊、山谷、河流、丘陵、平原，地形图上用图例表示地物，如旱田、水道、旧公路、桥梁、堤坝、水塘、房屋、高低压线、采石场、小路、桥梁、涵洞、隧道、立交、沙滩。

(2) 路线部分的内容：

① 路线：路线采用粗实线沿路中心表示，前进方向从左至右。沿路线用里程桩号表示路线的里程，采用由左向右递增表示。

② 线型：路线的平面线型一般由直线和曲线组成。曲线形路线的转弯处，在平面图中采用交角点编号表示，如JD1表示第1号交角点，还要表示平曲线参数(如JD、R、α、T、L、E，平曲线参数也可另表给出)及平曲线控制点。如：标出曲线的起点ZY(直圆点)、中点QZ(曲中)、和终点YZ(圆直点)的位置，如曲线设有缓和曲线则还需标出ZH(直缓点)、HY(缓圆点)、YH(圆缓点)、HZ(缓直点)的位置。

③ 控制标高的水准点和三角网测量的三角点：在路线平面图上需标出控制地形图标高的水准点位置及三角网测量的三角点，设计过程中，一般沿路线两侧布设一系列水准点和三角点。

④ 图表：在路线平面图上还应列出平曲线表，平曲线表中列有圆曲线的偏角α、设计半径R、切线长T、曲线长L、外矢距E以及设有缓和曲线段路线的缓和曲线长。

2. 路线纵断面图

路线纵断面图：代替立面图，表示纵向起伏，上下坡道情况。是采用通过路中心线用假想的铅垂面进行剖切展开后得到的，由于路中心线一般由直线和曲线共同组成，因此剖切的铅垂面由平面和柱面组成。路线纵断面图主要表达路线中心纵向线形以及路线所经地形的地面起伏情况、地质情况和沿线设置的构造物(桥、涵、隧道等)的概况。路线纵断面图包含路线图样和资料表两部分：

(1) 图样部分

① 水平表示路线长度方向，竖向表示高程，为了在图上清晰地表示路线垂直方向的高差，规定绘图时图上垂直方向的比例按水平方向的比例放大十倍。所以竖向比例为水平的10倍。粗实线表公路纵向设计线，表示路基边沿的设计高程。

② 地面线：在图上用一组不规则的细实线表示设计中心线处的纵向地面线，它是一系列细折线。它是有一系列的中心桩的地面高程连接而成。

③ 设计线：在纵坡变坡处应按规定设置竖曲线以利于汽车行驶。竖曲线参数有R、T、E、L，竖曲线分为凸曲线和凹曲线两种。在图上用符号表示，在图上的相应位置应注明竖曲线的半径R、切线长T和外矢距E。

④ 构造物：图上还需用图例的形式在相应里程处标出桥梁、涵洞、通道、立交等构造物的名称、规格、基本数据和中心里程。

(2) 资料表部分

路线纵断面图的资料表是与图样上下对应的，资料表包含以下主要内容：

① 地质情况：在图上沿里程方向简要标注路线经过地段的基本地质情况。

② 坡度距离：简要注明路中心线的线形设置情况，并标明相应竖曲线的坡度/长度。

③ 填挖高度：标注各里程桩号处对应的填方高度和挖方高度。

④ 设计线高：标注各里程桩号处的路线设计高程。

⑤ 原地面高：标注各里程桩号处的原地面高程。

⑥ 里程桩号：标注各里程桩号值。

⑦ 平曲线：在资料表上还需用图例简要标注平曲线的基本情况和主要数据，沿前进方向，符号表示左右偏角的圆曲线方向。

10.1.2 路基横断面图的主要内容

路基横断面图是一个通过路线中心桩的垂直于路线中心线的平面剖切后得到的断面图。表达各中心桩处横向地面起伏和设计路基横断面的基本情况，表达路幅宽度和边坡，作为计算路基的土石方和路基施工的依据。断面按里程自左下向上排列。

图形内容：地面横坡，路基顶线，添挖边坡，边沟、断面里程桩号，中心设计高，中心添挖高，添挖边坡坡度，添挖方面积。

路基横断面图根据中心桩处路线设计高程和原地面高程的不同可分为三种类型，即填方路基、挖方路基和半填半挖路基。在每一个断面图下应注明该断面的里程桩号、中心线处的填挖方高度 HT(HW)和该断面的填方面积 AT(AW)，单位分别为 m 和 m^2。

10.1.3 绘图方法和步骤

1. 绘制路线平面图的基本方法和步骤

(1) 先画地形图的地形地物，后画路线中心线。

(2) 地形图绘制的比例，一般在山岭区采用 1∶2000，丘陵和平原区采用 1∶5000，但在计算机上绘制时为了标注和绘图的方便，一般采用 1∶1 绘制，上述的比例由出图时控制。

(3) 坐标网十字用直线绘制并标注文字，指北针采用图块绘制插入图中。

(4) 等高线表示地形起伏情况，按先粗后细步骤绘制，要求线条顺滑，等高线一般用多义线绘制，根据地形测量所得的测量数据来绘制，如圆滑性要求较高可对多义线用曲线进行拟合；须在等高线旁标注等高线的高程，高程位置点用块插入，高程数字用文字书写。本步是平面图绘制最麻烦的一步，一般测量数据都保存于文件中，若采用手工逐段绘制等高线非常繁琐，一般采用编写程序直接从文件中读入数据，然后由程序控制直接绘制等高线较为快捷。

(5) 地形图上的地物用图例表示，如旱田、水道、旧公路、桥梁、堤坝、水塘、房屋、高低压线、采石场、小路、桥梁、涵洞、隧道、立交、沙滩。一般采用预先绘制好图块，在需要的时候插入图块，对于简单的地物也可直接用多义线绘制，地物上的文字说明用文本写入即可。

(6) 路线平面图应从左至右绘制，路线桩号左小右大；

(7) 路中心线用多义线绘制，圆曲线用圆弧绘制，缓和曲线用样条曲线绘制，注意路线与控制点间的直线要分别绘制，为了使路中心线与等高线有明显区别，一般要求以两倍于计曲线(粗等高线)的粗度画出。控制点和里程桩标记可用直线画出，其文字说明用文本写入即可。

(8) 平曲线参数在图上用表格绘出。

(9) 控制标高的水准点和三角网测量的三角点用预先绘制好的图块绘制，三角网测量的三角点间的连线可用直线或多义线绘制。

(10) 路线平面图中的植物图例，应朝上或向北绘制，每张图纸的右上角应有角标(也可用表格形式)，注明图纸序号及总张数，路线平面图中字体的方向应根据图标的位置确定。

(11) 路线平面图在标题栏内应注明路线名称、单位、设计、复核、审核和比例等基本情况。

路线工程图目前一般采用开发的路线 CAD 系统自动绘制。

2. 绘制路线纵断面图的基本方法和步骤

(1) 画路线纵断面图与路线平面图相同，应从左至右按里程顺序绘制；水平表示路线长度方向，竖向表示高程，绘图时一般也按实际的大小画出，但竖向比例为水平的10 倍。

(2) 地面线：在图上用多义线绘制，它是由一系列的中心桩的地面高程连接而成，它的数据由测量得到。绘制时注意垂直方向的数据比例按水平方向的比例放大十倍绘出。

(3) 设计线：在图上用多义线绘制，用粗实线表示公路纵向设计线。其数据由设计计算确定，竖曲线的位置及范围用直线绘制，竖曲线参数——竖曲线的半径 R、切线长 T 和外矢距 E，用文字在图上注出。

(4) 高度标尺用多义线绘制并用注出文字。

(5) 构造物：图上用直线、图块和文字在相应里程处标出桥梁、涵洞、通道、立交等构造物的名称、规格、基本数据和中心里程。

(6) 每张图纸的右上角应有角标(也可用表格形式)，注明图纸序号及总张数；

(7) 路线纵断面图在标题栏内应注明路线名称、单位、设计、复核、审核和纵、横比例等基本情况。

(8) 资料表表达路线中心纵向按里程用数字和图表表示路线所经地形的地面起伏情况、地质情况和沿线设置的构造物(桥、涵、隧道等)位置。资料表用直线或多义线绘制并标注文字,为了注写整齐可以采用编写程序来注写文字。

路线纵断面图一般采用开发的路线 CAD 系统自动绘制。

10.1.4　绘制路基横断面图的基本方法和步骤

路基横断面图是路线工程图中较简单的图纸,绘制时按设计数据进行绘制。

(1) 路基横断面图的绘图比例可以采用实际大小绘制,也可按缩小比例绘制,若按实际大小绘制则计算截面积较方便。

(2) 路基横断面图应根据断面中心桩号大小按从下至上、从左至右的顺序在图上绘制。

(3) 画路基横断面图时原地面线采用细实线用直线绘制,其数据来自于横坡测量。路基设计线采用粗实线绘制,一般用多义线绘制,其数据来自于设计结果。

(4) 图上的文字用文本注写,图上还应标注尺寸。

(5) 每张图纸的右上角应有角标,注明图纸序号及总张数。

10.1.5　绘图实例

1. 路线平面图绘制实例

图 10-1 为 K1＋400～K2＋100 一段路共 700m,左上角的坐标网格点为 Y 497200(X 坐标)、X 2516600(Y 坐标),系统采用统一的坐标原点,但不在图内。图纸采用 A1 大小。设置好绘图单位、栅格、坐标捕捉。开始准备绘图。

首先绘制坐标网格点以确定路段的位置,然后绘制地形等高线,按先粗后细步骤绘制并标注。再绘制地形图上的地物,如:旱田、水道、旧公路、桥梁、堤坝、水塘、房屋、高低压线、采石场、小路、桥梁、涵洞、隧道、立交、沙滩等,采用图例符号表示。再绘制路中心线并标注里程桩和平曲线参数。检查修改完成图纸绘制。

2. 纵断面图绘制实例

绘制如图 10-2 所示的路线纵断面图,首先确定绘图的比例和图纸的大小。由于纵断面图中竖向比例为水平方向比例 10 倍,所以要确定是水平方向按实际大小绘制还是竖向按实际大小绘制或水平和竖向都改变比例。然后先绘制高度标尺、资料表栏目和内容,资料表内容来源于勘测和设计的结果。再绘制地面线和设计线,绘制时注意垂直方向的数据比例按水平方向的比例放大十倍绘出,标注竖曲线的位置及范围和竖曲线参数。再在相应里程处标出桥梁、涵洞、通道、立交等构造物的数据和中心里程。画路线纵断面图,应从左至右按里程顺序绘制,由于高程的变化各段在高度方向可以错开绘制。

K1+400～K2+100	
第 3 页	共 31 页

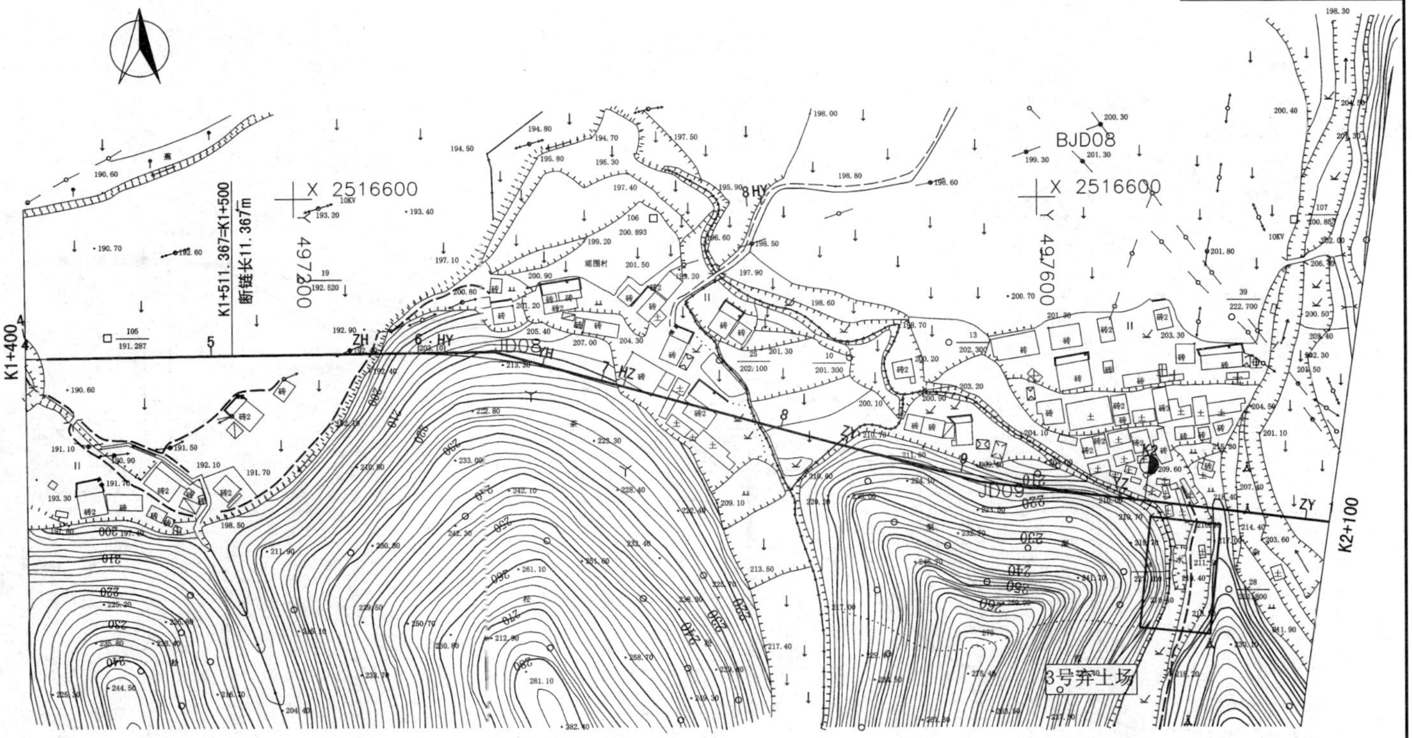

平曲线要素表

交点号	交点桩号	交点坐标		偏角		曲线要素值(m)								曲线控制桩桩号			
		X(N)	Y(E)	左偏	右偏	R	$A1$	$A2$	Lh1	Lh2	$T1$	$T2$	L	ZH	HY	YH	HZ
JD08	K1+641.126	2516516.000	497308.000		16°04′28″	350.000	125.499	125.499	45.000	45.000	71.952	71.952	53.194	K1+569.174	K1+614.174	K1+667.368	K1+712.368
JD09	K1+911.164	2516444.000	497569.000	8°35′46″		1000.000	0.000	0.000	0.000	0.000	75.157	75.157	150.032	K1+836.007	K1+836.007	K1+986.039	K1+986.039

某二级公路新建工程	路线平面图	设计		复核		审核		图号		日期	

图10-1 路线平面图

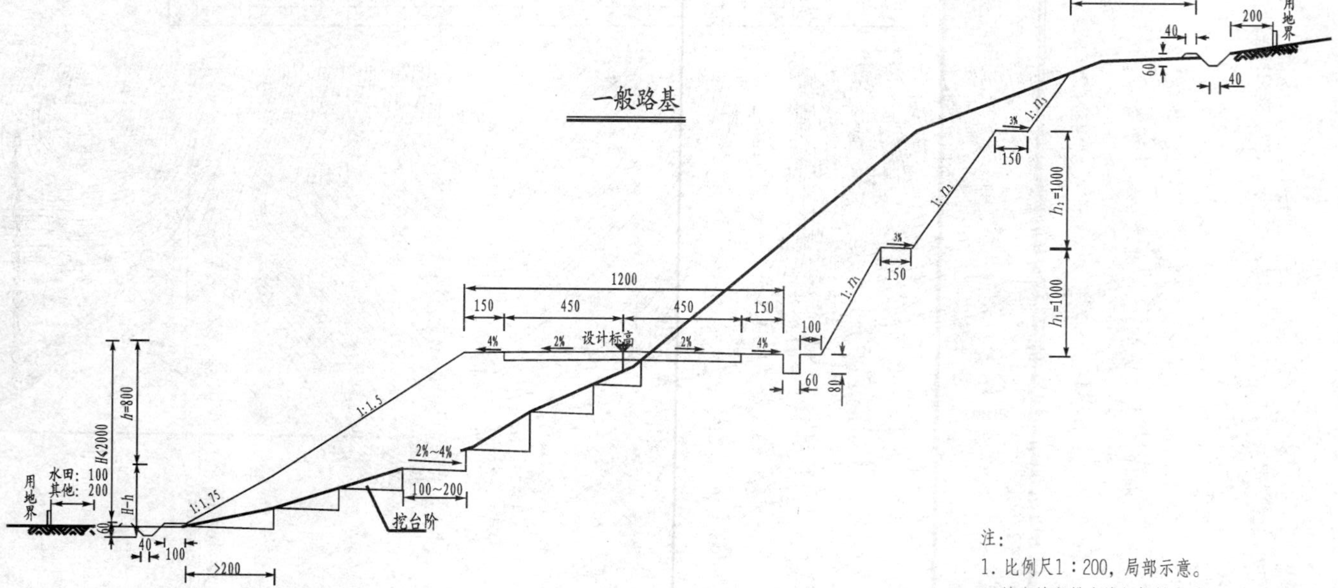

注：

1. 比例尺1∶200，局部示意。
2. 填方地段排水沟根据排水需要设置。
3. 填方段原地面坡度陡于1∶5时必须挖台阶。
   地面坡度陡于1∶10的耕地填前应挖松后夯(压)实。
4. 城镇地段边沟盖板。

图10-3　路基横断面图(尺寸单位:cm)

3. 路基横断面图绘制实例

路基横断面图如图 10-3 所示。首先确定绘图的比例和图纸的大小，可以按实际大小绘制也可以用缩小的比例绘制。先确定路基中线的位置，再由横坡测量数据绘制原地面线，由设计结果数据绘制路基设计线。然后进行尺寸标注，注意尺寸标注的单位和比例。路基横断面图应根据断面中心桩号大小按从下至上、从左至右的顺序在图上绘制。

10.2 桥梁工程图

公路通过江河、山谷和低洼地带时，需要修筑桥梁以保证车辆的正常行驶和水流的宣泄，如公路与公路相交，为提高交通能力和行车速度，有时也需要修筑桥梁跨过相交路线。桥梁可按用途、承重结构使用的材料、结构体系等进行分类，按用途分为公路桥、铁路桥、人行桥等及其他专用桥梁；按材料分为木桥、钢桥、圬工桥（包括砖、石、混凝土桥）、钢筋混凝土桥和预应力钢筋混凝土桥；按结构体系分为梁式桥、拱桥、刚架桥和吊桥等。桥梁工程无论结构形式和采用的材料如何，其表示方法是基本相同的，表达一座桥梁的工程图纸很多，一般可分为桥位平面图（表达桥位处的道路、河流、水准点、地质钻孔及附近地区的地形地物情况）、桥位地质断面图（表示桥梁所处河床断面的水文地质情况）、桥梁总体布置图（表示桥梁的结构形式、跨径、孔数、总体尺寸、桥面系等）、桥梁构件图（表示各构件的具体形状、大小、材料、施工方式等作为施工依据）、附属工程结构图和结构大样图等几种。

桥梁的基本组成：分为上部结构，主要包括主梁、主拱圈、桥面系等桥跨结构，是桥梁的主要承重结构。下部结构，包括桥墩、桥台、基础，支承桥跨结构并将荷载船至地基。附属结构物包括防护工程、栏杆、灯柱照明设施等。

10.2.1 桥梁总体布置图

桥梁总体布置图主要表示桥梁的结构形式、跨径、孔数、总体尺寸、桥面系、各主要构件的相互位置关系，桥梁各部分的标高、材料数量、总的技术说明和施工要点等，是桥梁设计施工时作为确定墩台位置、安装构件、控制标高的主要依据。桥梁总体布置图由立面图、平面图和横剖面图组成。

立面图：一般采用全剖面图或半剖面图的形式绘制，或采用半立面图和半纵剖面合成表示。主要表示桥梁的特征和桥型如桥梁的结构形式、跨经、孔数、长度和高度方向主要尺寸、各主要构件的相互位置关系、桥梁各部分的标高等，主要表示上部结构、下部结构、防护工程等的基本形式和尺寸，在立面图的左侧设有标尺，以便于绘图和阅读时参照。

平面图:采用分层揭层画法表达,表示桥宽、人行道宽、栏杆、立柱的布置尺寸。为了在平面图上将桥梁不同高度的各部分构件表达清楚,绘制平面图时可采用分层掀开表示法,即从左至右按上下顺序分别表示桥面及防护、伸缩缝、支座、盖梁、立柱、承台、基础等的平面布置情况和基本尺寸,若伸缩缝等构件尺寸较小,绘图时可采用夸张画法,即放大画出,桩基只需用十字线绘出各桩中心位置及尺寸,各构件的详细尺寸可参看构件图。

横剖面图:横剖面图表示桥梁横向的基本情况,一般采用全剖面图的形式绘制或两个剖面图合并而成,主要包括桥梁上下部结构及布置情况、桥梁宽度和高度方向基本尺寸如反映主梁的结构形式、桥宽、人行道宽、栏杆等。多跨结构桥梁如中跨结构布置相同,则中跨和边跨的横剖面图均需画出或各取一半合画在一起,当桥宽尺寸与桥长尺寸相比很小时,为了在总体布置图上将桥梁各部分表达清楚,桥梁立面图和平面图采用相同比例绘制,有时为了更清楚地表达细节情况,可以采用比平立面图更大的比例画出,这时需在横剖面图的上方或下方用文字注明。

10.2.2 绘制桥梁工程图的方法和步骤

先根据桥梁基本结构形式和复杂程度确定投影方法和投影图数目(包括剖面、断面图)、绘图的比例和图纸幅面大小,先画桥位平面图和桥位地质断面图,然后画总体布置图,最后画构件结构图与大样图。下面说明总体布置图的绘制步骤。

(1) 比例的选取:总体布置图中常采用的比例为1∶50～1∶500(此为出图比例),在计算机上绘制时可以采取按物体的实际大小绘制也可以采取按比例缩小后的大小绘制,根据比例计算图纸大小,设定图纸界限。

(2) 布置和画出各投影图的基线:根据所选定的比例及各投影图的相对位置,把各图均匀地分布在图上,布图时要留出绘制标题栏和文字说明的地方,各投影图之间也要留出标注位置,一旦确定投影图位置,便可画出各投影图的基线,各图中以桥面为上部基线,桥梁沿纵向对称中心线为基线,各桥墩的中心线为长度方向的基线,还要绘制河床地面线。

(3) 绘制各主要构件的主要轮廓线:先绘制主梁的轮廓,再绘制桥墩、桥台的轮廓,再绘制护坡、栏杆、灯柱、人行道等其他设施。

(4) 绘制各构件的细部轮廓线,画图时注意各投影图的对应线条要对齐。

(5) 最后绘制剖面或断面符号、尺寸、文字说明等。

10.2.3 绘图实例

例图(图 10-4、图 10-5)为一柱式桥墩的六跨斜交钢筋混凝土简支梁板桥,桥梁与河床成斜交状位置,正立面(图 10-4)采用顺水流方向绘制,而平面图(图10-4)采用桥梁纵向中心线水平布置,侧立面图采取中跨和边跨处的剖面表示,用分别绘制的方式另

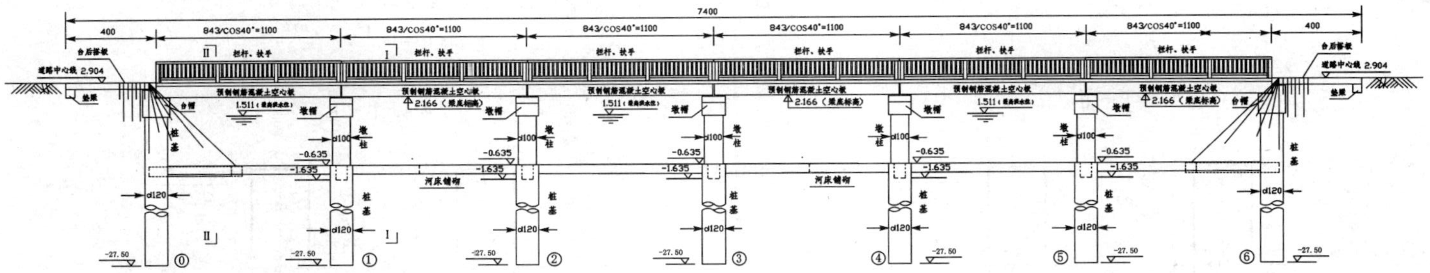

立 面 布 置

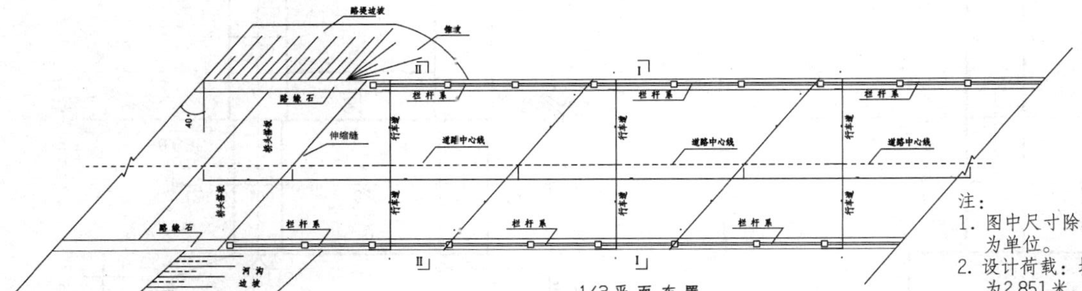

1/2 平 面 布 置

图 10-4 钢筋混凝土简支梁板平面和立面图

注：
1. 图中尺寸除桩号与高程以米计，余均以厘米为单位。
2. 设计荷载：城-B级，人群4.0KN/m²;桥面高程为2.851米。
3. 桥梁结构形式：下部构造柱式桥敦，基础为冲孔灌注桩；上部构造：预制钢筋混凝土空心板梁。
4. 桥梁为六跨斜交简支梁板桥，斜交角为40°，每跨长度为11m，全桥总长为74m。

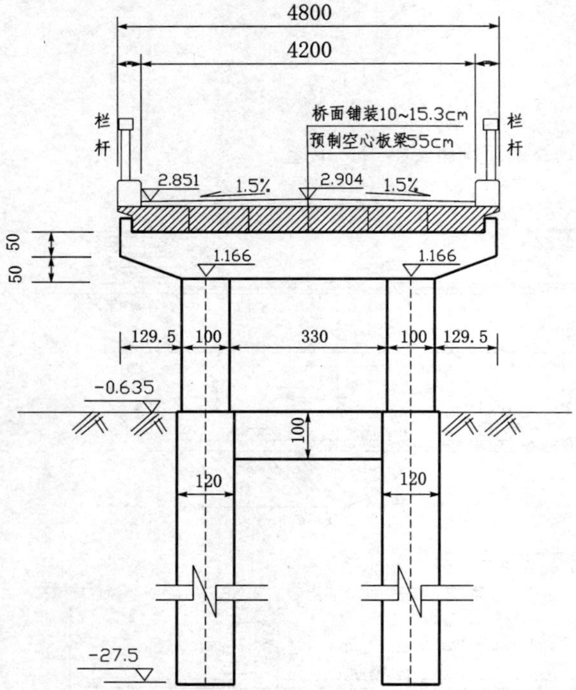

I－I 剖面图

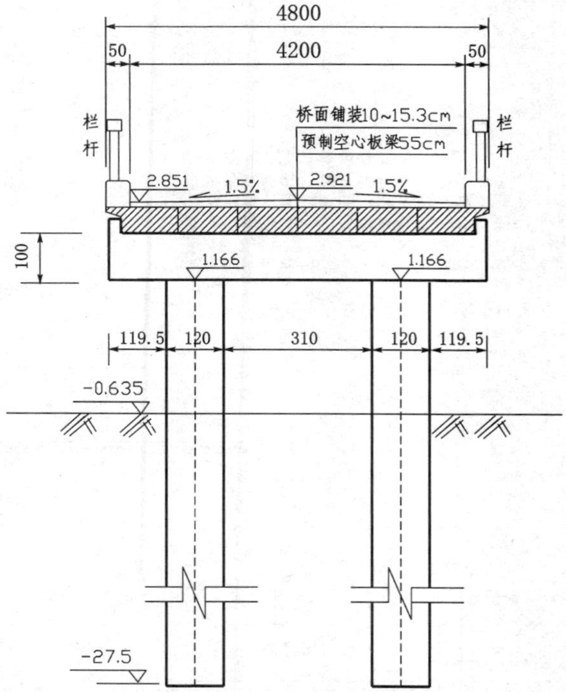

Ⅱ－Ⅱ 剖面图

注：

1. 本图尺寸以厘米为单位，比例：1：100
2. 每一孔桥预制空心板共6块，边块板2块，每块宽119cm，中块板4块板，每块宽124cm，间缝为1cm。
3. 桥面总宽为8米，桥面采用不等厚10~15.3cm的铺装层，桥面横坡为1.5%.

图10-5 钢筋混凝土简支梁板桥剖面图

图绘制。具体的绘制方法按上述步骤绘制。

10.3 涵洞工程图

涵洞：是横穿公路路堤、用来宣泄小流量流水的工程建筑物，单孔<5m、多孔跨经总长<8m 及圆管、箱涵(不论管经、跨经大小和跨数情况)称涵，否则为桥。

涵洞的可以按建筑材料、按构造型式、按断面形状及按孔数进行分类，一般按结构构造型式分为：圆管涵、盖板涵、拱涵、箱涵。

涵洞的结构组成及作用如下。基础：承受压力；洞身：用于水流通过；洞口：端墙、翼墙或护坡、截水墙和缘石等。常用的洞口的形式有端墙式和(八字)翼墙式。

10.3.1 涵洞工程图的主要内容

涵洞工程图的表示方法：一般以立面图、平面图及侧面图三个方向视图为主，并配置一定数量的剖面、断面图表示。洞顶一般采用掀开表示法表示。涵洞一般以水流方向为纵向，以纵断面图代立面图，立面图主要表达洞身、基础、原地面线和洞口结构形式及纵向布置情况等，涵洞的长度、高度及标高尺寸等。

1. 平面图

平面图一般用掀开表示法，一般以半剖画出，沿基础顶面剖切，主要表达涵洞的洞身、基础和洞口结构形式及平面布置情况等，路基边缘应画出示坡线，一般涵洞平面图以涵洞纵向线为水平线布置。

2. 立面图

一般纵向全剖，只画一半。表达管壁厚度.防水层、设计流水坡度、涵身长、洞底铺砌厚、基础、截水墙的断面形式、路基覆土厚度、路基宽度、锥形护坡顺水流方向的坡度与路基边坡一致、各部分的材料等。

3. 侧面图(洞口正面图)

侧面图采用侧视图或半剖和全剖面图方式表达涵洞洞身、基础和洞口结构型式及横向布置情况及主要尺寸等。

一些横剖面、断面图主要表示洞身及基础或洞口等部分的结构形式和所采用的材料。

10.3.2 绘制涵洞工程图的方法和步骤

(1) 先根据涵洞基本结构形式确定投影方法和投影图数目(包括剖面、断面图)、绘图的比例和图纸幅面大小，涵洞绘图所用的比例较桥梁工程图稍大。

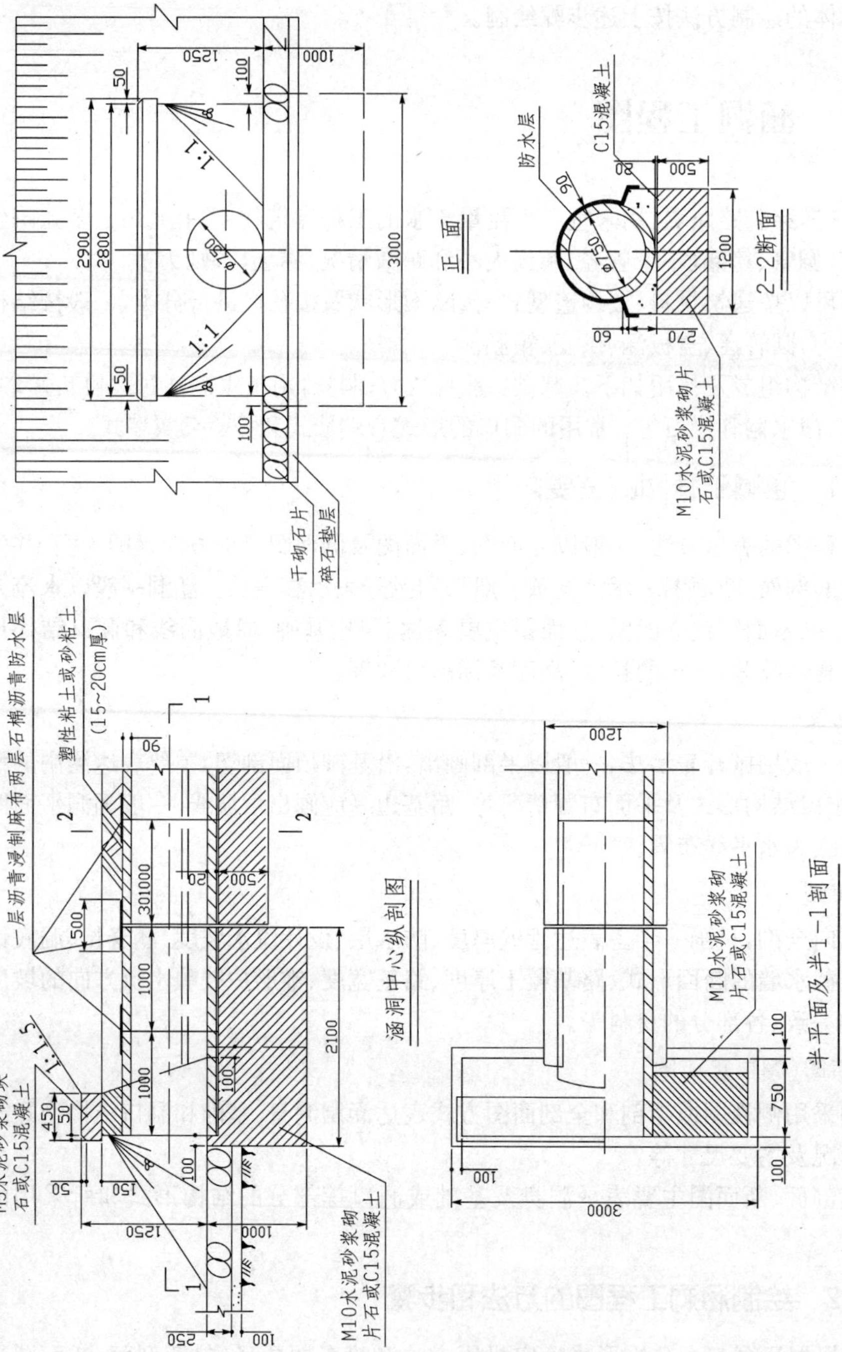

注：1.本图尺寸以毫米计。

2.管节使用材料及钢筋布置另见详图。

图10-6 钢筋混凝土圆管涵工程图

(2) 确定涵洞绘制的基准线的位置，一般立面图以孔中心或基础顶面为绘图基准，平面图和侧面图以对称中心线为基准，由于涵洞一般是按路基中线的对称结构，立面图和平面图均采取绘半边图形。立面图一般采用全剖，平面图一般采用半剖的方式表示。

(3) 除了三个基本视图之外，一般还要采用适当的剖视和断面图来表达中孔截面、翼墙等结构。

(4) 标注涵洞的各部分的尺寸。

(5) 还需要在图上或另表给出工程数量表。

10.3.3 绘图实例

例图 10-6 为一钢筋混凝土圆管涵的工程图，圆管涵的结构较为简单，采用三个基本视图和一个断面图表示涵洞的结构。采取先绘制圆管，再绘制基础、截水墙、锥形护坡、缘石等，最后再标注尺寸。

小 结

本章主要介绍公路工程中的路线工程图、桥梁总体布置图、涵洞工程图所表达的主要内容及用计算机绘制的基本方法和步骤，包括路线平面图、路线纵断面图和路基横断面图、钢筋混凝土简支梁板桥、钢筋混凝土圆管涵的主要内容及表达方法和 CAD 的绘图步骤。

习 题

用 CAD 绘制路基横断面图和钢筋混凝土圆管涵工程图。

第 11 章

图形输出

通过 AutoCAD 绘制的图形最终将通过绘图仪或打印机打印输出。AutoCAD 2006 为用户提供了完善的图形输出功能。可以通过页面设置来控制打印信息。

本章导读:

(1) 布局;

(2) 设置布局打印选项;

(3) 图形打印。

11.1 布局

AutoCAD 2006 窗口提供了两个并行的工作环境,即“模型”选项卡和“布局”选项卡。在“模型”选项卡上工作时,可以绘制主题的模型。在“布局”选项卡上,可以布置模型的多个“快照”。一个布局代表一张可以使用各种比例显示一个或多个模型视图的图纸。

在布局中可以创建并放置视口,还可以添加标注、标题栏或其他几何图形。视口显示图形的模型空间对象,即在“模型”选项卡上创建的对象。每个视口都能以指定比例显示模型空间对象。可以在图形中创建多个布局,每个布局都可以包含不同的打印设置和图纸尺寸。默认情况下,新图形最开始有两个布局选项卡,布局 1 和布局 2。如果使用样板图形,图形中的默认布局配置可能会有所不同。

可以从头开始创建新布局,使用创建布局向导,或者从样板图形输入布局。重新创建布局过程中,首次选择布局时,系统会提示输入页面设置信息。

11.1.1 模型空间与图纸空间

通常是在模型空间中设计图形,在图纸空间中进行打印准备。用于布局和准备图形打印的环境在视觉上接近于最终的打印结果。图形窗口底部有一个“模型”选项卡和一个或多个布局选项卡。

可以通过在当前布局选项卡上创建视口或在命令行上输入 Model 在“模型”选项卡上获取模型空间。创建和编辑图形的大部分工作都是在“模型”选项卡中完成的。打开“模型”选项卡时，则一直在模型空间中工作。如果图形不需要打印多个视口，可以从“模型”选项卡中打印图形。

如果要设置图形以便于打印，可以使用布局选项卡。每个布局选项卡都提供一个图纸空间，在这种绘图环境中，可以创建视口并指定诸如图纸尺寸、图形方向以及位置之类的页面设置，并与布局一起保存。为布局指定页面设置时，可以保存并命名页面设置。保存的页面设置可以应用到其他布局中。也可以根据现有的布局样板(.dwt 或 .dwg)文件创建新的布局。

在“模型”选项卡上，可以查看并编辑模型空间对象。十字光标在整个图形区域都处于激活状态。在布局选项卡上，可以查看并编辑图纸空间对象。要从布局访问模型空间，可在布局视口中双击。十字光标和亮显标识出当前的布局视口，如图 11-1 所示。

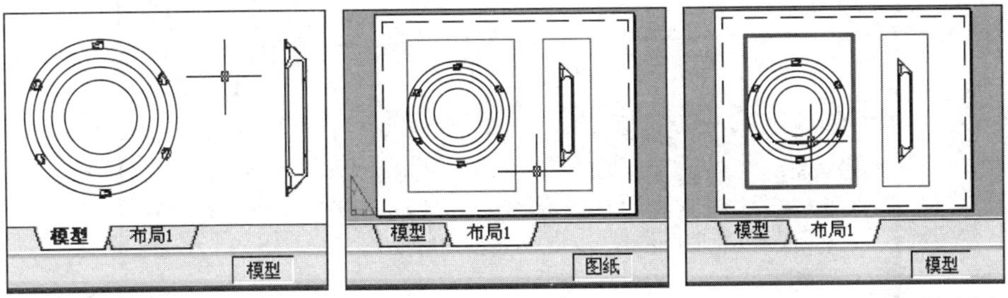

a) 在“模型”选项卡上　　b) 在“布局”选项卡上　　c) 在布局上双击以访问模型空间

图 11-1　打印样式表编辑器

要使其他视口成为当前视口，可在此视口中单击，也可以按 Ctrl＋R 键遍历现有视口，通常需要执行以下步骤：

(1) 在“模型”选项卡上创建图形。

(2) 配置打印设备。

(3) 创建布局选项卡。

(4) 指定布局页面设置，如打印设备、图纸尺寸、打印区域、比例和图形方向。

(5) 将标题栏插入到布局中(除非使用已具有标题栏的样板图形)。

(6) 创建布局视口并将其置于布局中。

(7) 设置布局视口的视图比例。

(8) 根据需要，在布局中添加标注、注释或创建几何图形。

(9) 打印布局。

11.1.2 设置布局

在“模型”选项卡中完成图形编辑之后，可以通过选择布局选项卡开始创建要打印的布局。首次选择布局选项卡时，将显示单一视口，其中带有边界的图纸表明当前配置的打印机的图纸尺寸和图纸的可打印区域。

在“布局”选项卡上单击右键，从弹出的快捷菜单中，选择“页面设置管理器”命令，出现“页面设置管理器”对话框，如图 11-2 所示。从中指定布局 1，单击“修改”按钮，显示“页面设置－布局 1”对话框，如图 11-3 所示。图中各个选项的意义如下：

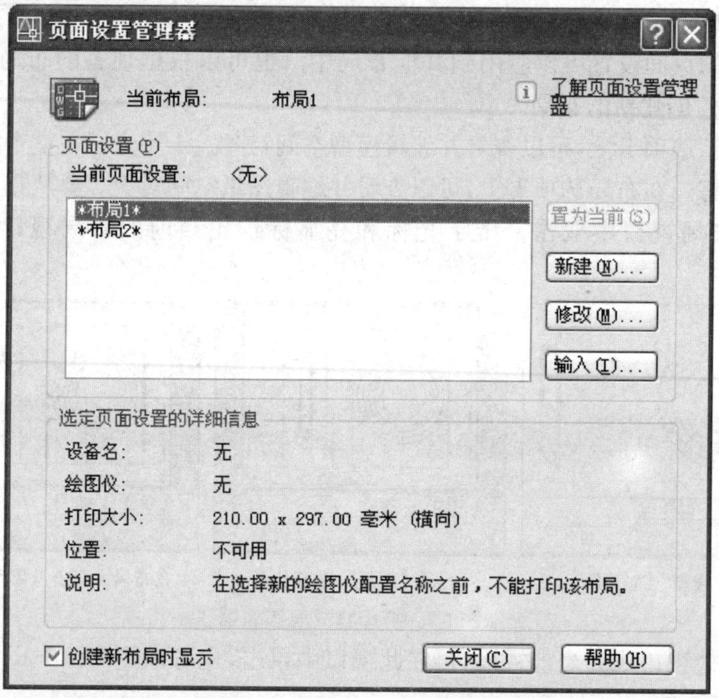

图 11-2 “页面设置管理器”对话框

1. 打印机/绘图仪

显示当前选定的打印设备名。若没有选定，则显示“无”。

2. 图纸尺寸

显示选定打印设备可用的标准图纸尺寸。“可打印区域”将基于当前配置的图纸尺寸显示图纸上能用于打印的实际区域。

实际的图纸尺寸通过宽（X 轴方向）和高（Y 轴方向）指定。如果未选择打印机，将显示全部标准图纸尺寸的列表以供选择。使用“添加打印机”向导创建 PC3 文件时将为打印设备设置默认的图纸尺寸。图纸尺寸随布局一起保存，并替代 PC3 文件的设置。

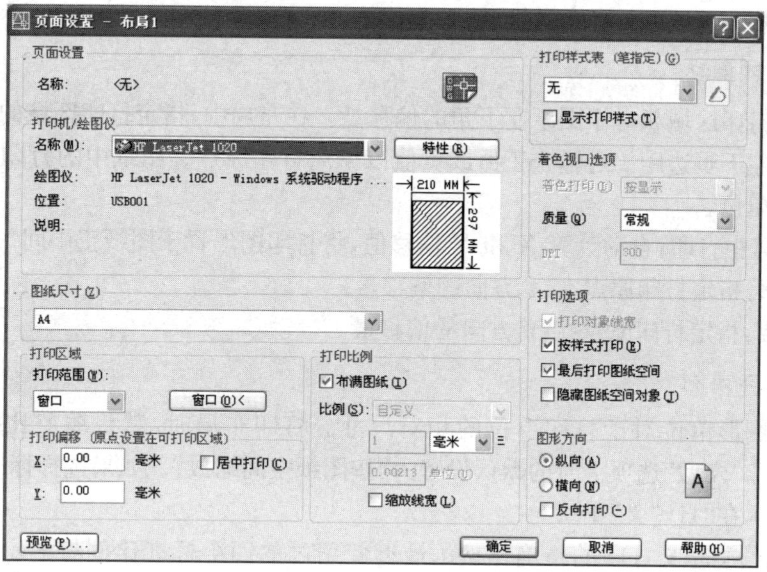

图 11-3 “页面设置-布局 1”对话框

3. 图形方向

指定打印机图纸上的图形方向，包括横向和纵向。通过选择“纵向”、“横向”或“反向打印”可以更改图形方向以获得 0°、150°、180° 或 270°旋转的打印图形。图纸图标代表选定图纸的介质方向。字母图标代表页面上的图形方向。

(1) 纵向：定位并打印图形，使图纸的短边作为图形页面的顶部。

(2) 横向：定位并打印图形，使图纸的长边作为图形页面的顶部。

(3) 反向打印：上下颠倒地定位图形方向并打印图形。

4. 打印区域

指定图形中要打印的区域。

(1) 布局：打印布局时，将打印指定图纸尺寸的页边距内的所有内容，其原点从布局中的 0,0 点计算得出。从“模型”选项卡打印时，打印图形界限定义的整个图形区域。如果当前视口不显示平面视图，该选项与“范围”选项效果相同。

(2) 范围：打印包含对象的图形的部分当前空间。当前空间内的所有几何图形都将被打印。打印之前，系统可能会重生成图形以重新计算图形范围。

(3) 显示：打印“模型”选项卡当前视口中的视图或布局选项卡上当前图纸空间视图中的视图。

(4) 视图：打印以前用 View 命令保存的视图。可以从提供的列表中选择命名视图。如果图形中没有已保存的视图，该选项不可用。

(5) 窗口:打印通过窗口区域指定的图形部分。选择“窗口”按钮以便使用定点设备指定要打印区域的两个角点,或输入坐标值。

5. 打印偏移

指定打印区域相对于图纸左下角的偏移量。在布局中,指定打印区域的左下角位于图纸的左下页边距。可输入正值或负值以偏离打印原点。图纸中的打印值以英寸或毫米为单位。

(1) 居中打印:自动计算 X 和 Y 偏移值,将打印图形置于图纸正中间。

(2) X:指定打印原点在 X 方向的偏移量。

(3) Y:指定打印原点在 Y 方向的偏移量。

6. 打印比例

控制图形单位对于打印单位的相对尺寸。打印布局时,默认缩放比例设置为 1∶1。打印“模型”选项卡时的默认设置为“按图纸空间缩放”。如果选择标准比例,比例值将显示在“自定义”中。

(1) 比例:定义打印的精确比例。最近使用过的四个标准比例将显示在列表的顶部。

(2) 自定义:指定用户定义的比例。输入英寸(或毫米)数及其等价的图形单位数,可以创建自定义比例。

(3) 缩放线宽:与打印比例成正比缩放线宽。通常,线宽用于指定打印对象的线的宽度并按线宽尺寸打印,而与打印比例无关。

7. 着色视口选项

指定着色和渲染视口的打印方式,并确定它们的分辨率大小和每英寸的点数 (DPI)

(1) 着色打印:指定视图的打印方式。要将布局选项卡上的视口指定为此设置,请选择视口,然后在“工具”菜单中单击“特性”。在“模型”选项卡上,从下列选项中选择。

① 按显示:按对象在屏幕上的显示方式打印。

② 线框:在线框中打印对象,不考虑其在屏幕上的显示方式。

③ 消隐:打印对象时消除隐藏线,不考虑其在屏幕上的显示方式。

④ 渲染:按渲染的方式打印对象,不考虑其在屏幕上的显示方式。

(2) 质量:指定着色和渲染视口的打印分辨率。可从下列选项中选择:

① 草稿:将渲染和着色模型空间视图设置为线框打印。

② 预览:将渲染和着色模型空间视图的打印分辨率设置为当前设备分辨率的四分之一,DPI 最大值为 150。

③ 普通:将渲染和着色模型空间视图的打印分辨率设置为当前设备分辨率的二分之一,DPI 最大值为 300。

④ 演示:将渲染和着色模型空间视图的打印分辨率设置为当前设备的分辨率,DPI 最大值为 600。

⑤ 最大值:将渲染和着色模型空间视图的打印分辨率设置为当前设备的分辨率,无最大值。

⑥ 自定义:将渲染和着色模型空间视图的打印分辨率设置为"DPI"框中用户指定的分辨率设置,最大可为当前设备的分辨率。

(3) DPI :指定渲染和着色视图每英寸的点数,最大可为当前打印设备分辨率的最大值。只有在"质量"框中选择了"自定义"后,此选项才可用。

8. 打印选项

指定线宽、打印样式、着色打印和对象打印次序等选项。

(1) 打印对象线宽:指定是否打印指定给对象和图层的线宽。

(2) 按样式打印:指定是否打印应用于对象和图层的打印样式。当用户选择该选项时,将自动选择"使用线宽打印"。

(3) 最后打印图纸空间:先打印模型空间几何图形。通常先打印图纸空间几何图形,然后再打印模型空间几何图形。

(4) 隐藏图纸空间对象:指定是否在图纸空间视口中的对象上应用"隐藏"操作。此设置的效果反映在打印预览中,而不反映在布局中。

11.2 打印出图

11.2.1 打印机管理器

打印机管理器是一个窗口,其中列出了用户安装的所有非系统打印机的配置 (PC3) 文件。如果希望 AutoCAD 使用的默认打印特性不同于 Windows 使用的打印特性,也可以为 Windows 系统打印机创建打印机配置文件。打印机配置设置指定端口信息、光栅图形和矢量图形的质量、图纸尺寸以及取决于打印机类型的自定义特性。选择"文件"菜单中的"打印机管理器",即可弹出如图 11-4 所示的"打印机管理器"对话框。

11.2.2 打印样式

与线型和颜色一样,打印样式也是对象的一个特性。用户可以将打印样式指定给对象或图层。打印样式控制对象的打印特性,包括以下方面:颜色、抖动、灰度、笔号、虚拟笔、淡显、线型、线宽、线条端点样式、线条连接样式、填充样式。

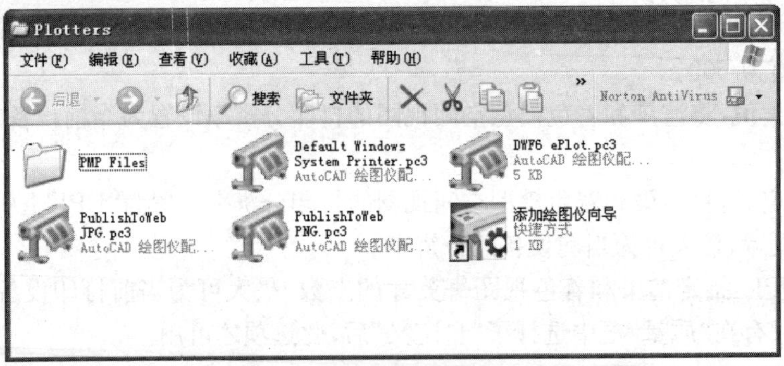

图 11-4 “打印机管理器”对话框

使用打印样式,可以给用户提供了很大的灵活性,因为用户可以设置打印样式来替代其他对象特性,也可以按用户需要关闭这些替代设置。

打印样式组保存在下面两类打印样式表中:颜色相关打印样式表 (CTB) 或命名打印样式表 (STB),如图 11-5 所示。颜色相关打印样式表根据对象的颜色设置样式。命名打印样式可以指定给对象,与对象的颜色无关。

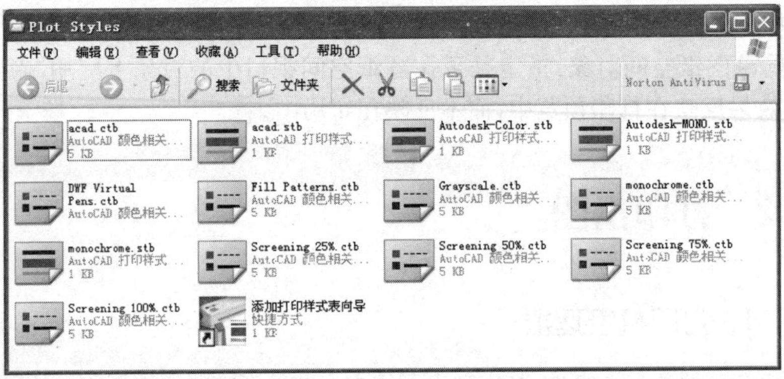

图 11-5 “打印机式样管理器”对话框

色相关打印样式表 (CTB) 使用对象的颜色决定打印特征(例如线宽)。例如,图形中所有红色的对象均以相同方式打印。可以在颜色相关打印样式表中编辑打印样式,但不能添加或删除打印样式。颜色相关打印样式表中有 256 种打印样式,每种样式对应一种 AutoCAD 颜色。在 AutoCAD 2000 以前的版本中,经常使用打印机配置文件将颜色用于控制对象的打印外观(通常是线宽)。这一技术与使用颜色相关打印样式表类似。创建颜色相关打印样式表时,可以输入包含在以前的 PCP、PC2 或 AutoCAD 配置文件 (CFG) 中的打印机配置信息。

命名打印样式表 (STB) 包括用户定义的打印样式。使用命名打印样式表时,具有相同颜色的对象可能会以不同方式打印,这取决于指定给对象的打印样式。命名打印样式表的数量取决于用户的需要量。可以将命名打印样式像所有其他特性一样指定给对象或布局。

11.2.3 为布局指定打印样式表

通过为图形中的每个布局指定不同的打印样式表，可以控制布局中对象的打印方式。打印样式表既影响模型空间的对象又影响图纸空间的对象。

选择“文件”菜单中的“页面设置管理器”选项，在弹出的“页面设置”对话框中选择“打印设备”选项卡（如图 11-6），要打印图形而不应用打印样式特性，请从打印样式表列表中选择“无”。如果使用命名打印样式表，可直接为图形中的每个对象直接指定打印样式，否则它们将从其图层继承打印样式。要在布局中显示打印样式表的效果，可选择“显示打印样式”。

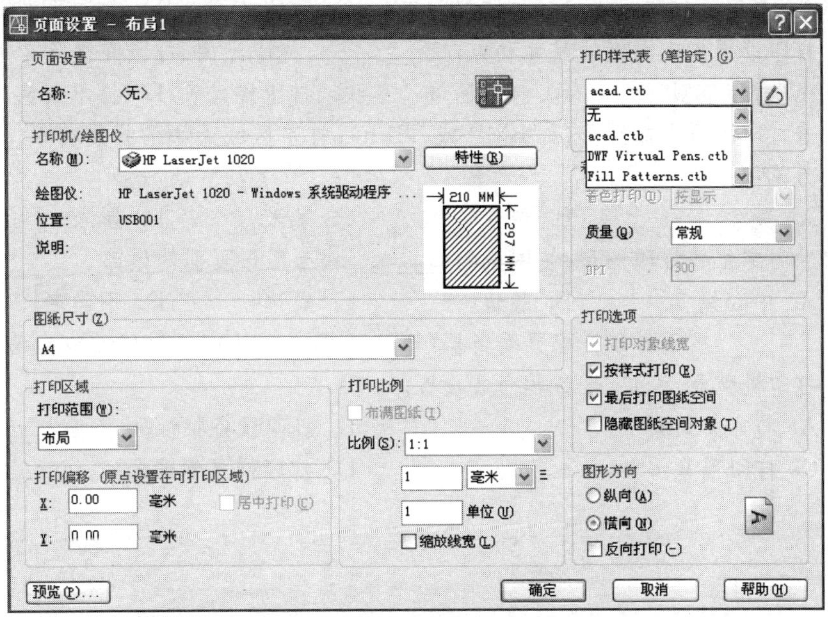

图 11-6 “页面设置”对话框中的“打印设备”选项卡

11.2.4 打印预览

在将图形发送到打印机或绘图仪之前，最好先生成打印图形的预览。这样可以节约时间和材料。用户可以选择“文件”菜单中的“打印”选项，在弹出的“打印-布局”对话框生成完全预览。完全预览显示图形在打印时的确切外观，包括线宽、填充图案和其他打印样式选项。也可以生成局部预览，它显示图形在图纸上的位置并提供关于图纸面积和打印的信息。

小　结

本章介绍了布局的创建和设置、打印样式的配置、页面设置和图形输出等内容，通过本章的学习，使读者掌握布局的创建和设置、打印样式的配置、页面设置和如何打印图形文件等内容。

习　题

1. 打印设备设定不能指定________

A. 要用的打印机　B. 打印样式表　C. 打印范围　D. 打印页数

2. 打印设置指定图纸的尺寸和方向、________、打印比例、打印偏移及其他选项。

A. 打印范围　B. 打印区域　C. 打印样式表　D. 打印颜色

3. 若打印的是光栅图形(如 BMP 或 TIFF)，打印区域大小的指定将以________为单位。

A. 英寸　B. 像素　C. 毫米　D. 厘米

4. 纵向定位并打印图形，使图纸的________作为图形页面的顶部。

A. 中心线　B. 长边　C. 短边　D. 不确定

5. ________显示打印机配置编辑器(PC3 编辑器)，从中可以修改或查看当前的打印机配置、端口、设备和介质设置。

A. 打印机设置　B. 打印设备特性

C. 打印预览　D. 打印样式管理器

参考文献

[1] 王永智，齐明超，李学京. 建筑制图手册. 北京：机械工业出版社，2006
[2] 中国计划出版社. 建筑制图标准汇编. 北京：中国计划出版社，2003
[3] 中华人民共和国建设部. GB/T 50103—2001 总图制图标准. 北京：中国计划出版社，2002
[4] 中华人民共和国建设部. GB/T 50104—2001 建筑制图标准. 北京：中国计划出版社，2002
[5] 张英，郭树荣. 建筑工程制图. 北京：中国建筑工业出版社，2005
[6] 张英，郭树荣. 建筑工程制图习题集. 北京：中国建筑工业出版社，2005
[7] 陈文斌. 建筑工程制图. 上海：同济大学出版社，2003
[8] 于春艳，张国兴. 工程制图. 北京：中国电力出版社，2004
[9] 何斌，陈锦昌等. 建筑制图（第四版）. 北京：高等教育出版社，2001
[10] 王亮申，戚宁. 计算机绘图——AutoCAD 2006. 北京：清华大学出版社，2005
[11] 姜勇. AutoCAD 2006 中文版建筑绘图基础教程. 北京：人民邮电出版社，2006
[12] 雷军，赖远征. 中文版 AutoCAD 2006 建筑图形设计. 北京：清华大学出版社，2006
[13] 张云杰. AutoCAD 2006 中文版从入门到精通. 北京：电子工业出版社，2006
[14] 曾维富，陈良等. AutoCAD 2005 建筑制图. 北京：机械工业出版社，2006
[15] 郭瑞等. 建筑设计教程与上机实训 AutoCAD 2006. 北京：机械工业出版社，2005
[16] 江振禹，王立新. AutoCAD 2005 中文版全套建筑图纸绘制典型实例. 北京：人民邮电出版社，2005
[17] 刘洪. AutoCAD 2002 中文版建筑绘图. 北京：北京大学出版社，2002
[18] 冯小平，邹昀. AutoCAD 2004 中文版建筑绘图实例教程. 北京：机械工业出版社，2004
[19] 高志清. AutoCAD 建筑设计上机训练. 北京：人民邮电出版社，2003

图书在版编目(CIP)数据

建筑工程 CAD / 冯小平，郭全花主编. —北京：人民交通出版社，2007.2

ISBN 978-7-114-06326-8

Ⅰ.建… Ⅱ.①冯… ②郭… Ⅲ.建筑设计：计算机辅助设计—应用软件，AutoCAD—高等学校—教材 Ⅳ.TU201.4

中国版本图书馆 CIP 数据核字(2006)第 146699 号

书　　名：建筑工程 CAD
著 作 者：冯小平　郭全花
责任编辑：王　霞（wx@ccpress.com.cn）
出版发行：人民交通出版社
地　　址：(100011) 北京市朝阳区安定门外外馆斜街 3 号
网　　址：http://www.ccpress.com.cn
销售电话：(010) 59757973
总 经 销：人民交通出版社发行部
经　　销：各地新华书店
印　　刷：北京鑫正大印刷有限公司
开　　本：720×960　1/16
印　　张：18.5
插　　页：1
字　　数：342 千
版　　次：2007 年 2 月　第 1 版
印　　次：2014 年 5 月　第 4 次印刷
书　　号：ISBN 978-7-114-06326-8
定　　价：28.00 元
（有印刷、装订质量问题的图书由本社负责调换）